ありえない生きもの

生命の概念をくつがえす生物は存在するか？

デイヴィッド・トゥーミー 著
越智典子 訳

WEIRD LIFE

The Search for Life That Is Very, Very Different from Our Own

David Toomey

白揚社

ありえない生きもの　目次

プロローグ

少年時代にわたしが大好きだった本は（白状すると、今もお気に入りの一つだが）、ドクター・スースの『もしもぼくが動物園をつくるなら』だ。この「ぼく」はジェラルド・マッグルーという十歳か十二歳の少年だ。物語は若きマッグルーが地元の動物園に行き、そこにいる動物たち（眠そうな目をしたクマとライオンが何頭か）を退屈に思うところから始まる。もっと見たこともないような動物がいればいいのに、と少年は空想をふくらませる。空想の中で動物園の管理人となった若き主人公は動物たちを檻から解放する。クマとライオンがよろよろと檻をあとにする。たぶん、もっとわくわくする場所を見つけることだろう。次の空想では、主人公は動物園のためのハンターになっている。登山家マロリーや探検家バートンといった英雄のイメージにのっとり、サファリハットに捕虫網という出で立ちで、少しでも変わった動物を見つけようと、山々をよじのぼり、いくつ

グリフィン　獅子の胴体に、鷹の頭部と鉤爪、翼をもつ。伝説によると、つがいは生涯連れ添い、一方が死ぬと残された者は終生独り身を貫き、けっして新しい相手を探そうとしないという。この挿絵はルイス・キャロル『不思議の国のアリス』に登場するグリフィンをジョン・テニエルが描いたもの。

もの海を越える。そして、発見する。「ジンド砂漠」では「マリガトーニー」と呼ばれる凶暴なラクダを捕獲し、「グワーク島」では「フィッザ・マ・ウィッザ・マ・ディル」と呼ばれる巨大鳥を捕まえる。そして言うのだ、これはほんの手始めさ、と。

若きジェラルド・マッグルーは子供の本に登場する架空の人物かもしれないが、彼の情熱には共鳴するものがある。どうやら人類は、つねに実際の動物界に飽き足らず、何か別の生物を作り出そうとしてきたようなのだ。誰でもいくつか思い浮かぶだろう。スフィンクス、グリフィン、バシリスク、フェニックス。古代文化はさらに多くを作り出した。マーガレット・ロビンソンの『空想動物事典』（もっとも網羅的で権威ある事典の一つ）には数百種が掲載され、各解説にはその生物の行動と、多くの場合、神ないしは英雄との啓蒙的な出会いについても詳しく記されている。(1) それでも生物学者にしてみると、こうした空想動物群は、ことに自然が実際に生み出してきた動物界とくらべ、驚くほど「貧弱」に感じられる。じつは現在、地球上に何種類の生物が生息しているのか、正確には誰にもわからない。手堅く見積もって三六〇万種、一億種という見積もりもある。(2) 空想より現実を好む人たちには喜ばしい知らせだろうが、ロビンソンの事典には実世界版の類書がある。「エンサイクロペディア・オブ・ライフ（生物百科）」は現存する種の総目録をネット上で作り上げる試みだが、今現在、五〇万ページに及び、さらに増加中である〔訳注　二〇一五年現在、一二五万ページを超えている〕。

ロビンソンの事典を一ページにつき一秒という速さで見ていくとすると、ほぼ四分で裏表紙を閉じることになる。同じ速さでエンサイクロペディア・オブ・ライフを眺めた場合、六週間を要する。それでも、長い間にいかに多様な生物が存在したかについては、ほんの少しを垣間見たにすぎない。地球史上すでに、少なくとも三〇〇億もの種が絶滅しているのだ。(3) 一ページに一種を掲載したとしよう。一ページにつき一秒でこの本を読むのに、ほぼ一〇世紀を要するだろう。

数だけの問題ではない。神話に登場する生物群は、他の点でも現実世界とくらべて分が悪い。大半が混ぜこぜ、つまりある動物の頭を他の動物の体にくっつけた類いにすぎないのだ。残酷な空想力に富んだ小学生に鋏と糊をもたせたら、これくらいの仕事はやってのけるだろう。しかも部品リストはかなり限られていて、実際には生命樹の枝のうち、哺乳類と爬虫類と鳥類を生む一本の枝から生じたものばかりだ。例外はある。ネイティヴアメリカンの創世神話の多くで活躍する蜘蛛「グランドマザースパイダー」や、いくつかの大陸にまたがって海岸沿いに暮らす人々の空想の中に住む巨大なイカ「クラーケン」などがそうだ。かなり驚きの雑種もある。「タタールの羊草」と呼ばれる中央アジアの伝説的植物だ。この植物は、アグヌス・シシクスあるいはプランタ・タルタリカ・バロメットとも呼ばれ、ヒツジのなる草だと信じられている。ヒツジはへその緒で植物につながっており、ヒツジの口の届く範囲が食べ尽くされると、草全体が枯れて、死ぬのだという(4)。しかし、これが神話的動物の突飛になりうるせいぜいのところだ。神話的生物を標準的な生物分類法で分類すると、圧倒的多数は脊策動物門の脊椎動物、つまり背骨のある動物に入るのである(脊椎動物は魚類、両生類、爬虫類、鳥類、哺乳類の五類からなる)。

人類史の大半において、少しばかり奇妙なものを求める人たちは、これで満足しなくてはならなかった。しかし十七世紀半ばに自然科学者たちは、もう一つの生物群を発見した。これは空想の生物より、二つの点で優れていた。一つ目は、この生物が実在する点。二つ目は、見知らぬどこか遠い国に住んでいるのでない点。じっさい、この生物はわたしたちの身近にいた。わたしたちの上にも。多くは、わたしたちの「内部に」いたのだ〔訳注　ここで著者が述べている生物群は微生物と思われる。微生物の発見は正確にはオランダのレーウェンフックによるもので、後述のフックの観察から二〇年近くのち、十七世紀後半のことである〕。

今日わたしたちが顕微鏡と呼ぶ道具の最初のものは、一六二〇年代の終わりにはすでに作られ、名称が決まっていた。約半世紀後、二十八歳の英国の博物学者ロバート・フックは独自の顕微鏡を作成し、それらを使って膨大な数の観察をし、見たもののスケッチを残した。フックの研究はすんなりとばかりはいかなかった。彼は二種類の顕微鏡をもっていた。一つは、現在わたしたちが知る顕微鏡に近いもので、一対のレンズを小さな筒にはめこんで一直線上に固定したもの。もう一つは、針の頭ほどの小さなガラス玉が真鍮製の枠に埋めこまれており、使いこなすのがはるかにむずかしかった。言うまでもなく、観察の対象が非協力的なこともあった。アリを半分押しつぶしたりせずに動かなくさせるために、フックはアリをブランデーに浸して酔っぱらわせるしかなかった。

こうした困難にめげず、フックは一六六四年までに『ミクログラフィア』を描き上げた。高画質テレビに3D映像の時代である現在でも、この本の折り込みページを開き、たたみこまれていたページを引き延ばすにしたがって、たとえば全長五〇センチもの怪物サイズのノミの銅版画が現れるというのは、胸がときめくような経験だろう。フックと同時代に生きたサミュエル・ピープスはこれを自分がそれまで読んだ中で「もっとも天才的な」本と述べた。『ミクログラフィア』はベストセラーになった。読者の多くはフックがノミを観察し、「この小さな生きものに備わった力強さと美しさは、たとえそれ以外に人間とは何のつながりもないとしても描写せずにはいられない」[5]と書いたことに賛同したことだろう。それでもフックの、明らかな実用性のない知識の追求を批判する人も少しはいたし、単に興味を抱かなかった人はもっといた。その理由は、フックと後継者らの発見した動物が、当時の知識における動物像とあまりに違っていたからかもしれない。たぶん、奇妙すぎたのだ。もちろん、無関心の理由は他にもある。フックの生物はとても、とても、小さかった。当時も今も、人は「小さい」と「重要でない」を等しいとみなす。あとで述べるように、これは危険で見当違いな偏見である。

『ミクログラフィア』から約一世紀半後に、自然科学者たちはまた別の動物を発見した。今度の動物は、わたしたちとくらべると、家猫にくらべたわたしたちほどに大きかった。地球上からはるか昔に消滅したのだが、その魅力は、ことに七歳児の一定人口にとっては不滅であり続けている。理由のいくつかは明らかだ。恐竜は、好奇心をかき立てるほどには奇妙だが、まったくなじめないほどには奇妙でないのだ。ティラノサウルス・レックス（先に述べた一定人口のお気に入り）は、わたしたちとたいして違わない目でものを見、鼻から息をして大地を歩き回った。*

ノミとティラノサウルス・レックスの例に見るように、自然そのものは、無知な想像力を毎回超えてしまうのだ。もしこれらの生物が人の想像力の限界を示すとしたら、これらのおかげで想像力が押し広げられもした。顕微鏡的生物、あるいはさらに微小な超顕微鏡的生物の発見は、栄養と生殖、移動に関する疑問を生んだ。協力関係はあるのか。生物はどれだけ小さくなりうるのか。同様に、恐竜も新たな疑問を生んだ。こんな巨体がどうやって支えられたのか。生物はどれだけ大きくなりうるのか。そして言うまでもなく、なぜ絶滅したのか。

ちょうど自然科学者たちがこれらの疑問に頭を悩ませていた頃、生命の理解に根本的な変化がもたらされた。一八五九年、チャールズ・ダーウィンは、英国人博物学者のアルフレッド・ラッセル・ウォレスが独自に達した発見に背中を押され、『種の起源』を出版した。この本は宗教的保守派からは攻撃されたが、広く読まれ（ダーウィンの存命中に六版を重ねた）、一〇年間でこれを支持する著作が数点出版された。二十世紀の初頭には生物学者がグレゴール・メンデルの遺伝の法則を再発見し、アメリカの遺伝学者ウォルター・サットンは「染色体」に遺伝の基本単位があるという証拠を見つけた。一九四〇年代に、ジュリアン・ハクスリーとジョージ・ゲイロード・シンプソンが自然淘汰と遺伝学を統合し、バクテリアにおいて遺伝的変化をもたらすのはＤＮＡ（デオキシリボ核酸）であることがわかった。一九五三年、ジェームズ・ワトソンとフランシス・クリックが『ネイチャー』の誌上でＤＮＡの構造を公表した。

その間、ＤＮＡに由来すると思われる形態的多様性に関して、（大半の人には喜ばしい、何人かには狼狽させられる）驚きがさらにもたらされた。科学者たちは、次々と規則破りな、つまり、これまで大きさや形、行動における限界と思われたものを超える動植物を発見したのだ。それにもかかわらず二十世紀半ばまで、大半の生物学者たちは、生物はある範囲の圧力と気温のもとでしか生存できないだろうと信じていた。何かしら乗り越えられない限度があると思えたのだ。

このときまでに、生物と生命現象を研究する「生物学」には少なくとも九つの専門分野ができていた。各専門分野の研究者がそれぞれの専門用語で生命を定義する傾向にあり、核となる主題の定義にまったく共通性がなかったことは、驚くべきではないのかもしれない。けれども、この共通認識の欠如を、誰ひとり、大問題であると考えなかったことは驚きだ。分類学者や分子生物学者、発生学者は、それぞれの仕事――種の同定、「代謝」を維持する化学反応の研究、「微生物」の培養

＊一般の人々が恐竜をリアルなものとして思い描いていたおかげで、ディケンズは『荒涼館』という作品でこのジュラ紀中期の生物を使い、ロンドン郊外の雨の日に独特な雰囲気を付け加えることができた。「通りは泥まみれだった。まるで地球の地表からたった今、水が引いたとでもいうように。全長一二メートルはあるだろうメガロサウルスが、巨大なトカゲのように、よたよたとホルボーンヒルへとのぼっていくのに出会ってもおかしくない有様だった」

――に専念した。もしも、たとえば学部合同の歓迎会の席で、鼻持ちならない哲学専攻の学生に生命を定義してほしいと頼まれたら、彼らはこう答えるだろう――見ればわかる、おかげさまで、それで十分だ、と。

しかしながら一九七〇年代の初期に、生物学者は自分たちの認識力に（それが正しいかどうかは別として）十分な自信をもてないことが明らかになった。当時、米国航空宇宙局（ＮＡＳＡ）は、二つの無人探査機バイキングに載せて火星に運んで行けるような生命探査の実験装置を設計するよう科学者に要請していた。これらは地球外の生命体を現地で発見する最初の試みになるはずだった。小型実験装置は数千万キロ以上ものかなたにある送信機からの無線信号によって遠隔操作される。そんな装置を使って何かを探査するというのは、ささやかな挑戦ではなかった。もし探査されるべき「何か」を最初に適切に定義できれば、仕事はより容易になると思われた。

ＮＡＳＡが採択した三つの実験は、優れてはいたものの、少なくとも一部の人たちから見て想像力を欠くものだった。二つは、火星の生命体が水を必要とするはずだという推定のもとに設計されており、三つすべてが、生命はごく限られた（じつは地球に似た）範囲の気温下でしか生きられないという推測のもとに作られていた。探査の結果は解釈する人によって異なり、探査機の近辺に生命は認められないという意味にも、（一つの実験が示すように）とてつもなく異常な生命が存在するかもしれないという意味にも読み取れた。いずれにせよ、この結果は「生命が生存できる限界」に対する大枠の考え方に、ほぼ何の変化ももたらさなかった。

その後、一九八〇年代および一九九〇年代に地球上で相次いだ発見によって、科学者たちは自然のもつ創造力を過小評価していたことに気づかされた。生命の領域は（またもや）彼らの想像をはるかに超えていたのだ。生物が生きられるとは誰も思わなかった場所で、生物は単に生き延びていたのではない。繁栄していた。ひとたび生物学者たちが目を向け始めると、生物はいたるところで発見された。ジェラルド・マッグルー隊を満足させるに足るほどだ。

沸点を超えた熱水中に生物がいるなどとは、誰も考えなかった。しかし海底の火山性熱水噴出孔に生息するバクテリアが発見された。ある種などは一一三℃もの高温でさかんに増殖していた。氷点よりはるかに低い水温で生きられる生物がいるとは、誰も思っていなかった。けれども、南極の氷原中に凍らずに残されたブライン（高濃度の塩水）の水路中に、単細胞の藻類が見つかった。この藻類は氷を透かして届く日光からエネルギーを取りこみ、氷の下の海水から養分を吸収していた。

生物学者は他の限界も想定していた。生物はごく限られた範囲のpHにしか耐えられないと考えられていたが、熱い硫黄泉の中で繁殖する生物やソーダ湖でさかんに成長する生物が見つかった。海洋生物が耐えられる塩分にも限界があると想定されていたが、飽和状態の塩湖に完全に適応したバクテリアが見つかった。高線量の放射線被曝によってどんな生物も死ぬと信じられていたが、傷ついたDNA鎖を効率よく修復し、人の致死線量の一〇〇〇倍の線量に耐えられるバクテリアが発見された。生物には「基質」、つまりその表面で生物の分子が容易かつ頻繁に相互作用できるようなものが必要だと想定されていたが、成長、代謝、繁殖など、全生活史を雲の中で過ごせるらしい微生物が見つかった。[6]

生物学者は、海底の暗闇に暮らす多くの生物が、海面からゆっくりと沈下してくる有機物を食べていることも、化学反応からエネルギーを引き出して生きる生物がいることも知っていた。それでも彼らは、あらゆる生物は（間接的にであろうと、つまるところは）太陽に依存していると想定していたのだった。しかし一九九六年、ある科学者グループが、地表からはるか一六〇〇メートル以上もの地下で、周囲の岩石に含まれる無機化合物からエネルギーを得ているバクテリアと菌類の集団を発見したと報告した。

これらの生物――熱水噴出孔のバクテリア、南極のブライン中の藻類、岩石を食べる菌類など――はひとまとめに、極端な環境を好む「極限環境生物」として知られるようになった。

生物が生存可能な物理的環境の限界は未知で、確定されていないが、限界はあると大半の生物学者が信じている。生物の構造（細胞、ＤＮＡ、タンパク質など）はどんなに保護されていても、ある温度と圧力を超えると壊れてしまうという単純な理由からだ。つまり、生命には究極的に限界があるに違いない。もしも限界を超えた生物がいるとしたら、それは「わたしたちの知っている生物」（この由緒ある表現は、ほとんど改変されることなく昔から使われている）とは違う何かに違いない。根本的に異なる何者かだ。いわば、ありえない、奇想天外な生物である。

このような生物について何が言えるだろうか。せめて言えるとしたら、何者でないかだ。わたしたちの知る生物はすべてＤＮＡと、二十数種の同じアミノ酸とタンパク質をもち、何千もの同じ化学経路（代謝維持をするための複合的な化学反応）を使い、溶媒として水を用いるという同じ生化学的性質を備えている。これらのことから生物学者は、わたしたちの知っている生物は――あなたもわたしも、ノミやメガロサウルス、チャールズ・ダーウィン、近所の創造説の信奉者、そしてあらゆる極限環境生物も——すべて単一の共通の祖先をもつと信じているのだ。もしも奇想天外な生物が存在するなら、おそらく祖先が違っていて、あらゆる面で奇想天外だろう。生命の基本となるのがＤＮＡ以外の分子で、使っているアミノ酸も異なり、溶媒がアンモニアや液体メタンだったりするかもしれない。

　こういう代用が可能なのか、それとも今知られている生命の基本的特徴がすべての生物に必須なのかは、およそ明らかとはほど遠い。けれどもこれらの特徴のいくつか、あるいは多くは偶然の産物かもしれなくて、地球上の生物は異なる道筋だって十分にたどれたかもしれず、すると既知の生物とは基本的性質がまったく異なる生物になっていたかもしれないのだ。はっきりしているのは、そんな生物が一例でも見つかれば、わたしたちの生物観が大きく変わるだろうということだ。よく、今知られている全生物を巨大な一本の樹木として図式化することがある。幹は系統分類にしたがって枝分かれを繰り返す。枝分かれした先は、もとよりも基本形からはずれ、より数が多くなっている。最終的に、それぞれの種を表わす何百万もの小枝に分かれる。新種は多々見つかっており、最近では新たな門すら発見された[7]。けれども異なるタイプの生物が一例でも見つかれば、この系統樹そのものが一本だけではなく、もしかしたらもっとたくさんあって、森の中の一本にすぎないかもしれないということになる。そんな発見があったら、わたしたちは謙虚な気持ちになってしかるべきだ——わたしたちは宇宙の中で、今思っているよりもささやかな場所を占めているにすぎないのだ、と。同時に、宇宙に対する不思議の念を新たにしてしかるべきでもある——宇宙は今想像しているよりも奇妙で、はるかに豊かなのだ、と。

こうした奇想天外な生物についての論文が出たのは六〇年ほど前と思われるが、数は少なく、各学問分野に散らばっていた。総括的に見直されることも、議論が進められることもなかった。こうした動きが出てきたのは二〇〇二年になってからだ。ＮＡＳＡと欧州宇宙機関（ＥＳＡ）は、太陽系の外縁に向かって――土星の衛星タイタンや海王星の衛星トリトンや彗星に――無人探査機を送りこむことを（はっきり計画していたというのでないなら）考慮していた。これらの場所に生物が存在するとしたら、わたしたちの知っている生物とは劇的に異なるだろうし、火星上でバイキングが探査した生物とも劇的に異なるはずだ。

この考えは新しいものではない。ＳＦで繰り返し描かれてきたおなじみの話だ。荒涼として岩が一つ転がっている他に目につくものもない惑星に宇宙飛行士が降り立つ。奇妙な形をした岩だ、と思いながらそのまま通り過ぎる。と、そいつが動く。宇宙飛行士は振り向いて、自分の過ちに気づき、（いわく）ハラハラドキドキの展開が始まる、というわけだ。でも、これはＳＦではない。ＮＡＳＡもＥＳＡも奇想天外な生物が存在する可能性をかなり真剣に考えており、奇想天外生物の発見は重大な問題をはらんでいることを明らかにしつつあった。地球外生命が発見されたら――それが独自に進化したものであれ、惑星間を隕石や太陽風、その他の手段で移動したのであれ――単に生命科学や科学全般だけでなく、宇宙におけるわたしたち自身の位置をどう考えるかにも、甚大かつ長期的な影響を及ぼすだろう。ところで、その生物を目にしたら、それが生物だとわかるのだろうか。もしもわからなかったら、怠慢であれ不注意であれ、その生物を殺してしまったりしないだろうか。

二〇〇二年、全米研究評議会（ＮＲＣ）は、米国中の研究所や大学から二五人の科学者を集めて研究チームを作った。この「惑星系における有機生命の限界委員会」と称するチームの仕事は、この上なく野心的だった。会のメンバーは生命を定義し、今知られている生物に必須な特徴を見極め、生命というシステムの可能なぎりぎりの限界を決定することになっていた。それだけでは不十分と言わんばかりに、彼らは第二のさらに挑発的な仕事に挑戦するように命じられた。どんな奇想天外生物がありうるか、ある程度詳細に想定することである。五年間、彼らは論文を読んで検討し、データを集め、討論した。そして二〇〇七年の夏、研究をまとめた報告書『惑星系における有機生命の限界』が出版された。(8) このＮＲＣ報告書の出版は、わたしたちの知っている生物の限界と、その限界を超えて生存するのはどんな生物かについての考察史上、転換点となる瞬間だった。そして本書もこれに多くを負っている。

タイトルの「ありえない生きもの」について一言。新分野の研究には多くの仮称がつけられるが、これも例外ではない。本書の主題となる「ありえない生きもの」は、そう呼ばれることの正当性はさまざまだが、ベータ生物とか、仮説的生物、非標準生物、地球外生命、奇妙な生物、わたしたちの知らない生物、代替生物、（最新のところでは）ライフ２・０などと呼ばれている。わたしは「奇想天外生物（Weird Life）」を選んだ。というのは、この名称が本書の刊行時にもっとも広く使われているように思えたのと、少ない語数でテーマにふさわしい、奇妙な感じが伝わると思ったからだ。

のちに見るように、太陽系ができてまもない荒々しい時代に、地球と火星の間で物質の交換があった。生物に関するものも含まれていたかもしれない。科学者の何人かは、わたしたちの知る生物は地球外に起源をもつ芽胞〔訳注　環境が悪化すると一部のバクテリアなどが形成する、休眠状態で耐久性に富む細胞構造〕から生まれたかもしれないと論じている。今しばらくは、生命の起源の場所はどこかという問題は脇に置いておこう。わたしたちが知っているあらゆる生物は単一の祖先から派生したので、とくに断らない限り、その単一の祖先の子孫である生物を「ふつうの生物」と呼ぶことにする。ちなみに、この単一の祖先が地球外起源であってもかまわない。一方、それとは祖先が異なる生物（再び、地球上の生物であってもなくても）は、すべて「奇想天外生物」と呼ぶことにする。

第1章　極限環境生物

ジュリー・フーバーはマサチューセッツ州ウッズホールにある海洋生物学研究所に勤務する海洋学者だ。現在三十四歳だが、気さくに笑うともっと若く見える。浜辺でジョギングするところを見れば、バレーボールのプロ選手かと思う。海洋学や海洋生物学分野で数多くの業績をあげている。遠洋航海する調査船に乗りこんでほぼ一年近くなる。その間、もっとも有名な潜水調査艇の一つであるアルビン号で数回の潜水を行なった。彼女の主たる研究対象は、海底の地殻の中やその下に生息する微生物だ。それらは炭素を捕捉し、化学物質を循環させ、海洋水の循環に影響を与える生物で、その活動のすべてが海洋全体の健全さにとって重要な意味をもつ。しかし、たまたまこれらの生物は、フィールドワーク（野外研究）する生物学者が好んで言う「採集標本がかなり乏しい」状態にある。したがって、まだあまり研究されておらず、ほとんど何もわかっていない。しかもその生息域にたどり着くのが困難だ。それらを研究したいと望むなら、地質学、遺伝学、分子化学など、さまざまな学問分野の技術を駆使しなくてはならない。

フーバー博士は、はっとさせるような情熱的知性の持ち主だ。こちらの目をまっすぐにのぞきこみ、微生物学上ちょっとした進展があって「海底堆積物生物群集が注目の的」なのだと力をこめて言う。[1] こちらが、なるほど海底堆積物生物群集というものが存在するのか、とまずはその事実を飲みこみ、その生物群集の構成員がわかったりしたのかも、などと考える間にも、彼女は早くも海水中の化学成分を測定することで生物を検出しようという特別な挑戦について専門用語と日常会話を気さくに取り混ぜながら説明し、ついでに、最近のメタン菌の多様性に関する研究はすごいのよ、と言い添えている。[2]

最近、フーバー博士は、本人の言葉によると「海底噴火の追っかけ」をしている。ことに興味があるのは、太平洋の三つの「海山」(海底にある山を指す海洋学用語)近くに生息する生物群だ。これらの海山は三つとも地質学的に活動中で、フーバーはそれぞれを定期的に訪ねている。そして海山の数キロメートル上にある海面にはもっと頻繁に訪れる。そのたびに、たいてい驚くことがある。二〇〇九年の五月、彼女は太平洋の西、サモア諸島の港から一二時間しか離れていない海上で調査船の上にいた。そのとき遠隔操作による水中無人探査機ジェイソンは調査船の下、二キロメートルのところにいたが、ウェストマタ火山が今まさに噴火しているカラー映像を送信してきたのだ。午前三時だったが、船にいた誰もが(科学者も非番の乗組員も)部屋につめかけて、人類の目撃史上もっとも深いところで噴火する火山から溶岩が流れ、ときに噴出する映像を見つめたのだった。

フーバーは「これまで海底で目にした中で、間違いなく最高にクールな出来事だったわ」と言い、にやっとしてこう付け加えた。「わたしが見てきた海底の量は半端じゃないけど」[3]

探査機ジェイソンが火山周辺から採取してきた標本中の海水は、蓄電池に使われる希硫酸なみの強酸性だったにもかかわらず、生きているバクテリアが含まれていた。ただし他の似たような場所にくらべると、種類が少ない（つまり微生物群集の多様性は乏しかった）。ちなみに微生物群集とは、たくさんの微生物集団が同じ場所に生息し、資源を共有し、さまざまな形でお互いに利益を与えながら生きているさまを指す用語である。種類がかなり少ないのは、一部の生物には環境が厳しすぎるからなのか、それともウェストマタが若い火山で、すべてが始まったばかりだからなのか。それは興味深く、未解決の疑問だ。フーバーは数ヶ月のうちにこの答えを出したいと考えている。

現在、フーバーは数件のプロジェクトを同時に手がけている。二〇一〇年三月のある金曜日の昼近くに、フーバーは一つのEメールを受け取った。差出人はフーバーのもとで研究しているポスドク（博士研究員）の青年で、調査船に乗りこみ、グアム近くで調査をしているところだった。どうやら海底に設置したマーカーと船の係留装置が行方不明になったらしい。フーバーは「よくあることよ」と肩をすくめ、これを起こした犯人は、地質学者が「海底地すべり」と無粋にも呼ぶ現象ではないかと考えた。海底の一部が地すべりを起こして、マーカーと係留装置を引きずっていった可能性が高い。念のために言えば、もちろんフーバーは先刻承知のことだが、海底というのは、ほんの五〇年前に多くの科学者が信じていたような、墓場のごとく静まり返った場所などではないのである。

フーバーの研究の直接的なきっかけは、一九七七年のいわゆる熱水噴出孔周辺に生息する生物群集の発見と言える。また、それほど直接的ではないきっかけに、二十世紀初めの数十年に巻き起こった「大陸がいかに現在の姿になったか」に関する議論がある。

深海の科学ミステリー

大西洋を中央にもってきた世界地図を眺めると、南米大陸の東海岸がジグソーパズルのように、アフリカ大陸の「くの字」にひしゃげた海岸にぴたりとはまりそうだと気づかないわけにはいかない。一九一二年、ドイツの地質学者であり気象学者でもあったアルフレート・ヴェーゲナーは、さらに数歩先に進んだ。化石や鉱床、氷河に削られた痕跡などの証拠をあわせてみて、その見立ては正しそうだと提言したのである。大陸はまさしくパズルのピースであり、お互いにゆっくりと漂いながら離れてしまったのだ、と。その後数十年で、他の人たちがヴェーゲナーの仮説をプレートテクトニクス理論へと発展させた。この理論によれば、地球の地殻はプレートの集まり（おそらく一〇の大きなプレートと三〇もの小さなプレート）でできているのだという。プレート上部は硬くて弾力性を欠くが、下部はもっと高温で変形しやすい。厚みが八〇キロメートルになるものもあると考えられた。地質学者らは、マグマが盛り上がってプレートの裂け目に入りこみ、プレート同士が引き離されている、という証拠を発見した。

もしそうだとしたら、「海水はなぜ現在の化学成分になったか」という驚くほど昔からある、そして驚くほど率直な疑問に答える助けになるかもしれない。死海のように、蒸発以外に水の出口がない湖を「閉鎖性水域」と呼ぶ。これらは極端にアルカリ性で、時とともにますますアルカリ性が強まっていく。理屈から言えば、世界中の海は水の出口をもたない巨大な閉鎖性水域なのだから、きわめてアルカリ性が強いはずだ。けれども、そのpH（水質が酸性かアルカリ性かを示す尺度）は七・五〜八の間で、ほぼ中間に近い。これがフロリダキーズの波打ち際でも、マリアナ海溝の暗く高密度な海水でも、南極の氷山を浮かべた凍るような海水でも同じなのだ。どうやら海水を濾過し、pHを維持するような何らかのしくみが働いており、それもあらゆるところで働いていると言ってよさそうだ。そこで少数の科学者が、海中に温泉があるのではないかと考え始めた。あるとしたらこのあたり、という見当もつけた。地表の場合、温泉の近くには火山があり、地下のマグマから熱をもらっている。とすれば、海底に湧く温泉もマグマの近くにあると考えるのは道理だろう。大方の考えによれば、プレート間の裂け目にマグマがある。とすると、プレート間の裂け目を見つければ温泉が見つかるだろう。多くの人たちがそう予想した。

けれども確かなことはわからなかった。一九七〇年代初期まで、海洋学の教科書の導入部には、海底については月のこちら側の面ほどにもわかっていないという衝撃の事実が記されていた。それでもよく見積もりすぎだろう。海底地図を作製するためのソナー（音響測深装置）はお粗末だし、水温と水圧を測る装置は船の後方からケーブルで曳航される。遅かれ早かれケーブルは海底の隆起に引っかかる。船のエンジンをアイドリングさせておいて、うんざりした乗組員たちが装置を引き上げる。たいてい装置はぼこぼこになって戻ってくる。でなければケーブルが切れてしまうかだが、その場合は装置の回収もできない。

しかし米海軍が海洋測量の高度な技術を開発し、一九七〇年代の半ばにには研究者もそれを共有することになった。これらの技術を使い、ウッズホール海洋研究所の科学者たちは三段階方式で海底面を探査できるようになったのだ。まず調査船クノールが複数のトランスポンダー（信号中継器）を海底に降ろす。海底は平坦ではないので、それぞれ異なる深さに置かれることになる。次に、これらの位置をソナーによってきわめて正確に測定することで、海底地形の低解像度地図が得られる。最後はカメラ装置だ。カメラとストロボ照明、電源を載せた一・五トンのゴリラが入るようなケージを船で曳航し、領域内の海底の二〇〇メートル上を毎時四キロメートルという慎重な速度で移動させる。数時間ごとに装置は甲板に引き上げられ、フィルムが抜き取られて現像される。

一九七七年春、クノールに乗りこんでいたウッズホールの研究者は、ガラパゴス諸島のおよそ二八〇キロメートル北東の洋上で、東太平洋の海底地図を作製していた。深さ二キロメートルの深海で一度目の撮影が行なわれた。そのフィルムに複数の白い二枚貝が映っていた。明らかに生きていた。

そういうときには、米海軍が所有しウッズホール海洋研究所が運用する、潜水調査艇アルビン号にお呼びがかかることになっている。アルビン号は一九七〇年代に入る以前にすでに大活躍していた。一九六八年にいったん行方不明になったものの、その後回収されている。その二年前、米空軍の爆撃機B52が地中海の上空で空中給油機と衝突墜落し、海中に水素爆弾一つが誤って落下した際に、アルビン号は冷戦史上に登場するべく、スペイン沖の海底探索に動員された。一九六六年三月十七日、アルビン号のパイロットが水深およそ九一〇メートルの海底に横たわる水素爆弾を発見。不発のまま引き上げられた。一九七七年までにアルビン号は数回の改修でグレードアップされたが、最速スピードは時速四キロメートルの慎ましさだし、照明は一五メートル前方までしか届かない。しかし、どれも問題にはならなかった。アルビン号が当時も今も、真に得意とするのは、詳細な観察だ。したがって、クノールが水深二キロメートルの深海で生きた二枚貝を見つけたときも、アルビン号がその地点まで曳航されてきたのだった。

アルビン号の乗組員室はチタン製の直径三メートルの球形で、パイロット一人と研究者二人の三人乗りだ。このときの調査を行なったのはオレゴン州立大学のジョン・コーリスとマサチューセッツ工科大学のジョン・エドモンドという二人の地質学者だった。二人は二〇〇〇メートル降下する間、大半の時間をプレキシガラスのはまった丸窓から外を眺めて過ごした。見るべきものはたいしてなかった。海底の斜面まで二、三メートルのところまで来ても、アルビン号が投じる光は、地質学者が枕状溶岩と呼ぶ、海底に流れ出たマグマが冷え固まってできた玄武岩以外に何も照らし出さなかった。斜面のどちらを見ても、枕状溶岩があたりを覆い、地質学者ですらとくに興味を惹かれる風景ではなかった。そのとき、彼らは水そのものに目を留めたのだった。熱したグリルの上の空気が揺らめくように、水が揺らめいている。急いでコーリスとエドモンドは測定を行ない、水温がこの水深であるべき温度より四℃ほど高いことを確認した。

パイロットがアルビン号を斜面の上へと移動させ、頂上に近づいたとき、彼らは驚くものを目にした。サーチライトに照らされた揺らめく海水の向こうに、イガイや巨大な二枚貝、カニ、イソギンチャク、魚たちのいる岩礁が姿を現わしたのだ。幻想的な海底庭園、生命に満ちあふれたオアシスだった。コーリスとエドモンドはどうしてここに突如、島のように孤立した、豊かににぎわう生態系が出現したのか、わからなかった。わかっていたのは、アルビン号の動力はあと五時間分しか残っていないことだ。その残り時間で彼らは、のちにエドモンドが書いたところによると「気も狂わんばかりになって」、水温や電気伝導率、pH、酸素含有量を測定し、アルビン号のアームがつかめるものなら何でも試料として採取したのだった。(4) その晩、母船クノールに戻ってから、ちょっとした祝賀会が催された。誰かがカメラをもっていて、コーリスとエドモンドのスナップ写真を撮った。写真の中で二人の若者は、疲れて腫れぼったい目をして微笑んでいる。

一八三〇年、英国の博物学者エドワード・フォーブズは、太陽光は水深六〇〇メートルまでしか届かないので、植物プランクトンはそれより深いところでは生きられないと主張した。植物プランクトンがいないと食物連鎖の基盤がない。ならば深海は生命が見られない不毛の世界に違いない、と考えるのはもっともだ。(5) 二十世紀半ばには、海洋生物の生命維持のしくみはかなりよくわかっていた。太陽光がエネルギーの供給源だ。窒素やリンといった養分は川や水が流れこむことで海に運びこまれ、海底に沈んだものが湧昇流によって攪拌《かくはん》される。植物プランクトンと呼ばれる浮遊性の単細胞生物が、太陽光と養分と、水中に溶けた二酸化炭素を利用する。それが動物プランクトンと呼ばれる、海やその他の水域のいたるところで自由に浮遊している微小な無脊椎動物に食べられる。動物プランクトンはエビやその他の甲殻類に食べられ、というように食物連鎖が連なっていき、ついにはわたしたちの夕食の皿の上、マグロの蒸し煮のレモン添えにいたるのだ。明らかにこうした過程が起きるのは、水面に近いところでだけだろう。

　しかしその後、数十年が経ってみると、かなりの深海にも生命が存在することがわかってきた。魚類、カニ、その他の生物が、まったく日の射さない闇の、それもたいへんな水圧の中で生きており、食物は海の上部からゆっくりと沈下してくる死骸や腐敗物だとわかったのだ。二十世紀半ばになると、海洋工学の発展のおかげで生物学者たちはこれらの生物をじかに目にすることが可能になった。一九四〇年代の中頃、スイス人科学者オーギュスト・ピカールがみずから「バチスカーフ」と呼ぶ潜水艇を設計した。それまで使われていた潜水球《バチスフェア》がシンプルな球形の耐圧容器でケーブルに吊るして上下させたのに対し、ピカールの新設計は浮力を確保するためのフロート部分と乗組員のための耐圧球体が別になっていた。ピカールの二代目のバチスカーフはトリエステと呼ばれた。トリエステは一九五八年に米海軍に売却され、その二年後にジャック・ピカール（オーギュストの息子）と海軍のドン・ウォルシュ大尉を乗せてマリアナ海溝の底にもぐった。するとなんと、水深一一キロメートルを超える地球上でもっとも深い深淵で、一尾のカレイが目撃されたのだった。(6)

　それでも、一九七七年になってすら、大半の海洋生物学者はこうした生物はごくまれで、単独生活者だろうと考えていた。海の上層部の腐敗物はかなり効率よく再利用され、消費されずに深海まで沈んでいく量は、ほぼないに等しいだろうから、これらの生物は飢餓状態にあるはずだと考えられていた。だから一九七七年にウッズホールの調査隊長である科学者がホルガー・ヤナッシュという海洋生物学者に電話をかけ、水深二キロメートルの深海に豊かな生物群集が存在すると告げたとき、ヤナッシュは信じようとしなかった。ヤナッシュによれば「何といっても彼は地質屋さんだから」と思ったのだという(7)。

調査隊は同じ場所にさらに一四回の潜水を試みた。コーリスとエドモンドは、たまたま温泉原の真上に降りてしまったことが明らかになった。直径約一〇〇メートルのほぼ円形の海底部分の岩の割れ目という割れ目から、熱水がたちのぼっていた。アルビン号が海底で新発見の生物を調査している間、クノールの船上では科学者たちが回収した海水サンプルを調べ、すべてに高濃度の硫化水素が含まれていることを突き止めた。そしてこの硫化水素こそが、全生態系を編み上げる糸であることが判明したのだった。

地上では、化学合成というしくみによって硫化水素からエネルギーを取り出せるバクテリアがいることがわかっていた。ただしそれは例外的で、大半の生物は、直接的にであれ間接的にであれ、光合成からエネルギーを得ていた。しかし水深二キロメートルの闇の中で行なえるのは、化学合成だけだろう。すぐさまウッズホールの研究者たちは、このしくみを説明する次のようなモデルを考え出した。地球の内部深くでは天然の放射性物質が熱を発生させており、岩が溶けてマグマになっている。マグマは中央海嶺の裂け目に押し上げられ、冷やされつつ海底に広がり、新たな海洋地殻になる。しばらくの間は海水は地殻に浸透し続けるので、その際、海水中の硫酸塩が地殻中の鉄と結びついて硫化水素と酸化鉄ができる。地殻に浸透した海水が熱せられて地殻の割れ目から押し出され深海の海中へと戻るときは硫化水素を含んでおり、それをある種のバクテリアが好んで取りこむ。そのバクテリアは水中に溶けた酸素を吸収し、一部の酸素は亜硫酸塩と結びついて硫酸塩になる(8)。

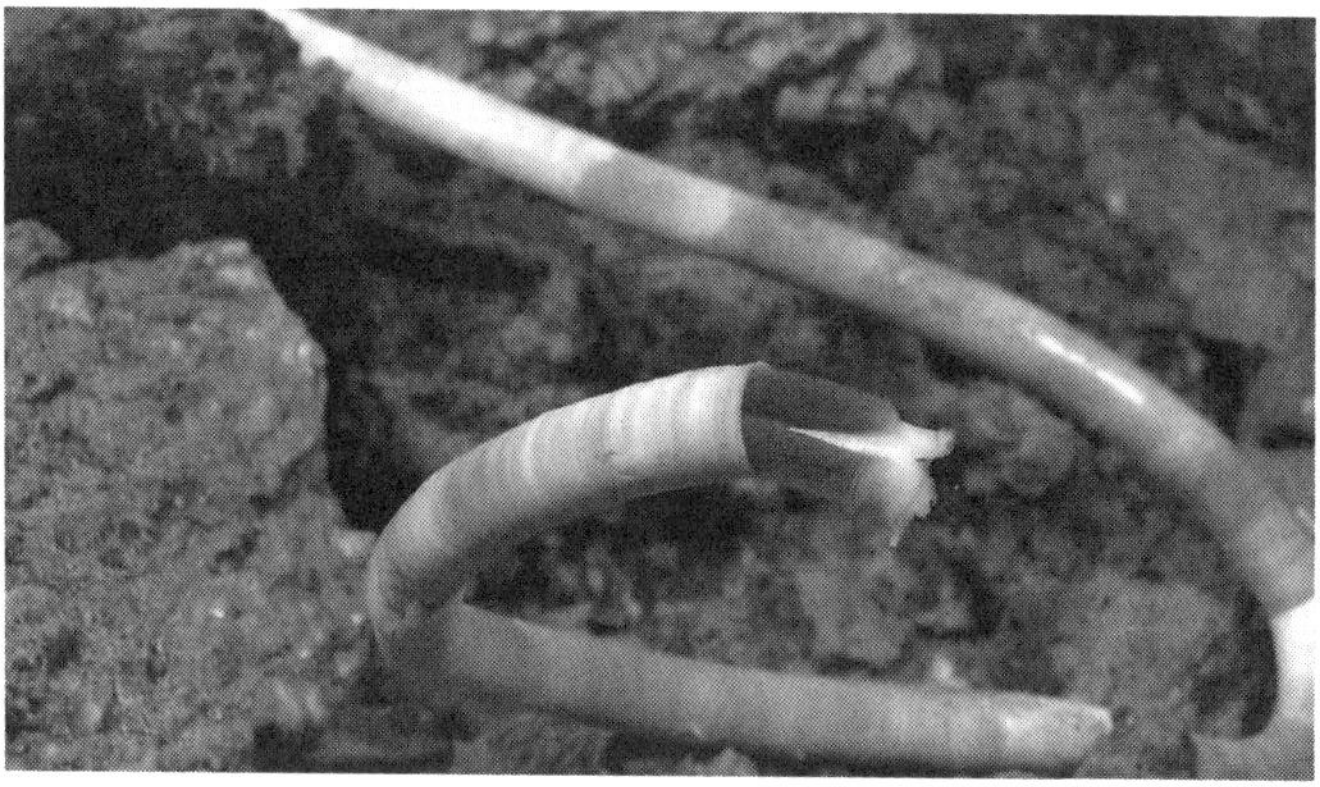

チューブワーム（*Riftoa pachyptila*）チューブワームのコロニーが、熱水噴出孔の溶岩の割れ目に生息している。（提供　アメリカ大洋大気庁 NOAA の海洋調査船オケアノス・エクスプローラー計画）

これで一巡して最初の化学物質にたどり着いたように思える。けれども話はまだ終わりではない。化学の授業を思い出してほしい。エネルギーを放出する反応があれば、吸収する反応もあるのだ。硫酸塩を生成する反応はエネルギーを放出する。これをバクテリアが太陽光の代わりに効率のいい方式として利用し、代謝を維持するのだ。この生物社会（やがて熱水噴出孔生物群集と呼ばれるようになった）のこれ以降の食物連鎖は、大まかに言って、そこから二キロメートル上方の日光の届く海水中における食物連鎖と似たようなものだ。

コーリスとエドモンドは、噴出孔から出てくる水は、地殻中を何十メートルも上昇してくる間におそらく相当に薄まっているだろうから、地球化学的に見て、実際の反応は一、二キロメートル地下の地殻内で起きているに違いないと理解していた。その化学現象そのものを目にしたり調査することはできないのだ。彼らはそう思っていた。

二年後、アルビン号に乗りこみ、カリフォルニア湾の近くの太平洋の海底で暖かい湧昇流の調査をしていた研究者たちは、その源泉に出くわした。硫化鉱物でできた二〜三メートルの高さの天然噴出孔（チムニー）から、硫化鉄を含んで真っ黒になった、きわめて高温の熱水がおそろしい勢いで吹き上がっていたのだ。すぐにコーリスとエドモンドは現場に駆けつけ、アルビン号に乗りこんで、チムニーから吹き上がる水の温度を測定した。三〇〇℃もの信じがたい高温だった。海面レベルにおける大気圧下で水を徐々に熱したとすると、水は三〇〇℃に達するはるか以前に蒸発してしまう。急激にその温度にまで熱すると、水は爆発的に沸騰し、まさしく間欠泉のようになる。チムニーから噴出する熱水をおとなしくさせているのは、水深二キロメートルの水圧である。

この高温は、ウッズホールの科学者にいくつかの難題を突きつけた。高温でも機能する採水器を設計し作り上げなくてはならないし、アルビン号がチムニーと安全な距離を保つように慎重にしなくてはならない。舷窓にはまったプレキシガラスは熱で柔らかくなると、内側に向かって破裂しかねない。それでもこの興奮に満ちた仕事は歓迎された。多くの研究所や大学の科学者たちによって、数ヶ月後にも、数年後にも、噴出孔やチムニー（「ブラックスモーカー」と呼ばれるようになる）が続々と他の中央海嶺に沿って見つかり、そのすべての近辺で大量の生物が見られたのだった。*

プレートテクトニクス理論から、プレート間の裂け目に温泉があるという予測は立てられていた。コーリスとエドモンドによる熱水噴出孔の発見は、最高に劇的な形でついに理論を裏付け、地質学の一章を閉じることになった。同時に、熱水噴出孔から食物とエネルギーを得ている生物の発見は、生物学の新たな一章を開くことになった。そして優れた章のすべてがそうであるように、数々の問いを投げかけた。正確なところ、どんな種類の生物がこの場所に生息しているのか。数はどれくらいか。どうやって水圧や闇、高温などに適応したのか。そもそも、どうやってここにたどり着いたのだろうか。

好熱性生物と超好熱性生物

こうした疑問のいくつかには、数年前すでにトーマス・デール・ブロックという微生物学者によって答えが出ていた。ブロックはインディアナ大学の助教で、微生物同士や微生物と環境との関わりを研究する微生物生態学に関心があった。ブロックは一九六四年の夏、短い研究休暇中に、何千人もの旅行者に混じってイエローストーン国立公園を訪れた。彼はどちらかというと、バイソンやグリズリーベアーよりも、もっと小さな生物に魅せられた。温泉の流出路中に目立つ色があること

＊コーリスとエドモンドがガラパゴス諸島の近くで生物群集を発見した数年後に、科学者たちはその地点に舞い戻ってさらに徹底的な調査を行ない、何列にも連なる白い管のてっぺんから、赤いひらひらしたものが出ているのを発見した。現在、チューブワーム（*Riftia pachyptila*）と呼ばれている生物である。二〇〇二年に別の調査隊がそこ（仲間内での呼称は「ローズガーデン」）を訪ねると、固まった溶岩に覆い尽くされていた。「中央海嶺は与えたもう、かつ中央海嶺は奪いたもう」である。そして、どうやら再び「与えたもう」であるらしかった。「中央海嶺は与えたもう、かつ中央海嶺は奪いたもう」調査隊が、小さなチューブワームや指の爪サイズのイガイを発見したのだ。ごく自然に、彼らはその場所を「ローズバッド（薔薇のつぼみ）」と呼ぶようになった。（Nevalla, "On the Seafloor"）

に目を留めると、そばに寄って、のちに「ピンク色をしたゼラチン状のかたまりで、明らかに生物だった」[9]と記述することになるものを認めて、驚いた。

水温は相当に高い。沸点に近かった。彼以前にもそのピンク色のものに気づいた人は当然ながらいたのだが、彼らはブロックの知っていることを知らなかった。それは、これほどの高温の水中で生きられる微生物がいると考える微生物学者がいなかったということだ。六〇〜八〇℃の水温中に住む微生物は「好熱性生物」と呼ばれ、八〇℃以上の熱水中に住む微生物は「超好熱性生物」と呼ばれる。が、それは今の話だ。一九六四年当時、超好熱性生物の存在を信じる人はほとんどおらず、標準的な教科書には、好熱性のバクテリアは五五〜六〇℃くらいの温度で培養するようにと書かれていた。[10]温泉の流出路でブロックが測定した温度は九〇℃だった。長年ブロックは、実験室で培養されたバクテリアばかりを研究していては、視野が狭くなるのではないかと懸念し続けてきたのだが、その懸念が正しいことが証明されたのだった。六〇℃をはるかに超える温度下で生存できるバクテリアがいるとは誰一人考えなかったので、わざわざそれを探そうという人もいなかったのだ。

じっさい、どうやって研究者が目の前にあるものを見過ごしてしまうかは、きわめて重要な問題だ。一つの答えを科学史家トーマス・クーンが提示した。（科学者を含め）人間は、自分が見るはずと思っているものを見、見ないだろうと思っているものは見えない、というのだ。一例としてクーンはある実験のことを述べている。この実験では、被験者は何枚ものトランプのカードをすばやく次々に見せられ、見たカードの色とマークと数を言うように指示される。ところで、この実験で使うのは偽のトランプだ。大半のカードは通常のトランプと同じなのだが、中の数枚は色とマークの組み合わせが特殊で、赤のスペードの6といった、ふつうのトランプにはないものが含まれている。何枚ものカードを手早く次々に見せられた被験者たちは、特殊なカードを特殊と認知せず、通常のマークと色の組み合わせだと思いこんだ。たとえば赤のスペードの6を見せられると、多くの人は赤のハートの6と見てしまう。これを二回、三回と繰り返すうちに、数人の被験者が答える前にためらうようになる。さらに回を重ねると、数人が混乱してくる。一人は、すっかり混乱して何が何だかわからなくなってしまった。その男性はこう語ったという。「そのときは、トランプのカードにすら見えませんでした。何色なのかも、スペードなのかハートなのかもわからなかった。今も、スペードってどんなだったか、はっきりしない[11]」。赤のスペードの6を赤のスペードの6だと認識したのは二、三人にすぎない。ただし、いったんそう認識すると、彼らは他にも特殊なカードがあるのではないかと探すようになった。クーンは、これに似たことが科学でも起きていると指摘した。科学者がまだ誰も気づいていない何かに気づくと、その後、「概念カテゴリーを修正する期間を経て、ようやく、もとはありえなかったことが予期されるものになるのだ[12]」と、クーンは書いている。

一九六四年の秋、概念カテゴリーが適正に修正されたブロックは、ありえないものを予期し、それを探し出すことにした。ウェスト・イエローストーンに実験室を設け、沸騰状態もしくは高温の水域を探しては、いわば「微生物釣り」をして夏の休暇を過ごすことにしたのだった。とくに興味のある場所では木の枝に長い糸の一端を結びつけ、もう一方に顕微鏡用のスライドガラスをつけて、それを水中に沈めた。二、三日放置してからスライドガラスを回収して調べると、ほぼすべてのスライドガラスの上に、大量のバクテリアが育っているのが確認された。

他の微生物学者たちは、最初、ブロックの発見はあまりに専門的かつ限られた世界のことで、より広い関心に値するものではないと考えていた。世界には何がしかの数の温泉があるのだから、そこに住む好熱性（ないしは超好熱性）バクテリアの種類も、それなりの数はいるだろう、というだけのことだ。ところがコーリスとエドモンド、さらに多くの後継者たちが、熱水中に繁殖する生物を基盤とする生態系をいくつも発見した。そうした生物が好む環境は、たとえばホモ・サピエンスのような種には近づくのもむずかしいが、珍しいものではなかった。いや、それどころではない。中央海嶺は海洋地殻に沿って、何十万キロメートルにもわたり、うねうねと蛇行しつつ続いているのだ。一九七〇年代の終わりまでに微生物学者は、好熱性バクテリアがいかに適応し、好熱性生物の生態系がいかに機能しているかを理解しようと、ブロックの発表した論文を熟読することになった。さらに、中央海嶺へ探査に出かけるより簡単で、かなり安上がりなので、多くの科学者がイエローストーンのブロック行きつけの場所に足を運ぶようになった。

そうこうする間に、中央海嶺に生物がいたというニュースは学界のすみずみまで行き渡った。大半の大学機関の生命科学科の事務所の外には大きな掲示板が据えつけられているものだ。そこには次の学部会の知らせや会議の通達、論文募集などが掲示されると同時に、もっと個人的な知らせ、たとえば車のキーの落とし物についてのメモなどもあったりする。ときには、多くの人が興味をもちそうな記事だと考えた誰かが、学術誌から破り取ったページを貼ったりもする。一九七九年の秋もそうだった。あらゆる大学機関（高校も）の生命科学科の事務所の外にある掲示板という掲示板に、深海で発見された硫化物のチムニーとその周辺の生物に関する記事が貼られたことだろう。

すぐさま生物学者たちは、他にもトランプの「特殊な」カードがあるのだろうかと考え始め、多くの人が実際に探し始めた。一九八〇年代と一九九〇年代を通して、新聞の科学欄を読んでいると、ほぼ隔週の割合で、いるはずがない（と思われていた）場所で生物が発見されているように思えた。高温好きな生物もいれば、低温好き、高圧好き、酸性好き、アルカリ性好き、塩好き、放射線好きまでいた。* これらはひとまとめに、極限環境生物という名称で知られるようになった。R・D・マクロイが一九七四年に作り出した名称である。[13]

二十世紀の大半で使われていた生物の分類体系は、生物を基本的に動物界と植物界の二大グループに分けるものだった。バクテリアのような単細胞生物は、一部の人には後からの思いつきに見えるだろうが、植物界に入れられていた。一九六〇年代に生物学者はこの体系を、ことに微生物に関して不適当とみなし始めた。そこで考え出された新しい分類は、基本区分が五つの「王国」、つまり五界に分けられているものである。五界は、動物界、植物界、菌界、モネラ界（バクテリアとシアノバクテリアが入れられた）、原生生物界《プロティスタ》である。原生生物界の境界線はうまく定義できていない。単に他のどこにも合わないからという理由で入れられた生物がたくさんあった。一部の微生物学者（や進化生物学者エルンスト・マイヤー）は、二つの「帝国」、つまり二帝説によるもっと基

＊これらはそれぞれ、好熱性生物、超好熱性生物、好冷性生物、好圧性生物、好酸性生物、好アルカリ性生物、好塩性生物、放射線耐性生物と呼ばれる。

本的な分類を提案した。これによると、バクテリアのように細胞がかなり小さく核をもたないものは原核生物（プロカリオーテ）に分類される（プロは「以前」、カリオーテは「核」を意味する）。他の四界に属する、より大きくて核をもつ細胞でできている生物は真核生物（ユーカリオーテ）に分類される（ユーは「真」を意味する）。

一九六〇年代、微生物学者カール・ウーズと同僚たちはリボソームRNAの塩基配列を決定し始め、バクテリアに分類されてきた（つまり光学顕微鏡下でバクテリアに見えた）多くの微生物がじつは根本的に違っていることに気がついた。カテゴリーが再度見直され、今度は三つのドメイン（領域）に分けることになった。「ユーカリオーテ」は「ユーカリア」と名称を変え〔訳注　どちらも日本語では「真核生物」になる〕、原核生物は真正細菌（バクテリア）と、新たに発見されたドメインである古細菌（アーキア）の二つに分けられたのである。ウーズの分類は、本書の関心事にはぴったりだ。極限環境生物は三つのドメインすべてにわたっているものの、大半はアーキアなのである。

もちろん極限環境生物は、他の生物と似ていないようにお互い同士も似ていないので、これらは「ベートーベンでない作曲家全員」とか「モネでない画家全員」を集めたようなグループにすぎない。あらゆる極限環境生物は、何らかの正規分布曲線上の、中心からはずれた端に位置する点として表わされる。温度や圧力、pHのそれぞれに関して、釣り鐘の輪郭線のような分布曲線（正規分布曲線）が存在する。多くの極限環境生物は、たとえば高温・低pHレベルで繁殖するアシディアヌス属に属する種のように、二つの正規分布曲線上の、中心からはずれた端に位置する点として表わされる。[14] もっとも、何を極限とするかは、何を正規とするかによる。たとえばR・D・マクロイはほぼ三七℃くらいの体温で、強酸性を嫌うはずだ。彼をアシディアヌス属の種が分類すると、「好冷性」で「好アルカリ性」の生物と呼ぶかもしれない[15]。

いずれにせよ、一九九〇年代までに極限環境生物の調査は加速していった。火星の地下のような厳しい環境に生物がいかに適応しうるかを知りたがったNASAが、数々の調査計画に、単独ないしは米国国立科学財団と共同で資金を出した。一九九六年に、生物学者たちが集まって第一回極限環境生物国際会議が開催された。数年のうちにこの新分野の研究者たちは定期刊行物を創刊、専門学会を設立し、数千もの論文を発表した。

この研究すべてで合意されていることの一つが次の点だ。もし生物の限界、つまり極限環境生物のもっとも極端なものも越えることのできない境界線というものがあるとしたら、その線を引くのはおそらく、さらさら流れたり、ごぼごぼ湧いたり、ぽたぽた滴り落ちたりする液体の水だろうという点だ。たしかに、たまたま生物が見つかった場所のすべてに、液体の水ないしは、それがかつて存在したという証拠が見つかっている。そして、液体の水がある場所の大半で、生物が見つかっているのである[16]。

水

分子量の小さい順に並べた化合物のリストからすると、酸素や二酸化炭素より質量の小さな水は、室温では気体になるだろうと予想されるかもしれない。じっさい、わたしたちの周辺の水が液体なのは、分子が分極化している（酸素原子の片側に位置する二つの水素原子は電気的にやや正を帯び、酸素原子自体はわずかに負を帯びている）からにほかならない。その配列のおかげで水分子の緩やかな結合力は、ガラスコップにまるい滴を作ったり、植物の茎を上昇したりなど、表面張力をもつに足る強さを備えたのだ。表面張力とは、表面にある水分子が、その上にある空気分子や自分たちの下にある水分子とよりも、互い同士でより強力に引き合うという興味深い特質である。

水分子は両極の電荷のおかげで結びついているのだが、そのおかげでまた、他の分子をばらばらにすることができる。化学者は水のことを、珍しいほど何にでも使える溶媒であると言う。ディナーパーティーの完璧なホスト役みたいに、水はカップル（たとえば塩化ナトリウム）や数人の集団（たとえば糖やアミノ酸）をやんわりと引き離すのだ。化学者はさらに水のことを、拡散に関しても優れた媒体であると言う。再び完璧なホストのように、水はお客が自由に移動し、混ざりあえる環境を提供するのだ。この環境こそ、偶然にも生命にとって、もってこいだったと言っていい。水はＤＮＡを傷つける紫外線を防ぎ、熱をよく保持するので海底近くの水温は一年を通して変化しない。他の化学物質とくらべて、水は広い範囲の温度で液体である（摂氏とはまさしく水が液体である状態に基づく温度の尺度で、凝固点から沸点まで一〇〇度の幅がある）ので、生命活動も同じように幅広い温度下で可能になる。

ここでもう一つ、水の特性を取り上げよう。これはめったにない性質であると同時に、おそらく生命の誕生とその長期的存続にこの上なくふさわしい性質だっただろうと思われるので、十九世紀の博物学者の中には、これをインテリジェントデザイン（神の創造）の証拠だとする者もあった。[17]

もしも水が他の大半の液体と同じ性質だったら、凍ったときは密度が増し、重くなっただろう。氷は沈み、寒冷地の水域は熱を放散させて、底から上に向かって凍ったはずだ。そうすると、その地に住む生物、ことに水生生物はひどく困ったことになっていただろう。しかし、実際は、水は凍るとふくらんで一〇％ほど体積が増え、湖や海の表面に浮かび、層を形成する。この層が、下の水と生物を凍らないように保護してくれるのだ。

まるでこれでも不十分とでも言うように、水は溶解している化合物を使って、水中に「微小環境」を作り出しもする。水分子の帯電した両極に促され、他の分子が横に並んで同じ方向を向くようになるのだ。いくつかは、すっかり振りつけされたコーラスラインのごとく、何列にもなって、膜にしか見えないところまでいく。こうした膜の中には、分子化学者が「小胞」と呼ぶ、顕微鏡サイズの泡になるものもある。そしておよそ三八億年前、その内部に最初の自己複製分子が包みこまれ、時を経て細胞になったのかもしれない。

こうした水の長所を考えれば、ごくふつうの生物が水を得るためにびっくりするようなことをやってのけ、天才的戦略を駆使するとしても驚きではない。じっさい、生物はそうしているのだ。地衣類のサルオガセに似たサルオガセモドキ（スパニッシュモス *Tillandsia usneoides*）というパイナップル科の植物は、大気から直接水分を取りこむ。カンガルーラット（*Dipodomys merriami*）という北米に住む齧歯類の一種は、食物を代謝する過程から水分を得る。またカリフォルニアのレッドウッド（ジャイアントセコイア *Sequoiadendron giganteum* やセコイア *Sequoia sempervirens*）は、まだはっきりとはわかっていない方法で、林床から一〇〇メートルもの高さに達する梢にまで水を押し上げる。そしてひとたび水を得たら、ごくふつうの生物であっても、あらゆる手を尽くしてそれを保持し、凍ったり蒸発したりしないようにし、自分の体内に分配し、可能なら再利用しようとするのだ。

では、極限環境生物はどうだろう？　水を手に入れ保持するためなら、彼らは何でも、まさしく極端なことまでするのである。

火と氷

摂氏という温度の尺度は水が液体である範囲を中心にしているが、その範囲は先に述べたように、高圧のもとではもっと高温にまで拡大でき、水に何かを混ぜればもっと低温にまで拡大できる。極限環境生物は、こうして拡大された範囲の温度下にある水を喜んで開拓する。そのために使われている戦略に、生物学者は関心を寄せている。

これらの戦略がいかに優れているかを見るために、ざっと生物学のおさらいをしておこう。「細胞」は生物の構造の、独立して機能しうる最小単位である。あなたもわたしも、他のいかなる多細胞生物も、細胞にはＤＮＡを包含する核がある。バクテリアやアーキア（極限環境生物である微生物はこれらに属する）などのもっと単純な細胞では、ＤＮＡは半流動体である細胞質の中を自由に浮遊している。細胞質において細胞内の化学反応を開始させ、かつ加速させるのは、タンパク質と呼ばれる大きな分子で、（いくつかの例では）この分子が細胞の形態を保つ構造体にもなる。

ＤＮＡ、細胞質、タンパク質は細胞膜の中におさまっており、これがさらに細胞壁に覆われている。膜は細胞内のものを外部の厳しい環境から守り、壁は何らかの状況で細胞が膨張したり破裂したりするのを防いでいる。膜も、細胞質中のタンパク質も、たまたま高温にはすこぶる弱い。周囲の水が沸点に近づくと、細胞膜はどんどん水ぶくれになって、ついには穴だらけになり、機能できなくなる。一方、内部のタンパク質もよじれたり曲がったり、すっかり壊れて（これを「変性した」という）、これもまた機能できなくなる。

熱水中で健全でいるために、好熱性生物の一部は、タンパク質の弱い部分をより頑丈で耐熱性のあるものに替えている。おそらくこの方法を使っているのが、現時点の高温記録保持者である、ピュージェット湾沖の熱水噴出孔から採取されたバクテリアだ。二〇〇三年、マサチューセッツ大学の微生物学者デレク・ラヴリーとカゼム・カシェフィはこのバクテリアの培養に成功した。それがどれくらいまでの高温に耐えうるかに興味をもっていた二人は、温度を一〇〇℃に上げてみたが、バクテリアは成長し続けた。さらに高温にするのに、手持ちの唯一の道具はオートクレーブ、つまり通常は医療器具の滅菌のために使われる、高圧で水蒸気を熱する器だった。お気づきのように、微生物を培養するためではなく、殺すために設計された道具である。彼らはバクテリアをオートクレーブに入れ、一〇時間蒸し続けた。バクテリアは一二一℃で繁殖し、一三〇℃で二時間生き続けた。「まったく、唖然とした」とラヴリーは語った。(18)

同じく熱水噴出孔の近くで、さらなる高温下で生息する微生物の報告もあるが、熱水噴出孔の周辺で標本を採取するのは困難だし、標本自体が混入物で汚染されてしまう可能性もある。それでも科学者は、細胞がもっと高い温度でも耐えられるようになるにはどの物質を置き換えればいいか見当がついているので、その報告が確認されてもことさら驚いたりしないだろう。全米研究評議会（ＮＲＣ）報告書『惑星系における有機生命の限界』には、「生命が生存可能な温度の上限は、まだ定まっていない[19]」とある。

では、温度の下限はどうだろう。氷は「不作為」によって、つまり何もしないことで、生命をおびやかす。氷は、化学反応に必要な溶媒を生物から取り上げてしまうのだ。さらに、「作為」によっても生命をおびやかす。氷の結晶は簡単に細胞膜を破ってしまう。細胞内の水が凍ると、ある論文の禍々しい表現によれば「死を免れることはまずない[20]」のである。

もしも水が他のものと混ざりにくく、生物が何としても真水を取りこもうとするなら、保護されていない細胞が生存できる最低温度は〇℃だし、水の化学についてとくに学ぶべきことはない。けれども実際は、水は何種類の溶質でもさっと溶かしてしまう。適量の塩を入れて混ぜれば、水はマイナス三〇℃まで凍らない。有機溶媒をいくらか加えれば、もっと水温を下げられる。生物がこうした塩や有機溶媒を供給できる場合は、そうするだろう。* 細胞間の溶質の濃度を上げることで水を凍らせないようにする生物もいれば、細胞膜の脂質とタンパク質を改良するものもいる。メチオニンといったアミノ酸やエチレングリコールといった有機化合物を混ぜれば、酵素（生化学的な触媒**として働くタンパク質）はマイナス一〇〇℃という低温でも触媒としての機能を果たすだろう。

生物がいかに水とアンモニアや、水と液体メタンなどの混合液に適応しうるかを考察することで、生物学者（ことに、地球外生命に関する仮説を立てている宇宙生物学者）は土星の衛星タイタンのような場所に惹かれるようになった。そこでは昼間の最高気温がマイナス一七九℃であり、水でできた氷は花崗岩のように堅く、地球上では大気中のガスであるメタンが、冷やされて液体になっている。そもそも、生命がリンボーダンスを踊るとしたら、温度という棒をどれだけ低くしてもくぐり抜けられるものなのだろうか。NRC報告書は、適切な溶媒があれば「酵素の活動と細胞の成長に低温の限界はないかもしれない」[21]と記している。

塩への挑戦

極限環境生物はすべてコーリスとエドモンドによる発見以降に見つかったという言い方は、やや正確さを欠く。「好塩性生物」と呼ばれるグループに属するものなど、いくつかはそれより数十年前に見つかっていた。一九三〇年代の終わりに、ベンジャミン・ヴォルカーニという、当時はエルサレムのヘブライ大学で学んでいた大学院生が、死海で微生物探しを始めた。多くの人にとっては奇妙な研究に思えた。水文学的に言うと死海は閉鎖性水域である湖だ。実質上、水はヨルダン川の分流からしか流れこまず、死海は近年ますます塩分濃度が上がり、アルカリ性も強くなっている。

＊有機とは、炭素を含む化合物であることを示す化学用語で、必ずしも生きている、あるいは生きていたことを意味しない。
＊＊何らかの化学反応の速度を、よりエネルギーのかからない別の経路を提供することで速める物質。

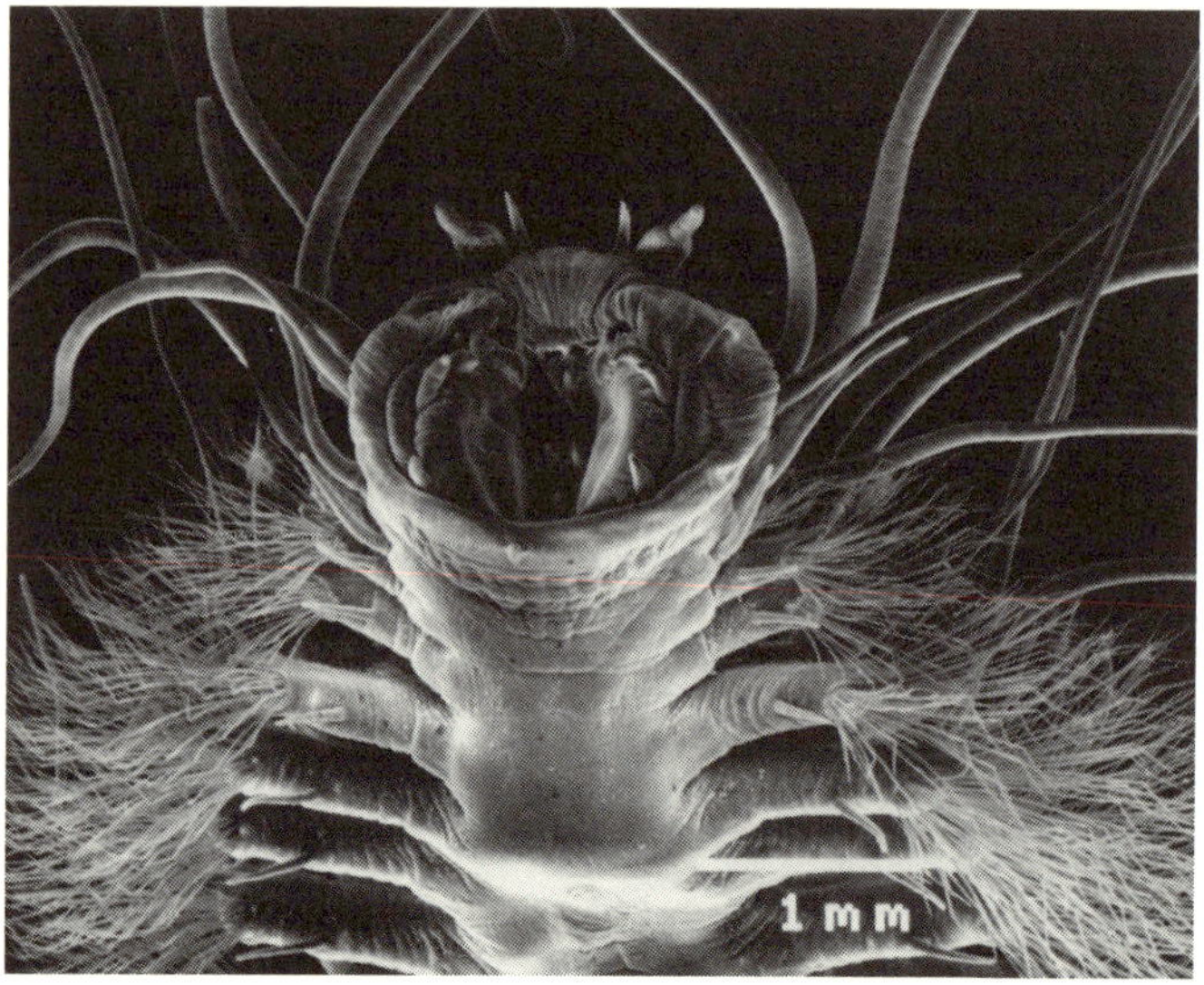

メタンアイスワーム（*Hesiocaeca methanicola*）1997年にメキシコ湾海底のメタン氷山の上および内部に生息しているのが発見された。（提供　NOAA）

しかし一九三〇年代でも、死海の水は海水の五倍もの塩分で、しばしば飽和状態に達してもいたのだ[22]。

細胞にとって塩水が脅威になるのは、水分子には細胞膜内外の溶質濃度を均等にしようとする性質があるためだ。細胞の外側に塩水があると、内側の細胞質の水分が膜を通して外に引っ張られてしまい、細胞質が干上がってしまうのだ。

一九三〇年代には、死海の水中に生物はいないと思われて当然だったし、多くの学者はそう考えていた。だからヴォルカーニが数個体どころか、繁殖する微生物群集を発見したことは、少なからぬ驚きをもたらした[23]。これらの微生物は塩の問題を解決していた。ちょうどどこにでもある塩水湖で多くのアーキアやバクテリアが「長いものには巻かれろ」という戦略のもと、細胞質の塩分濃度を高くして、細胞膜の内外の濃度を釣り合わせたように、だ。けれども細胞内にたっぷりと塩分があると、別の問題が生じかねない。たとえば、通常はタンパク質を覆うはずの水分子に塩が結びつき、保護膜を奪われたタンパク質が変性しやすくなる。好塩性のアーキアやバクテリアの細胞内にあるタンパク質には、たとえば表面に電荷を帯びたアミノ酸をもつようにして水の膜をつなぎとめるといった、他の防御があることがわかっている。

酸の試練

ウッズホールにある生物学者リンダ・アマラル・ゼトラーのオフィスは、きちんと片付いていて、本がずらりと並んでいるのだが、棚の上には土産物屋で求めた小さなガラスの小ビンが一つ、置かれている。中には数ミリリットルの液体が入っている。別の場所に置かれていたら、赤ワイン、たぶんカベルネあたりかと思うような液体だ。しかし実際は、少なくともわたしたちのような好中温性生物（中温、たいてい二〇～四五℃あたりでもっともよく生育する生物）に飲みやすい代物ではない。小ビンの中身は希酸に重金属を加味した液体で、スペイン南西部を流れるリオティント川から採取されたものだ。

リオティント川は鉄鉱石の鉱床（正確には、その採掘跡）から流れ出ている。その場所はまさしく旧石器時代から採掘され、現在は酢よりもきつい酸性の水をたたえたクレーターしか残っていない。この酸が鉄を溶かし、その鉄がバクテリアに酸化されたり空気にさらされたりして、水を赤くしている。高濃度に金属を含むことを示すこの色は、リオティント川が赤錆色した丘の間を縫って流れ、松の木を削り取ってしまい、ついに大西洋に流れこむまで、延々九七〇キロの長きにわたって続いている。

何年も、多くの人たちはこの川に生物はいないと考えてきた。アマラル・ゼトラー博士なら、彼らはちゃんと見なかったのよ、と言うだろう。(24) 野外用の顕微鏡がなくても、川縁の水がしみ出している土手の上に藻類がべったりと膜状に広がっているのは誰にだって見えるし、水中の岩にくっついた藻類の緑色した繊維や、菌類の白っぽい繊維が流れに揺らめくのも見える。しかし、おそらくもっと驚くのは、この膜や繊維の中や隙間に生息しているものの方だ。そこには、アメーバも繊毛虫も、ミドリムシをはじめとするユーグレナ藻も他の鞭毛虫もいる。淡水の池ほどではないが、予想以上に多様な微生物群集が繁栄していたのだ。

アマラル・ゼトラーは、これらの生物の多くの面に関心を抱いている。一つは、当然ながら、生存を可能にするしくみだ。細胞膜に保護膜を作ったものもいる。たいていはタンパク質を付け加えているのだが、こうすることで内部の pH をほぼ中性に保ち、金属が入りこまないようにしている。また、もちろん重大な害を被らない形で、細胞内部に金属を蓄積してしまうものもいる。しかしこの件に関する研究はかろうじて始まったばかりで、リオティント川の微生物が他の自己防衛法をもっている可能性もある。(25) じっさい、その可能性は高い。

水なしに済ます

ある年代の読者は、コミック本の最終ページによく載っていた広告に、X線眼鏡とかホバークラフトの設計図と並んで、「シーモンキー」の広告があったのを覚えておられるだろう。イラストには、ちょっとチンパンジーに似た（ただしチンパンジーにとげのある背びれと、手足の指に水かきがあればだが）小さな生きものでにぎわう水中都市が描かれていた。広告を見たわたしたちは、完全に自給自足のエイリアンを寝室のタンスの上に置いておける、と信じこまされた。実際に郵送されてくるのは、多少はびっくりするだろうが、そこまで奇跡的なものではない。小さなアルミホイルの包みの中には、粗挽きにした香辛料のパプリカみたいなものが入っている。温めた塩水をコップに入れ、それをぱらぱらと水中に落としてから、虫眼鏡でコップを横から見ると、小さな生物がまるめていた体をくるくるとほどき、身をよじって泳ぐのが見える。これはじつは、ブラインシュリンプ（ホウネンエビモドキ *Artemia salina*）なのである。

ブラインシュリンプは多くの（バクテリアや酵母や菌類、植物、昆虫を含む）生物が共有している芸当を使って、水がなくても生きられるのだ。その芸当とはアンハイドロバイオシス（乾眠）と呼ばれるプロセスで、細胞が全代謝を停止し、言うなれば雨をひたすら待つ状態になる。相当な長い期間、待機できるものもある。一九六〇年代に考古学者は、紀元前三五年あたりに古代ユダヤの砂漠に造られたマサダ要塞を発掘し、ナツメヤシの種子を発見した。放射性炭素による年代測定で、種子の殻の欠片《かけら》が要塞と同時代のものとわかった。誰かが、この種子を植えてどうなるかを見たらおもしろそうだ、と考えた。三個の種子のうち、一つが発芽し、みるみる一メートルの元気な植物に育った(26)〔訳注　もっと古い種子から発芽したものに、大賀ハスがある。紀元前一世紀の種子とされ、世界最古として知られている〕。

こういうびっくりする例もあるが、長期間の待機という点で文句なしのチャンピオンは、何も特別な生物ではなく、多くのバクテリアや植物、藻類、菌類の生活史に見られる休眠期の姿である。小さくて、軽くて、種子よりさらに身を削って必要最低限の姿になったそれは、胞子とか芽胞と呼ばれる。胞子は、一度に作られる数を見れば浪費家だ（きのこ一つが何百万個もの胞子を放出する）が、一つ一つを見れば徹底的な倹約家だ。内部の養分はあったとしてもわずかである。それほど養分を必要としないのだ。一九九五年に科学者たちは、琥珀の中に最低でも二五〇〇万年間は閉じこめられていたバチルス菌の芽胞を蘇生させた(27)。また芽胞は独創的にも、塩という細胞の敵を、自分を守る盾にしてしまう。塩水が蒸発すると、塩水（ブライン）を閉じこめた小さなポケットが結晶の間に残されることがある（このようなものを「ブライン含有物」と呼ぶ）。このブラインの中という微環境で、芽胞は生きられるのである。二億五〇〇〇万年前、哺乳類が出現するより前にできたと考えられているブライン包有物から見つかったバチルス菌の芽胞が蘇生したという報告がある(28)〔訳注　当初、バチルス菌とされたが、現在では新属新種のアーキアとされる〕。

十九世紀末の多くの科学者にとって、芽胞は必要以上に念入りに設計され、あまりに丈夫すぎるように思われた。それで一部の学者は、芽胞は地球上のどこよりもずっと苛酷な環境下で進化したのではないかと考えた。そうだとすると、芽胞が生命の起源を物語るかもしれない、と。

十九世紀の初めは多くの自然科学者が、生物は有機物質から自然発生によって生じたと考えていた。一八六〇年、フランスの化学者であり微生物学者だったルイ・パスツールは、非常に慎重に、いくつものフラスコやフィルターを使った実験を行ない、自然発生がありえないことを示した。そこで、地球上での生命の起源に、二つの可能性が残った。大昔に生命が一八六〇年に存在するどんな生物よりはるかに単純な生物の形で生まれたか、あるいはどこか他のところからやってきたかだ。第二の仮説は、今日、パンスペルニア説と呼ばれるが、パスツールの研究の数年後に、ケルヴィン卿ことウィリアム・トムソンが提唱した。それによると、別の世界で生まれた生命が「種子を含んだ隕石」によって地球に到来したのだという[29]。

このような旅は安易ではないはずだ。それが火星から地球への旅だったとしよう。火星の岩石の中で活発に代謝していたか休眠中の生物は、うまい場所にいる必要がある。まず、隕石の衝突のあまり近くにいて、うっかり蒸発してしまってはいけない。しかし、あまり離れたところにいてもいけない。衝突の衝撃波で、うまく飛ばされて大気圏を抜け（その際、加速時にかかる膨大なGつまり重力と、熱に耐える必要もある）、宇宙空間に飛び出していけるくらいの場所にいなくてはならないのだ。宇宙空間に飛び出してからも、真空と放射線、極端な温度を生き抜かなくてはならないのだが、それは数年か、数十年、もしかすると数世紀にわたるかもしれない。あげくの果てに、さらなるG（重力）に耐えつつ、地球の大気圏への燃えながらの突入に耐えれば、クレーターを残すほどの激しい着地でもって、旅が終わりを迎える。

多くの宇宙生物学者は、よく知られた芽胞の離れ業とも見える耐久力は宇宙を旅するための備えなのだろうかと訝り、数人の学者が実際にシミュレーション実験を行なった。あなたが芽胞なら、宇宙生物学者はありとあらゆる恐怖をもたらす相手に見えるだろう。彼らは芽胞を焼いたり、凍らせたり、放射線を照射したり、銃で撃ったり、さらには水晶の板の間に挟んでおいて、火薬を使い爆風でぺしゃんこにしようとした。さらにこれらのシミュレーションが実際の宇宙旅行ほど苛酷でない場合を考え、NASAが宇宙空間の影響を研究するために建造したLDEF（長期曝露施設衛星）に芽胞を載せ、薄いアルミニウムの覆いをしただけで宇宙空間にさらし、六年間、地球の周回軌道に放置した。現在パンスペルミア説は、数名の尊敬される科学者からの支持はあるものの、大勢からの支持は得られていない。しかし、前述の実験結果から、芽胞は大気圏からの荒々しい脱出と再突入に耐えられ、数センチの厚さの土なり岩石なりに紫外線から守られている限り、何十年も（つまり太陽系内の惑星間を旅するのに十分な期間）、宇宙空間で生き延びられることがわかっている。もし地球上の生物がどこかよそから来たものなら、芽胞の形で旅をしてきた可能性がある。

太陽とは無関係

ひとまとめに「地殻内生物」と呼ばれる微生物は地球表面から深さ数キロメートルの間で見られ、一種の地下生物圏を形作っている。[30] 海底、それも海抜マイナス数キロメートルの深さにある海底の、さらに数百メートル地下から採取された岩石の中にもバクテリアが見つかっている。この環境でいったいどれくらいの生物が生息しているのかは誰にもわからないが、莫大な数だろう。ある最近の調査によると、岩石一グラムにつき百万〜十億個のバクテリアが見つかった。地球上の全バクテリアのうち、かなり大きな割合が海底の下に生息している可能性がある。そこでの代謝は、太陽とは無関係のさまざまなエネルギー源（自然放射線など）によるものだ。もっとも地表にいる極限環境生物だって、ふつうでないエネルギー源を利用していることがわかっている。チェルノブイリの原子炉の炉心の水中で見つかった菌類の一つは、核分裂による放射線を怖れることなく利用可能なエネルギーに変換してのけ、各細胞に同一染色体のコピーを保管することで放射線によるダメージに対処している。(31)

現状

思わず人が「おおっ」と感嘆の声をもらすような極限環境生物界の世界記録リストがあるとしたら、そのリストは取り合ってもらえない危険性がある――つまり、生物学上の際もの的存在で、生物学者が抱いているもっと広い観点からの関心にはあまり関係がないとみなされるかもしれないのだ。しかしじつは、極限環境生物は地球上の生命という叙事詩の重要な役者だと考えるべき、現実的で基本的な理由がある。二十世紀の後半まで、多くの生物学者は「あたたかい小さな池」あるいは「生物以前のスープ」で地球上の生命が誕生したと考えていた。「あたたかい小さな池」はダーウィンが生きていた時代の学者に好まれた表現だが、その後にそれをより洗練させた表現が「生物以前のスープ」で、これをスタンリー・ミラーとハロルド・ユーリーは一九五〇年代に行なった有名な実験で作り出そうとした。[*] これらの推察をはじめとする多くの説は、一世紀ほどにわたっていろいろと考察された説ともろともに、異議を突きつけられることになった――コーリスとエドモンドが熱水噴出孔を発見した三年後、コーリスと同僚たちが、生命は熱水噴出孔の中か付近で誕生したかもしれないと論じる論文を発表したからである。[32] 最近の証拠によると、現在、熱水噴出孔の近くに生息しているものと非常に近い好熱性生物が、地球上の全生物の祖先であった可能性があるという。[33]

これらの発見は、多くの好中温性生物が発見され、初めてリストが作られつつあるときになされた。ほかでもない、おそるべき速度で種が絶滅しつつある時代だ。その絶滅速度は、ここ五億年間で生じた五つの大絶滅期の速度を超えており、通常時の絶滅速度の少なくとも一〇〇倍になる。そんな時代に、二〇〇五年以降におよそ四〇〇もの哺乳類の新種が見つかったと知ったら驚かれるのではないだろうか。しかしこれは、必ずしもいいニュースではないのだ。はっきり言って、多くは生息地が伐採や人の入植、気候変動、農薬、外来種などによって破壊され、混乱状態になって突如、人目にふれるようになった――つまりこれらの種は生存をおびやかされるようになって初めて発見されたのだ。人類はいわば、森を焼き払って、何が走り出てくるかを見定めているようなものだ。

じつはここで、極限環境生物が一種の大局的楽観主義をもたらす。各々の生物や種全体は脆弱でも、一般に生命は回復力に富み、粘り強く、どんな環境であろうとすべて開拓しようという攻めの姿勢を備えている。独創性にも富んでいる。ふさわしい環境がなければ、生命はそれを作り出すかもしれない。もっとも極端な極限環境生物はアーキアというドメインに属するが、このドメインの種が地球最初の生物だ。また、今から一〇億年ほどあとに、ずっと地球を熱している太陽が大地を焼き、海を蒸発させてしまうとしたら、地球最後の生物にもなりそうだ。たった今、最悪の事態が起きて、近くの星が爆発し、ガンマ線で地球を焼き払い、地表や海面近くにいた生物を絶滅させたとしても、一キロメートルの深さに生息するバクテリアや菌類の集団は、何事もなかったかのように生き続けるだろう。彼らが地表や海面に移り住もうという頃には、彼らも光合成する技を身につけていて、すべてが再び新たに始まるだろう。

たしかにその結果として生まれる風景は、たとえば十九世紀のアメリカの風景画家たちの審美眼に叶うとは思えない。けれども、バクテリアと菌類の集団は十九世紀アメリカの風景画家の審美眼など、いや、それを言うなら、わたしたち人類の審美眼などおかまいなしだろう。それでも彼らとわたしたちは遠い親戚だ。じっさい、わたしたちの知る全生物が、ある種の基本的特徴を共有している。どんな生物であろうと（藻、ジャイアントセコイア、コンドル、あるいはあなたの「またいとこ」でもいい）、細胞を一つ取り出して、細胞膜をくぐり抜け、細胞質の中にもぐりこんでみると、そこで見つかるのはまったく同じ核酸と、同じやり方で同じ仕事をするまったく同じタンパク質なのだ。[34]

じつは、進化生物学者はこうした共通の特徴から、現在生息する生物もかつて生息した生物もす

＊この実験は教科書にも恭しく掲載されたが、今では、実験の前提条件だった地球の原始大気の化学成分に関する仮定が大いに疑問視されている。

べて一つの共通の祖先、三五億〜三八億年ほど昔に代謝をし、（わたしたちにとって幸運なことに）増殖した微生物から生まれたのではないかと考えている。[35] 地球における生命の起源の役を担ったのだから、この微生物にはさぞかし威厳のある、神話的な名前がつけられただろう、と思われるかもしれない。しかし、おそらくは諸文化間の駆け引きを避けようとして、あるいはどんな名前もその微生物の子孫の一つから借りざるを得ないと気づいたからか、生物学者はやや事務的にそれを「全生物の共通祖先（ＬＵＣＡ）」と呼ぶ。[36]

　圧倒的多数の生物学者が興味深く感じているのは、知られている生物すべてに共通する特徴の多くが、「自然淘汰上の利点」をもたないように見えることだ。言いかえれば、現在のような特徴でなくてもよかったのだ。違う特徴をもつ可能性が、昔も今もあるのである。化学者は何十億もの有機化合物を思い浮かべることができるが、生物が使っているのは約一五〇〇種だけだ。合成生物学*という新しい分野の研究者たちは、別のアミノ酸や別のタンパク質を思い描けるし、別の経路を使いながら現在と同じくらい、あるいはもっとうまく機能するかもしれない別の代謝（あるいは少なくとも部分的に別の代謝）も思い描ける。

　すると当然、疑問がわいてくる。ＬＵＣＡは本当に「全生物の」だったのだろうか？　四六億年という地球の歴史のうちには生命の第二の起源はなかったのか——つまりＬＵＣＡとは独立かつ無関係に、分子の複合体が別の生物になった瞬間はなかったのだろうか。もし、あったのだとしたら、その生物も増殖しただろうか。子孫の系統が確立して、顕微鏡サイズの単細胞の雪男《サスクワッチ》となって、現代まで続いたりしていないだろうか。もし、そういう生物が存在するとしたら、ＬＵＣＡを作り出したのとは異なる化学的性質をもつのだから、極限環境生物のもっとも極端なものの限界をも超えたところで生存し、繁殖すらしていたりするだろうか？

これらは奥が深く、容易に脳裏を離れない疑問だ。では、この疑問で頭をいっぱいにしている科学者数人（と哲学者一人）に、次の章でご登場願うことにしよう。

＊自然界では知られていない生物の構成要素やシステムを作り出す工学。また、現存する生物の構成要素の再現も含む。

第2章　影の生物圏

　ダーウィンは痛ましいほどの慎重さで、自分の「知っていること」と「知らないこと」を区別し、さらにその両方を、当時の生物学の限界によって「知りえないこと」と区別した。植物学者ジョゼフ・フッカーにあてた一八七一年の手紙で、ダーウィンは「あたたかい小さな池」で生命が誕生したという、当世流行の考えにふれている。けれど、文脈と関係なしにその表現を取り上げてきた多くの人たちの言い分と違い、ダーウィンはそれを自分の説とは主張しておらず、また同じ手紙のあとの方で「現時点で生命の起源を云々するのは馬鹿げています。こんなふうになら、物質の起源も云々できます[1]」と述べているのだ。

　どちらかと言えば、生命の起源の方がより難解な問題であることがわかってきた。一九二〇年代半ばから今まで、生命が複雑な化学過程から生じたという点では生物学者も合意しているが、他の点では議論が紛糾しており、まだおさまりそうにない。生命の起源の場がどこかについても、多くの推論がある――「あたたかい小さな池」から、海や、干上がっていくラグーン、粘土の表面、深海の熱水噴出孔、氷河の流れに含まれる鉱物の表面、地球の深層にある岩石の孔、はては雲まで、さまざまだ。前の章でふれたように、生命は太陽系のどこかで生まれ、隕石によって地球にもたらされたと考える人たちもいる。最初の生命がどんな姿だったかについても、同じかそれ以上に多くの推論がある――いくつかあげれば、酵素、ウイルス、遺伝子、細胞など。このどれもが、つきつめれば生命誕生の可能性という、もっと根本的な疑問に行き着く。そして知見を得て、見解は「きわめて不可能に近い」から「ほぼ必然的」までの間を振り子のように大きく揺れながら今日にいたっている。全員が合意する唯一の点は、もしもすべての生物の祖先を十分にさかのぼることができたら、およそ三五億～三八億年前に起きた一度の「生命の起源」にたどり着くだろうという点だ。地球上の生物は、ある一つの時と場所で生まれたと、大半の科学者は信じている。

しかし、「大半の」科学者であって、全員ではない。そう考えない人たちもいる。彼らの論理はかなり単純明快だ。今日の圧倒的多数の生物学者が信じるように、生命誕生は「宇宙でたった一度の出来事」ではなく、物理現象や化学現象から多かれ少なかれ必然的に生じる副産物なのだから、地球上の生命誕生も一度ならず起きた可能性があるはずだ。さらに、もし二度目の生命誕生がわずかでも異なる環境下で起きていたら、その結果、現在とは異なる類いの生命が生まれたかもしれない、というのだ。

この可能性を論じたのが、二〇〇九年に発表された『影の生物圏のサイン』と題する論文である。(2)

六人の執筆者は、想像に難くないが、異例の専門家集団である。六人中四人は生命科学分野の素地をもつが、あとの二人（おそらくこの二人がもっとも熱心に、この論文の挑発的意見を広めようとしたと言える）はかなり異質な分野からの参入者だ。ポール・デイヴィスは数理物理学者の経歴をもち、一九九〇年代には主力を宇宙論と量子重力理論に注ぐようになった。最近ではさらに守備範囲を広げ、科学的研究の本質に関する根本的問題に関心を深めている。キャロル・クレランドはＮＡＳＡ宇宙生物学研究所の一員であると同時に、（ＮＡＳＡは了見が狭いという批判に反して）コロラド州ボルダー市にあるコロラド大学の哲学教授でもある。彼女はトーマス・クーン（前章で取り上げた科学史家だ）を引用することを好み、クーンが「現行パラダイム」と呼ぶ枠組みの外に思いを馳せないせいで、好機を逸する科学者がたくさんいるのではないかと考えている。微生物学者シェリー・コープリーとともに「影の生物圏」という用語を造ったのはクレランドだ。挑発的で、ちょっと人々を不安にさせる響きをもつこの用語は、ちょうど妖精やエルフの世界が生け垣の向こうにあって、わたしたちの世界と交わったり交わらなかったりするみたいに、奇想天外微生物の生物圏が存在するかもしれないという仮説を表わしている。

デイヴィスとクレランド、そして論文の他の著者たちは、この可能性に二つの理由から熱中している。一つ目は、もしそのような生物が発見されれば、二つのタイプの生物の違いと共通性をくらべることで、生物学者が生物の普遍的法則を（ちょうどニュートン以降の物理学者が物理学の普遍的法則を発見してきたように）発見する可能性がある点だ。そうなれば、生物学が科学の一分野として十全に成熟することになる。二つ目は、もっと深い理由だ。そのような生物が発見されれば、

「生命誕生はたった一度しかありえないか」という議論に終止符が打たれる。つまり宇宙に生命はつきもので、条件が揃えばどこでも生まれるということだ。そのような発見は必然的に生物学を超えて、人類が経験するあらゆる領域に波紋を起こし、宇宙における人類の存在についての理解を変えることだろう。

いや、先走りしすぎた。もしも奇想天外生物の影の生物圏が存在するなら、その深遠なる意味を問いかける前に、いったいそれが、どこで、どのように生まれた可能性があるかを問うのが賢明だろう。

第二の生命の起源

地球の衛星である月の、傷つき、でこぼこになった表面は、原始太陽系がいかに荒々しい環境にあったかを物語る、目に見える遺産だ。その頃、というのは四〇億年ほど前だが、小惑星や彗星が太陽系のもっと大きな惑星に繰り返し衝突していた。まだどろどろに溶けていて、ゆっくりと冷えつつあった地球にも衝突した。地球の中心核からの熱と放射線によって、新たに形成された地殻の裂け目にマグマが押し上げられる。地表が冷えると同時に、大気中の水蒸気が凝結し、雨となって降る。雨は何千年も降り続き、地球最初の浅い海が生まれる。このような環境は生命にとって居心地はよくなかっただろうが、必要な素材はほぼ出揃っていた。炭素系の複合分子があり、液体の水もあった。じつは大半の科学者たちが、この環境で生命は第一歩を踏み出したと信じている。

「ふつうの生物」（わたしたちが知っている生物）のほぼすべては、同じ二〇種類のアミノ酸からタンパク質を作り出す。* 生物の教科書ではよくこのアミノ酸を「生命の積み木」と表現する。興味深いことに、生物が生命の積み木をこの二〇種類に限定することに何の利点もないし、他の多くのアミノ酸でも代用できる。どうやら第一の生命の起源のとき、「ふつうの生物」はそれらのアミノ酸を、手近にあって使えるというだけの理由で利用したと思われる。原始地球の別の場所では、他のアミノ酸が手近にあったかもしれない（地球は大きい。まして、複製と自己組織化をしつつある数個の有機分子の複合体にすぎない生物にとっては、さらに大きい）。そして、複製と自己組織化をしつつある別の組み合わせの有機分子の複合体である生物が、それを利用したかもしれない。その結果、別のタイプの生命が生まれる――第二の生命の起源である。

一九八八年、ケヴィン・メアとデイヴィッド・スティーヴンソンというカリフォルニア工科大学の二人の地質学者は、標準的な「生命の起源」観は単純すぎると指摘した。[3] 彼らの論点はこうだ。生命誕生に適した環境条件は何百万年も続いた可能性があり、生命が何度も誕生するのに十分な空間と時間があった。ただし、それらの生命はかろうじて誕生したものの、存続しなかっただろう。というのは、生命が出現した時代は、地球史上、隕石の「猛爆」にさらされた時代でもあるからだ。

*「ふつうの生物」のほぼすべて、と「ほぼ」をつけたのには理由がある。じつは地球上の生物が自然界で使っているアミノ酸は二〇でなく二二種類あることが知られている。ある種の生物では遺伝コードにセレノシステインとピロリシンが含まれることがあるのだ。ただし、ピロリシンは今のところ、メタン菌の一種（*Methanosarcina barkeri* というアーキア）など、ごく一部の生物にしか見つかっていない。

ときおり（平均して五〇万年に一度）、とてつもなく大きな（およそマンハッタン島くらいの）隕石がぶつかる。その衝撃力で海水は沸騰し、大気は高熱に熱せられ、地球上はほぼ不毛の地になる。次のハルマゲドンに見舞われるまでの期間に、生命誕生がかろうじてもう一度起きたかもしれない。しかし、ある小康状態の期間中に一度の生命誕生もままならないなら、二度の生命誕生など、まずありえないのではないだろうか。これを根拠に、ある時代に二つのタイプの生命が同時に存在した可能性はほぼない、と結論することもできる。ただし、生物はなかなか全滅しないという事実がなければ、である。今日、海底と地中の深層という、地表の周辺がどれほど不快になっても十分に守られた二つの場所に、「ふつうの生物」が生存し繁栄している。頑丈な原始的生物も同じようにしたかもしれない。

ところで、地球の表面や内部の防御された場所だけが、こうした生物にとって嵐をしのげる場所ではない。デイヴィスはもう一つの、かなり遠方にある避難所を提示した。地球に隕石が十分な力で衝突すると、岩石の欠片が吹きとばされ、太陽の周りをめぐる軌道に乗ったかもしれないというのだ。この岩石のいくつかには、何千年あるいは何百万年も休眠状態でいられる微生物や芽胞が含まれていたかもしれない。やがて岩石の欠片の軌道と地球の軌道が交差する瞬間が訪れ、岩石の欠片が地球に落下する。落下の衝撃で割れて、岩石に乗りこんでいた微生物（何であれ、生き残っていたもの）が再び生命に適した世界で目覚める——たぶん、地球を離れていた五〇万年の間に出現した別のタイプの生物がすでに根を下ろしている世界で、だ。ホメロスのオデュッセウスのように、長年の航海から故郷に戻った微生物は、そこに見知らぬ生物が生息しているのを見いだすのだ。これは微生物サイズの惑星間「スペース・オデュッセイア」だ。

先に述べたように、地球上の生命はどこかから戻ってきただけではないかもしれない。他の場所で「誕生」した可能性もある。四〇億年前、火星には二酸化炭素の分厚い大気圏があり、雨が降って水が流れ、川ができ、谷間をめぐって湖や浅い海に流れこんだ。つまり、生命にふさわしいすみかだったのだ。その時代の地球と同様、火星も隕石に打たれていた。隕石のいくつかには、岩石の欠片を太陽の周りをめぐる軌道まで跳ねとばす力があっただろう。何千年あるいは何百万年かあとに、欠片のいくつかが地球の軌道と交差して地球に落下する。じっさい、このような欠片が少なくとも二八個は発見されている。その中の一つ、ALH84001は、一九九六年にNASAジョンソン宇宙センター所属の宇宙生物学主任科学者デイヴィッド・マッケイと彼の研究グループが生命の痕跡をほのめかしたため、有名になった。彼らの結論は今も議論の分かれるところだが、地球と火星がごく初期に、お互いの物質を交換したのは明らかだ。その物質に、微生物が含まれていた可能性もある。デイヴィスらは地球上の生物が（「ふつうの生物」であれ、奇想天外生物であれ、その両方であれ）火星起源である可能性はゼロではないと考えている。

これらの説のどれも、影の生物圏はおろか、奇想天外生物が存在する証拠にはならない。けれども、まとめてみると、地球上で奇想天外生物が誕生するに足る時間があって、誕生する方法はいくつかあったという主張になる。では、奇想天外生物が誕生していたと仮定しよう。ここで当然の疑問がわく。もしそんな生物がいたのなら、わたしたちは今までそれに気づかなかったのだろうか。また、もしそれが微生物だったなら、微生物学者は気づかなかったのだろうか。答えはおもしろいことに、「必ずしも気づくとは限らない」だ。

わたしたちの知らないこと

わたしたちのように『ディスカバー』といった科学雑誌やテレビの自然番組から科学のニュースを得ている者は、生物学者や微生物学者が「知っていること」に驚嘆するのが常だ。けれども、もし彼らが「何を知らないか」を知ったら、やはり驚嘆するだろう――こんなにも知らないことが多いのかと。たとえば、「地球上には何種類の生物がいるか」という素朴な質問を考えてみよう。これに答えるのがむずかしいのは、数を決定する（あるいは見積もるだけでも）確実な方法がないからに尽きる。せいぜい一九八一年にスミソニアン学術協会のテリー・アーウィンの行なった研究をなぞってみるくらいしかないだろう。

アーウィンは世界の節足動物（昆虫、クモ類、甲殻類、ムカデ類など）の種数調査をしたいと考えた。彼と調査チームは一メートル四方のじょうご付きの標本ビンを、パナマの熱帯雨林に生えている一本の木の下に縦横に並べて置いた。風のないときをねらって樹冠に殺虫剤を散布し、数時間後にビンを回収、じょうごをつたってビンに落下した何千もの節足動物を分類した。調査した木の種類にしか生息しないとわかっている甲虫が一六三種いた。アーウィンはこの数に、知られている熱帯の木の種数をかけ、八〇〇〇万種以上の甲虫が生息するという結論を出した（これは期せずして、神は「甲虫を溺愛している(4)」に違いないという、英国人遺伝学者J・B・S・ホールデンが言ったとされる言葉に数量的根拠を与えることになった）。甲虫は節足動物全体の四〇％を占めることがわかっているので、アーウィンは今回の研究対象の木でも同じ比率とみなし、他にも数々の計算をして、世界の節足動物の種数は推定三〇〇〇万種にのぼるだろうと結論した[5]。けれども誰一人、アーウィンでさえも、この数が絶対であるとは考えていないし、他の推定による数はじつにさまざまである。

忘れてならないのは、これがたった一つの生物門に関するわたしたちの無知を示しているにすぎないということだ。それ以外の自然界に対する無知は、その範囲の広さに比して、さらに大きい。二〇〇二年に著名な昆虫学者エドワード・O・ウィルソンは、世界の生物の一五〇万～一八〇万種が同定されリストになっているが、実際の種数は、十分な根拠から、推定三六〇万から一億種になるだろう、と驚くべき幅の見積もりを出した[6]。これがいかにびっくりするような数かを十分理解していただくために、こう言い直そう。既知の種一種につき、未知の種は少なくとも一種、もしかしたら五〇種にのぼるかもしれない、という見積もりなのだ。

アーウィンの調査以降、いくつかの国際的プログラムで生物多様性を調べるための種のリスト作りが始められている。「海洋生物のセンサス（人口調査）」は、地球上の海洋に生息する生物の総数を割り出そうという一〇年がかりの計画で、今まで知られていなかった種が五〇〇〇種も発見された。その中には、酸素なしに生息する動物や、ジュラ紀以降は絶滅したと思われていた数種、六百歳になるチューブワームなどが含まれている。現在進行中の「国際バーコード・オブ・ライフ・プロジェクト」は、ＤＮＡの断片だけから種を同定するもので、今までＤＮＡバーコードが決定された種は一〇万以上にのぼる。この二つの計画といくつかの動物学研究組織の協力を得て、前にふれた「エンサイクロペディア・オブ・ライフ（生物百科）」は現在も五〇万ページを超えて増え続けている〔訳注　二〇一五年現在、一二五万ページを超えている〕。

　未知の種にかなり大型のものがいる可能性はある。一九九〇年代半ばという最近になって、ベトナムとラオスにまたがる山地に生息する九〇キロもある動物が発見され、科学者を驚かせた。一部がカモシカ、一部がウシのような動物だが、どちらでもない。今はサオラ属（*Pseudoryx*）の唯一の種として分類されている。けれども未知の種の大半は小さいだろうし、多くはおそらく顕微鏡サイズだ。『バーギーの体系的細菌学マニュアル』の一九八九年度版にはざっと四〇〇〇種のバクテリアがリストにあがっているが[7]、微生物学者たちはいくつかの秀逸で間接的な計測法を用いて、本当の数は数百万単位になると述べている。

　わたしたちが微生物界に関していかに無知であるかは、うろたえるほどだ（というか、うろたえるべきだ）。微生物が大量に存在するからだけではない（微生物は地球上の生物量《バイオマス》の八〇％にもなり、人体の乾燥重量の一〇％を占めている）。わたしたちのような「大型生物」は微生物を起源としており、今も微生物なしには生きられないからだ。微生物は食物連鎖の基盤であり、地球の大気や海の化学的性質を調節する働きがある。イギリスの発明家で科学者であるジェームズ・ラヴロックとアメリカの生物学者リン・マーギュリスの「ガイア仮説」*にいくらかでも正当性があるなら、地球の気候が何十億年もの間、微妙なバランスを保ってこられたのは、海洋の植物プランクトンや他の微生物の働きのおかげだ――ご存じのように、委員会も条約も国際協定もなしになされた働きである。その他の働きも同様に印象的だ。生物が依存している化学的システムのすべてを生み出したのも彼らで、このシステムをわたしたちはまだ再現できないし、すっかり理解できてもいない。また彼らは地球上の、人間なら何らかの人工的手段なしには生きられないような、もっとも極端な環境にも適応している。微生物は地球最初の生物であり、彼らの成功の記録からして、おそらく最後の生物にもなるだろう。

わたしたちが微生物界のことをこうも知らないでいる原因は、微生物を探るための道具と技術の限界にある。「顕微鏡」という由緒ある科学的道具を使っても、アーキアというドメインに属する種と、バクテリアというドメインに属する種の区別がつかない。両者の違いは、たとえばソフトシェルクラブ（食材となる脱皮直後のカニ）と人間との違いよりも大きいのに、である。大半のバクテリアやアーキアは球状ないしは桿状だ。微生物学者は細胞を「染色」することで、特定の部分を見やすくして同定するのだが、その部分は違いの一部を示すにすぎず、もっとも重要な違いや根本的な違いとは限らないかもしれない。

微生物をまるごと、時間経過による変化も含めて研究したいと思う学者は、「培養」をする。つまり、微生物標本を標準的な培養皿の養分の中に置き、標本が分離・解析できるくらいの個体数のコロニーに増殖するまで待つのである。これは思ったほど簡単なことではない。ある種（もっとも

＊地球上の生物とそれらを取り巻く非生物環境のすべてが、生命に適した状態を維持するような単一の自己制御システムを形成しているとする仮説。

有名なのは大腸菌）は実験室で「雑草」と呼ばれるくらいにすぐ増えるのだが、大半の単細胞生物は飼育状態では長生きしないのだ。水たまりや池で繁殖する大半の微生物は、慎重に採取し、慎重に運び、慎重に培養皿に移しても、しぼんで死滅してしまう。素人にしてみると、生物学者が培養に成功したのが、いわば野生状態で観察された微生物の一％にも満たないとは、驚きではないだろうか。[8]

ちなみに、野生状態についてちょうどそれくらいがわかっている、ということではない。あっぱれとしか言いようのない謙虚さで、二〇〇七年の全米研究評議会（ＮＲＣ）報告書『惑星系における有機生命の限界』は「大部分の地球環境における大半の微生物の生理学的多様性は、ほとんどあるいは何も明らかになっていない」[9]と記している。ここには身近な環境も含まれる。ウィルソンの見解によると、どんな森林の林床でも、親指と人差し指で挟めるだけのひとつまみの土に何千種ものバクテリアが含まれており、その多くは未知の種であるという。[10]

この話はすべて、「奇想天外微生物が見つかっていないからといって、それが存在しないということにはならない」と言いたいがためのものだ。イギリスの王室天文官であるマーティン・リースが科学における別の謎に対して述べたように、「証拠の不在は、不在の証拠ではない」[11]のである。いや、そうだったりするだろうか？

ささやかな疑問を付け加えたのは、奇想天外生物という概念に対する第二の異議がすぐに思い浮かんだからだ。「ふつうの生物」は成功しているが、それは先に述べたとおり、回復力に富み、忍耐強く、野心的で創意工夫の才があるからだ。「ふつうの生物」が支配していたおよそ四〇億年の間のいつかに、一種の奇想天外生物が出現したとしてみよう。それは資源をめぐる競争にことごとく負け、出現するやいなや「ふつうの生物」に絶滅へと追いこまれたとは考えられないだろうか。またもや答えは、必ずしもそうではない、だ。デイヴィスとクレランドおよび同僚たちによると、奇想天外生物がかつて、そして今でも、何とか持ちこたえられる方法が少なくとも三つあるという。「ふつうの生物」と生態的に隔離されるか、逆に生態的に融合してしまうか、生化学的に融合してしまうかの三つである。

影の生物圏の三つのタイプ

奇想天外生物が何とかやっていく一つの方法は、どんな「ふつうの生物」も、極限環境生物でさえも望まない場所へと移り住むことだ。そのような場所はたくさんある。チリのアタカマ砂漠のど真ん中[12]、氷床台地、温度が四〇〇℃を超える熱水噴出孔、マイナス三〇℃以下の高濃度のブライン（塩水）中など。これらのどの場所でも、奇想天外生物が存在していたら、わたしたち「ふつうの生物」と生態的に隔離された生物圏に属することになるだろう。「生態的隔離」という現象があることはわかっている。一九九〇年以降に、生態系が他の生物圏と隔離されている、極端な「ふつうの生物」がいくつか発見された。ワシントン州を流れるコロンビア川の川底の下に、玄武岩中に生息するバクテリアの群集が見つかった。そのような微生物群集がアイダホ州ツインフォールズ市近辺で、さらにもう一つが南アフリカにある金鉱の近くで見つかっている。[13] それぞれのエネルギー源には目をみはらされる。最初の二例は化学合成、三番目の例では放射性崩壊を利用しているのだ。

また奇想天外微生物が、数では圧倒的に優勢である「ふつうの微生物」の中にまぎれて生息している可能性もある。分子生物学者でＮＲＣ報告書『惑星系における有機生命の限界』の執筆陣の一人でもあるミッチェル・ソギンは、大半の微生物群集の多様性は「揺らいでいる」と言う。多様性の大部分は、わずかな個体数の微生物種に負っているというのである。[14] つまり、微生物のそれぞれの種の個体数はごくわずかだが、種数が膨大なのだ。すると多くの微生物群集の中に奇想天外生物がいるのだけれど、目立たないようにしており、何しろ奇想天外なので誰も欲しないものを食べ、誰の邪魔にもならないように排泄しているおかげで、気づかれていない可能性がある。このような奇想天外生物は、「ふつうの生物」と「生態的融合」をした生物圏を作っていることになる。

最後の可能性（たぶんこれがもっとも奇妙だろう）は、奇想天外生物と「ふつうの生物」が共生関係を結んでおり、化合物や酵素、あるいは遺伝子までも交換し、利益を与え合っているというものだ。微生物界の共生関係には長い歴史がある。* この歴史は「血染めの牙と爪だらけ」の自然観に反して、競争と同じくらいかそれ以上に協調関係があることを示している。ミトコンドリアという奇妙な例を考えてみよう。ミトコンドリアは呼吸にたずさわり、化学エネルギーを作り出す「細胞小器官（オルガネラ）」である。およそ三〇億年前は、酸素呼吸するプロテオバクテリア（紅色細菌）という自由に移動する微生物で、安楽に暮らせる場所を見つけられなければ、厳しい環境下でそれなりに暮らしていたと考えられている。やがてそのうちの一つ以上の個体が、細胞の内部はあたたかくて湿っていてｐＨバランスのとれた避難所であることを発見し、終のすみかにした。他もそれに倣い、「競争」するより「寄り添って」生き延びようと、主人と客が手を結ぶことになった。細胞はバクテリアに保護を与え、バクテリアは酸素から取り出したエネルギーを細胞に与え、老廃物を処理してあげるのだ。十分な時を経て、この協調関係は、わたしたちの細胞内にミトコンドリアがないと細胞が死んでしまうほどの完全な相互依存へと進展したのだった。

もしも奇想天外微生物が存在するなら、彼らも「ふつうの生物」とそのような取り決めをした可能性がある。すると、彼らはわたしたち「ふつうの生物」と「生化学的融合」をした生物圏を作り上げていることになる。生態的に隔離された奇想天外生物を「会ったことのない人物」とすると、生態的に融合した奇想天外生物は「まったくしゃべらず、ほとんど会うことのない下宿人」であり、生化学的に融合した奇想天外生物は、あなたと歯ブラシを共用し、あなたの財布から小銭を借りておいて忘れてしまうが、定期的に花束やワインボトルを台所のテーブルに置いてくれる心遣いのある同居人といったところだ。

少なくとも理論的には、地球上に奇想天外生物が存在しないと考える十分な理由はない。では、存在すると考えよう。わくわくする想定だ——地球外生命がいるという想定にわくわくすると同じ

＊共生とは、二つの生物間の、概して両方にとって有利な相互関係である。種間に協調関係があることに（当然ながら）ダーウィンも気づいていた。ダーウィンはこう記している。「花とハチは、同時になのか一方が他方を追いかけてなのかはわからないが、お互いにとって他より少しでも好ましい構造をもつ個体が代々保存され続けることで、ゆっくりと、お互いにもっともふさわしい姿へと変化し、適応しあうようになったのだろう」（『種の起源』）

理由で。いや、地球上の奇想天外生物の方が見つけやすいだろうという単純な理由から、こちらの方がもっとわくわくするかもしれない。

　地球外生命の調査（一九六〇年代にＮＡＳＡの分科会の勧告をうけて本格的に始められた）は、多くの人々が予想した以上に困難であることがわかってきた。すぐに結果は出そうにない。困るのは、研究者と研究対象とが、距離的に大きく離れていることだ。地球上の天文学者は分光測定法といった長距離探査の技術を用いて太陽系の惑星や衛星（条件がよければ太陽系以外の惑星も）の大気を調べ、一般に「生命の痕跡（バイオシグナチャー）」と呼ばれる、生物由来かもしれない化合物を探すことができる。けれども宇宙飛行士による科学的現地調査やサンプルリターンミッション（標本を採集して持ち帰ること）なしに、または最低でも精巧な無人探査機による現地調査なしに、それらの化合物が本当にバイオシグナチャーなのか、単なる風変わりな化学生成物なのかを知ることはできない。[*] 今のところ、地球外生命を現地で調査した唯一のものがＮＡＳＡのバイキング計画で、はっきりした結果は出ていない。二〇一一年末に赤い惑星に向けて旅立った次世代の火星探査機は、火星環境がどれだけ生命に適しているかに関する疑問に答えるよう設計されており、生物を直接探すものではない。これを書いている時点では、火星であれ他の場所であれ、奇想天外生物の探査計画は、あるとしてもはるか先のことだ。

　それと対照的に（これこそデイヴィスとクレランドが倦《う》まず撓《たゆ》まず主張していることだが）地球上の奇想天外生物の体系的調査の方は、今すぐ、はるかに費用もかからずに始められる。唯一の問題は、どううまくやるか、である。

地球上に奇想天外生物を探す

地球上で奇想天外生物を探すのに、ふつうに微生物同定に使われる道具や技術はあまり役に立ちそうにない。顕微鏡下でアーキアとバクテリアが似たような姿に見えるということは、その形（球状や桿状）が進化上、真に有利だからだろう。とすると、奇想天外微生物も同じような姿に見える可能性がある。染色すれば細胞の大まかな特徴を際立たせることができるが、細部は見逃してしまうし、その細部こそが細胞を奇想天外たらしめている肝心の特徴かもしれない。奇想天外微生物を培養する試みは、とびきり困難だろう。「ふつうの生物」である微生物を培養しようとする微生物学者は、それが必要とする温度や湿度、栄養素を、豊富な知識から推測しなくてはならない。しかし奇想天外生物が何を必要としているかについては、何の知識もない。たしかに、微生物同定に使われる「ＤＮＡ増幅」という比較的新しい手法がある。けれどもそれが役に立つのは、問題のＤＮＡが「ふつうの生物」と同じ糖と塩基を使っている場合だけだ。それに言うまでもなく、まず他から分離できた微生物にしか使えない。森の地面から取り上げたひとつまみの土に含まれる何千種もの「ふつうの生物」から一個体の奇想天外微生物を見分けるのには、ほぼ役に立たないだろう。

そこでデイヴィスは大まかな一般則をかかげる——ある生物の「ふつうの生物」との違いが根本

＊同様の不確実性が、火星大気中のメタン検出にもつきまとう。メタンは生命の存在を示すのかもしれないし、地質化学的な作用でできたものかもしれない。（Tenenbaum, “Making Sense of Mars Methane”）

的なものであればあるほど、それが奇想天外生物である可能性が増す、というものだ。たとえば異なるアミノ酸を使う生物は、おそらく「ふつうの生物」の変わり種である。けれども溶媒に（水でなく）アンモニアを使うとか、体を構成するのが（炭素でなく）ケイ素だったりするなら、ほぼ間違いなく奇想天外生物である。判定しがたいのはそれらの中間についてだ。中間的な違いを示すものの中に奇想天外生物が存在するかもしれないと言えるのは、一つには「収斂進化」と呼ばれる現象があるためだ。これは同じ環境下にある二つの種が、その環境からもたらされる同じ試練を乗り越え、同じ恩恵を利用しようとして、似通った（ときに同一の）特徴を進化させるプロセスである。

ヒトとタコの目は、さんざん引き合いに出される例だが、依然として注目に値する。両者の目は細部にいたるまで驚くほど似ているが、一方は吸盤のある足を八本もち、袋のような体とくちばしをもつ頭足類という軟体動物であり、もう一方は霊長類の一種である。つまり、両者は進化上まったく別の道筋をたどってきたのだ。この二つの道筋が収斂したのは、可視スペクトルの電磁波を感知するという特徴が、遠くの天敵と獲物を察知するという需要に合致したからである。事実、視覚をもつことの有利さは計り知れないので、海洋虫（マリンワーム）や軟体動物、昆虫、脊椎動物などに別々に、共通の祖先にはなかった目が進化している。収斂進化は強力で、細胞レベルでも働くことがわかっている。たとえば「ふつうの生物」で、お互いの祖先はまったく別なのに、いくつかの酵素が驚くほど似ていたりする。もし収斂進化が奇想天外生物にも働くとしたら（そうでないという明らかな理由は何もない）、奇想天外生物と「ふつうの生物」の形態が、出現した当時ははなはだしく異なっていたのに、時とともに似通ってきて、ほとんど見分けがつかないくらいになっているかもしれない。

ある生物が奇想天外生物であると証明しようとする科学者には、さらなる困難が待ち受けている。それは生命の誕生の本質に関わる問題だ。無生物から生物への移行（つまり複雑な化学物質が単純な生物になること）は、水の相（固体、液体、気体）の転移と同様に、突如として生じると一部の科学者たちは考えている。つまり、水温が下がっていって氷点で固体になるときは、ある瞬間に水分子がかっちりとした格子状配列にさっと並ぶのだが、それと同様だろうというのだ。もしも生命を、たとえば「情報を蓄積し処理する能力を有するもの」と定義するなら、同じような境界線が引けるだろう。境界線のこちら側には情報を蓄積も処理もできない複雑な化学物質があり、向こう側にはそれができる単純な生物がいる。一方から他方への移行は、もしもそれを目撃できる場に居合わせたら、見間違えようのないものだっただろう。そしてもし二度目の移行があったとしたら、結果は多少異なるとしても、やはり見間違えようのないものだろう。

移行が明確に見定められるのであれば、奇想天外生物の候補を見つけた科学者は、移行の瞬間までうまく系統をさかのぼれそうに思える。しかし、もしも他の科学者が考えているように、移行が徐々に進むもの（何段階もの変化があり、そのいくつかはごくささやかな変化で、「ここで化学物質でなくなって生物になる」と確信をもって言える段階が一つもない）だとしたら、奇想天外生物の系統をたどろうとする科学者に、その起源をピンポイントで特定する望みはない。もちろんそうなると、「ふつうの生物」の起源をピンポイントで特定する望みもないだろう。どちらの系統をたどるのも、二つの川を上流へとたどっていくと、いくつもの小さな小川や細流からなる同じ水系に辿り着き、その小川や細流には次々と地面を流れてくる水が入りこんでいるのを発見するのに似ている。それぞれの川がどこから始まるのか正確には定められないだろうし、水源が別かどうかを言うこともできないだろう。実際のところ、試すことすら無意味だろう。

またもや先走りしすぎたかもしれない。ある生物の起源をたどることで、それを奇想天外生物に分類できると主張する前に、まずそれを見つける必要がある。では、どうすればいいのだろう。デイヴィスらはどれか一つのタイプの影の生物圏にターゲットを絞って調査するよう進言する。たとえば、もし生態的に隔離された影の生物圏における奇想天外生物を探すなら、隔離された環境を探すことになるだろう。熱水噴出孔をぐるりと取り巻く、水温が二〇〇℃になるドーナツ状の場所に極限環境生物の群集を発見したとしよう。もしもこのドーナツ状の生息地の内側に、もっと水温が高温になる場所があるとわかり、噴出孔により近いところでは生物が見られなかったとしたら、ドーナツの内縁が、ここで見られる極限環境生物にとっての高温限界の境界線だと推論するだろう。けれども、さらに噴出孔に近く、水温がさらに高いところに進んでいくと、生命の見られない空白地帯を挟んで、生物の生息する第二のドーナツが、最初のドーナツの内側に存在していたとしよう。証明には手間取るとしても、第二のドーナツ状の生息地にいる生物を奇想天外生物かもしれないと考える理由は十分にある。

もしも現地における証明がむずかしいということになったら（こうした場所では往々にしてそうだ）、デイヴィスらは極限環境生物にすら厳しすぎる場所から水や土、氷などを採取してきて、見込みが薄かろうと、その中にいるかもしれない微生物を培養してみて、生命の痕跡（バイオシグナチャー）を待つようにと提案している。ところで、それはどんな痕跡なのだろう？

ＮＲＣ報告書『惑星系における有機生命の限界』のもう一人の執筆者スティーヴン・ベンナーには、いくつかの案がある。ベンナーは「応用分子進化基金」という、思わず「本当に進化が応用できるの？　そんなことしていいの？」などと深夜討論を始める人がいそうな大それた名称の組織の委員をしている。討論の結論が何であれ、ベンナーたちは驚くなかれ、この二五年間に人工生物の部品とシステムをいくつか設計してしまった。たとえばある酵素に対応する遺伝子を合成し、自然界のタンパク質には使われていないアミノ酸からタンパク質を作り上げてしまったのだ。彼らの研究は実践面でも有益であり、たとえばＨＩＶ感染者の医学療法の向上につながった。さらに、たとえば奇想天外生物の探索の指針になるような、もっと混み入った使われ方もできるだろう。なぜそれが可能なのかというと、ベンナーたちは生物のどの部分が極限状況に対して脆弱かを特定できるだけでなく、その部分を何と替えればいいか、代替物を想定できるからだ。そして生命の起源から少なくとも三五億年はたっぷりと経過していることを考えると、ベンナーと仲間たちが思いつく物質は、すでにどこかに存在している可能性がある。

たとえば、一部の超好熱性生物にとっての高温限界は、それ以上の高温になるといくつかのタンパク質が変性してしまう温度である。ベンナーはその高温に耐えられるようにタンパク質を折り畳むことのできる別のアミノ酸（通常のアミノ酸の水素原子がメチル基に置き換えられた２－メチルアミノ酸）を知っている。奇想天外生物を探すなら、超好熱性生物にも高温すぎる場所から熱水を採取して実験室に持ち帰り、２－メチルアミノ酸の有無を調べればいい。もし見つかれば、奇想天外生物を発見できるかもしれない。

あるいは、DNAの一部の代替物を探してもいい。まずDNAというのは、柔らかい梯子のような形で、両端を数回ひねったような分子であることを思い出そう。梯子の二本の足にあたる長い二本鎖は糖とリン酸の分子でできており、横木部分は塩基と呼ばれる化学物質でできている。塩基は四種類、DNA分子の本来の姿では、それぞれが自分の相補的塩基と対になっている――アデニンはつねにチミンと、グアニンはつねにシトシンと対である。ここまではどんな生物学の入門書でも教えることだ。めったに教わることのない、そしてある種の奇想天外生物を探している者にとって興味深いのは、これらの塩基によって多くの極限環境生物が耐えうるpHの限界が決まることだ。好酸性生物が耐えられる酸性に限界があるのは、塩基のアデニンとシトシンがかなりアルカリ性だからだ。また好アルカリ性生物が耐えられるアルカリ性に限界があるのは、塩基のチミンとグアニンがかなり酸性だからだ。もし奇想天外生物のDNAが異なる塩基を使っていれば、今知られている極限環境生物に耐えられるよりもっと極端なpHレベルまで耐えられるだろう。

ヒ素

生態的に隔離された影の生物圏にいる奇想天外生物には、また別の根本的違いがあるかもしれない。化学成分が「ふつうの生物」と異なっているかもしれないのだ。わたしたちをはじめ、今知られている生物すべての体は、わずかな種類の化学元素からできている。この事実は、謙虚さを忘れるなかれという諌めである聖書の「汝塵《ちり》なれば塵に帰するべし」という教えの世俗版として、さかんに取り上げられてきた。しかし、「全体はその各部の和よりはるかに大きい」の方がたぶんもっといい教えだ。全体（ここではタンパク質や脂質など、信じられないほど複雑な構造のこと）は、炭素、水素、窒素、酸素、硫黄、リンの六つの化学元素から、ほぼすべてがありあわせで作り上げられたと言っていい。*

リンのラテン名フォスフォルスは「光を生む」という意味だ。マクロの世界にいるわたしたちは、それが花火のもとになることを知っているが、生きた細胞の中ではアデノシン3リン酸（ATP）という化合物の一部としてエネルギーを貯え、ゆっくりと、慎重に（と言ってもいい）、配送する。他の役割もある。とくに注目されるのは、リン酸塩（リン原子一つと酸素原子四つからなる分子）として、糖分子とともにらせん状のDNA鎖を作る役割である。奇想天外生物の調査にとって興味深いのは、リンの役割が、かなり禍々しい評判のある元素であるヒ素によっても十分に果たされうる点だ。

ヒ素は毒物として悪名高い。殺人の起きる数々のミステリーで使われるにふさわしく、生化学レベルでこっそりとじつに巧みにリンのふりをする。それで細胞内にもぐりこみ代謝経路に割りこめ

＊鉄や亜鉛といった微量元素（生命維持に必須だが体内保有量が比較的少ない元素）もあるが、これらに関しては他の元素で代用している生物がたくさんいる。たとえば多くの軟体動物などは血中の酸素を鉄（通常の選択）ではなく銅と結びつけて運搬している。

てしまうのだ。ヒ素が内部に入りこむと、代謝が阻害される。にもかかわらず、ヒ素はリンのように分子を結合し、エネルギーを貯えることができる。もし数十億年前に、複雑で自己組織化する生物以前の分子群が、「ふつうの生物」でリンがやっていることをするための素材が必要となり、たまたまリンが乏しくヒ素が豊富な場所にいたら、結合やエネルギーの蓄積にヒ素を使った可能性は十分にある。もちろん、ヒ素の不安定さに対処する方法を開発できたという前提で、だが。

おもしろいことに、「ふつうの生物」でリンが担っている役割をヒ素が担う生物にとっては、リンが毒になる。もし生物が違う道筋をたどっていたら、わたしたち（というか、現在のわたしたちの奇想天外生物版だが）は、映画『毒薬と老嬢』〔訳注　一九四一年、フランク・キャプラ監督の映画〕でヒ素でなくリンが使われるさまに背筋が凍る思いをしていたかもしれない。もっとも「ふつうの生物」が今の道筋をたどったにしても、第二の生命の起源でヒ素が選ばれたとか、「ふつうの生物」の発生初期に枝分かれした生物がリンの代わりにヒ素を使うようになった可能性はある。さらにそれらが熱水噴出孔や温泉、閉鎖性水域など、リンが乏しくヒ素が豊富な場所で生き続けている可能性もある。

じつはこの仮説は、フェリッサ・ウルフ－サイモンという若いポスドク（博士研究員）が二〇〇七年に提唱したものだ。当時すでに彼女はちょっとした異端児だった。オーボエ奏者として訓練を積み、音楽家として活動を始めながら、ラトガーズ大学で海洋学の博士号を取得した。そして二〇〇七年、アリゾナ州立大学でデイヴィスが開催した奇想天外生物に関するワークショップに参加したのだ。デイヴィスは着任したばかりで、科学における根本的問題を扱う研究センターを設立しよ

モノ湖（アメリカ、カリフォルニア州）リンの一部をヒ素で代用するヒ素利用生物と（今ではほぼ否定されているが）信じられた生物が発見された場所。（提供 NASA）

うとしているところだった。デイヴィスは当時を思い出して、こう語った。「われわれは漠然とした説をつつきまわしていたんだが、彼女はきわめて具体的な提案をしたと思うと、出ていって実行したんだ[15]」

ウルフ−サイモンの提案とは、カリフォルニアのハイデザート（高原砂漠）にある直径二〇キロメートルほどの閉鎖性水域、モノ湖についてだった。水はシエラネバダ山脈から湖に流れこむのだが、蒸発以外に出口がないため、湖水の塩分と無機塩類濃度は飽和状態になっている。これらの一部が「トゥファ塔」と呼ばれる構造物を形成し、水面が下がると石筍《せきじゅん》のような姿を水上に現わす。シエラネバダのくっきりとした美しい山々を背景に、湖岸のさまはおよそこの世のものとは思えない。奇想天外生物探しにもってこいの場所、ことに、この水は地上でもっとも高いヒ素濃度を示しており、ヒ素好きな奇想天外生物を探すのに最適と思われた。

ウルフ－サイモンは二〇〇九年八月にロナルド・オレムランドとの共同研究を始めた。オレムランドは米国地質調査所（USGS）の主席研究員であり、ヒ素に耐性のある微生物の専門家として知られた科学者である。二人は水や沈殿物をいくつも採取し、ウルフ－サイモンがそれらの標本中のバクテリアを慎重に培養しながら、何段階にも分けて徐々に培地のリン濃度を下げ、ヒ素濃度を上げていった。リンを使う生物を飢えさせ、ヒ素を使う生物に（そういう生物がいればだが）栄養を与えるためである。二〇一〇年の秋の終わりには、彼女と彼女の率いる研究チームは、少なくとも一種のヒ素利用生物がいるという結論を出していた。

科学雑誌『サイエンス』に掲載された論文で、また壁いっぱいに引き延ばされた別世界としか思えないモノ湖の写真の前で行なわれたNASA後援の記者会見で、ウルフ－サイモンはハロモナス科のあるバクテリアがDNAをはじめとする重要な分子の数々にヒ素を使っていると報告した[16]（彼女はこのバクテリアをGFAJ－1と名づけた。「フェリッサに仕事を（Give Felisa a Job）」の頭文字をとったものだ。米国地質調査所における彼女の地位が臨時であることへの不安と、この発見が彼女にキャリアを与えてくれるようにとの期待のこもった、内輪のジョークである）。

ヒ素利用生物を発見したというのは驚愕の主張だったが、証拠は（少なくとも多くの科学者にとっては）けっして説得力あるものとは言えなかった。科学者たちはDNAが十分に洗浄されていたかどうかに疑問をもち、DNAがヒ素と連結していたなら水によって変性したはずであると示唆し、リンの残りがバクテリアの成長を支えた可能性があると主張した。国際的に信頼されている微生物学者ノーマン・ペイスは、カール・ウーズとともに系統発生に関するパイオニア的研究を行ない、二〇〇七年のNRC報告書『惑星系における有機生命の限界』の執筆者でもあるのだが、彼自身は奇想天外生物を研究しようなどという邪念は抱かないと言い、そのような研究は考える価値もないと退けた。さらに今回のことは「培地中の低濃度のリンと、素人研究者と、無能な査読官」にほぼ同程度に責任があると分析した。[17] シェリー・コープリーは「この論文は公にされるべきではなかった」とかなり痛烈だった。[18] 世界中の科学者たちの間で何日も議論が続けられた。多くはツイッターやブログ上で、実験の欠陥や科学論文の査読につきものの問題や、NASAによる（ことに微生物に関する）広報活動が一般的に信頼できないことなどをめぐり、議論がかわされた。論文の著者らは『サイエンス』の次号で質問に答えはしたが、追試の提案はせず、批判者たちの納得は得られないままになった。

このエピソードは関係者すべてにとっていささか困惑するものとなった。関係者とは、NASA（下部組織の宇宙生物学研究所が論文の著者の何人かの研究のスポンサーであり、記者会見の後援もした）と『サイエンス』誌（同誌の査読者が公表を勧めた）、そして言うまでもなく、著者たち自身だ。ウルフ－サイモンに自分の主張を取り下げる気はなく、批判は正当な科学的プロセスの一部と歓迎した。本書を執筆している時点で、ウルフ－サイモンの研究の追試が他の研究者らによって一度だけ試みられたが、同じ結果は得られなかった。[19]

もしも生態的に隔離された生物圏で奇想天外生物を見つけようとするなら、現在の知識に基づいて探してみるべき有力候補として思い浮かぶのは、2－メチルアミノ酸とDNA中の代替物（リンの代わりのヒ素など）の二つだけである。他にもたくさんあるのだろうが、たぶん大半は想像もつかないものだろう。

わたしたちの生物圏と生態的ないしは生化学的に融合した奇想天外生物はそれほど極端な条件を好まないだろうから、分離するのはより困難かもしれないが、方法はある。デイヴィスは、これまで論じられてきたどれよりも根本的な違いを探すべきであると提言する。その違いとは、分子の「キラリティー」がもたらすものだ。キラリティーという名称は、「手」を意味するギリシャ語に由来する。左手の手袋に右手を入れるとぴったりしない。その逆も同じことだ。ちょうど手の形に合う手袋を裏返しにしてしまった形になっているからだ。生物学者はこのような関係を「キラリティー」と呼ぶ。アミノ酸や糖などの大きな分子にもキラリティーがあり、右手型と左手型に分かれるが、それらがお互いにくっつきあってタンパク質やＤＮＡなどのさらに大きな分子になるためには、同じ鏡像異性体、つまり右手型同士か左手型同士でなくてはならない。

鏡よ、鏡

たまたま「ふつうの生物」のタンパク質に使われるアミノ酸はすべて左手型で、ＤＮＡに使われる糖はすべて右手型だ。そうである必要はなかった。右手型のアミノ酸も、すべてが右手型である限り、同じように機能したはずだし、左手型の糖も、やはりすべてが左手型である限り、うまく機能しただろう。今のようになったのは、三五億〜三八億年前に、とある複雑で自己組織化する生物以前の分子がアミノ酸を必要としたときに、たまたま左手型のアミノ酸を使い、糖を必要とした前生物分子がたまたま右手型の糖を使ったからだ。最初のひと針があとのパターンを決め、それ以来、変わることなく続いているのである。

しかし、数ページ前に仮定した「第二の生命の起源」というシナリオのどれかで、別の複雑な自己組織化をする生物以前の分子が、第一のときは左に行ったところを右に行くか、第一のときは右に行ったところを左に行ったとしてみよう。その結果生まれてくるのは、「ふつうの生物」とほぼ見分けがつかないけれども、鏡像異性体である分子でできているために「ふつうの生物」とは生化学的に相互作用が不可能な、一種の奇想天外生物である。では、どうやってそれを見つけることができるのだろう。じつはすでに二人の科学者がそれを試みた。

二〇〇六年、デイヴィスの提案にしたがって宇宙生物学者のリチャード・フーバーと微生物学者のエレーナ・ピクタは餌を用意した。まずは微生物にとってのバイキングレストランと言える標準的培地を作り、養分の一部を鏡像異性体に替えたのである。この培地に、彼らはモノ湖からとってきた極限環境微生物を置いてみた。もしもこれらの極限環境生物の中に鏡像異性体でできた微生物が生息するなら、鏡像異性体の養分を食べることで存在を知らせてくれるだろうと期待したのだ。まもなく何かがその養分を食べ始めた。用心深く期待に胸ふくらませたのち、フーバーとピクタはある生物を発見した。それは鏡像異性体でできた微生物ではなく「ふつうの生物」だったが、それまでには知られていなかったバクテリアで、鏡像異性体の養分をうまく消化できるように化学的に改変するという、特殊な能力をもっていた。このちょっとした生化学的手品は何らかの酵素の働きによるのではないかと、フーバーとピクタは今のところ考えている。この発見はややがっかりする結末だったが、まだ初めての試みにすぎない。彼らによって*Anaerovirgula multivorans*（「何でも食べる小さな棒」といった意味）と名づけられたバクテリアは、自然にはいかにわかっていないことがたくさんあるかを、今一度わたしたちに思い出させてくれた[20]。

奇想天外生物がわたしたちの目に留まらない理由として、もう一つ考えられることがある——ものすごく小さいのかもしれない。

サイズの問題

知られているすべての生物は細胞でできている。かなり大きな細胞もある。細胞界の巨人、真正細菌の一種*Thiomargarita namibiensis*は、この学名中のアルファベットiの点くらいの大きさだが、大半はせいぜいナノメートル単位だ（ナノメートルは一メートルの十億分の一）。細胞がどこまで小さくなれるかを制限するのは、リボソームという細胞小器官であると思われる。これは（比較的）大きなタンパク分子とRNAからできていて、すべての細胞内でアミノ酸をつなげて新しいタンパク質を作る働きをしている細胞小器官だ。細胞内からリボソーム以外のものを吸い出すと、しぼんだ細胞は最小でも直径二〇〇〜三〇〇ナノメートルだ。これを理由に、大半の微生物学者はこれ以上小さい細胞はありえないと考えている。大半の微生物学者は、というのはつまり、全員ではないのだ。たとえばベンナーは、細胞がリボソームでなくRNAを使ってタンパク質を作るなら、もっとずっと小さくなれると言う[21]。

ものすごく小さな、生きているか、かつては生きていたと（少なくとも発見者にとっては）思われるものが、少なくとも三例報告されている。一九九〇年に、オースティンにあるテキサス大学の名誉教授ロバート・フォークが、堆積岩中に微小な化石――直径がわずか三〇ナノメートルの生物の石灰化した遺物――とおぼしき微小構造を発見した。[22] 以後も彼は、他の堆積岩や隕石でも似たような構造を見つけている。同僚の何人かは好奇心をかき立てられ、中には次のような指摘をする者もいる。フォークの発見により、火星由来の隕石ＡＬＨ８４００１中に見られる微小なイモムシのような構造も（バクテリアよりずっと小さいとはいえ）、かつて生きていたとしてもおかしくない大きさであることが裏付けられたというのである。一九九六年、オーストラリアの地質学者フィリッパ・ユーウィンズは、西オーストラリアの海岸沖における深海底のボーリング調査で採取した砂岩標本を研究していた。彼女と同僚らは電子顕微鏡下で、インテリア照明のラバライトの中でうねうね動く浮遊物のように見える、微小な糸状のものを見つけた。天才的方法によってユーウィンズはその構造物の（単なる表面にではなく）中にＤＮＡがあることを明らかにした――糸状のものが生きているか、少なくとも生きていたという証拠だ。[23] また一九八八年、フィンランドの生化学者オラビ・カヤンデルが電子顕微鏡で細胞を調べていて、内部に直径二〇ナノメートルの小さな粒子を見つけた。[24] 彼はそれらが生きていると信じ、「ナノバクテリア」と名づけた。三例のうち、カヤンデルの発見がもっとも奇妙だろう（同時に、もっとも評価が定まっていない）。というのはその粒子はヒトの組織中で発見されたものなのである。

現在のところ、大多数の証拠からすると、これらの発見のどれも生物ではなく、今もかつても生きてはいなかったようだ。二〇〇三年にある研究グループが、フォークの発見はどちらかというとよくある大きさのバクテリアの副産物にすぎないだろうと結論した[25]。また最近の研究によれば、ユーウィンズの糸状のものは、炭酸カルシウムと有機物が発生段階のどこかでDNA片を包みこんだものだという可能性がある[26]。さらに二〇〇〇年に公表された米国国立衛生研究所（NIH）による研究でも、すでに各方面から批判の砲火を浴びているカヤンデルの主張が、かなり疑わしいとされた。ただしカヤンデル自身は「ナノバクテリア」が生きていると信じ続けており、考え直す可能性があるのは、その名称だけのようだ。彼は最近、自分の発見したものにもっとおとなしい名をつけるべきだったかもしれないと述べた。たとえば（彼の言葉によれば）「自己増殖性石灰化ナノ粒子」というような名である[27]。

大半の微生物学者はこれらの発見を敬遠して近づこうとしない。理由の一つは、これまでの研究（ことにカヤンデルのそれ）が、科学者の経歴や評判にとって好ましくない議論に発展している点だ。ナノ粒子は化学と生物学の間に横たわる学問上の曖昧な領域に属する問題のようだ。カヤンデルに対抗するNIHの研究チームを率いる微生物学者ジョン・シサーは次のように述べた。「そこには何もないと言っているのではない。ただわたしたちは微生物学者の目で見ている。だから、そこに生命の痕跡（バイオシグナチャー）がなければ見切りをつけるだけだ[28]」。これらの発見は無生物と生物の間のどこかに位置する、まだ科学的に未知の形態の範疇に入るのかもしれない。それらが何であれ（奇想天外生物か、特殊な化学物質か、あるいはその中間の何であれ）、非常に小さな奇想天外生物が存在する可能性は現実にまだ残っている。デイヴィッド・マッケイもユーウィンズの発見について「これは、わたしたちがスペクトル（ありうる変異の幅）の最小限度を知らないということを示すものだ[29]」と述べた（そしてこれは他の発見にも簡単に当てはまる）。

ここまでで明らかだろうが、奇想天外生物を探す人たちにとって困難なのは、それが幾通りにも奇想天外でありうる上に、その大半は思いもよらない奇想天外さだろうという点である。だからこそデイヴィスは、うまくいく最良の方法は視野を広げ、説明のつかないことを探すことだと言う。まさしくそのような、大昔から説明がつかないままのものがある（じつはキャロル・クレランドがこれに大きな関心を寄せている）。

砂漠ワニス

一八三二年、若きチャールズ・ダーウィンはビーグル号に船長の助手かつ非公式な博物学者として乗りこんだ。サン・サルバドルにほど近い南米沖合に停泊中、ダーウィンは海岸を探索し、日射しにぎらつく、まるで「磨かれたような」岩の露頭に目を引かれた。ダーウィンは岩が金属の酸化物の薄膜に覆われて光るのだろうと推測したが、それがどう形成されたかは説明がつかなかった[30]。

その後、地質学者らによって同じ皮膜（現在は「砂漠ワニス」と呼ばれる）がさまざまな場所で発見された。それがどうやってできるのかは、ダーウィンにとってと同じくはっきりしないが、いくつかの説はある。この物質が生物による産物かもしれないという説の根拠になる現象も、二つほど観察されている。一つ目は、砂漠ワニスの断面を見ると、「ストロマトライト」に見られる層に似た、無機塩類と化学物質からなる薄い層の重なりがあることだ。この層状の岩石ストロマトライトは、オーストラリアのシャーク湾では半ば水没したカメの甲羅のようだし、ニューヨーク州の北部では化石化したカリフラワーのように見える。ストロマトライトの層は何世代にもわたるシアノバクテリアが作り出したもので、ちょうど中世の都市が、都市の廃墟の上に建てられ、またその廃墟の上に建てられるように、次々と死骸の上に繁殖しては死んでいった結果だ。とすると砂漠ワニスの層ができるのも、生物が関与する似たようなプロセスの結果かもしれない。二つ目は、砂漠ワニスの層に含まれる化学物質の多く（目立つのはマンガンと鉄）が、よく砂漠ワニスが覆う岩（たとえば砂岩）に含まれておらず、じつはそれらを産出する生物が知られていることだ。

ただし、これらの観察をあわせても、生物が関与しているという明確な論拠とはとても言えない。実験室で、バクテリアなり藻類なりにうまく砂漠ワニスを作らせることのできた微生物学者はまだいない。さらにがっかりすることに（というのは、それが生物の作り出したものであってほしいと思っている人にとってだが）、現地の砂漠ワニス中に見つかる（砂漠ワニスを作ったと考えてもよさそうな）バクテリアは多種多様で、微生物学者たちは、ずっと継続して同じ産物を作り続けるには多様すぎると考えている。

おそらくダーウィンと、その後も多くの人々が好奇心をかりたてられたものは、とても複雑な何らかの化学作用の結果かもしれない（これが現在、有力な見方である）。しかし、こちらの方も、再現して作り出せた科学者は今のところいない。つまり、ある自然現象がはっきりと目に見えて存在するのだが、二世紀近い研究を経ても謎のままでいる、というわけだ。これこそ奇想天外生物の候補にふさわしい、とクレランドは考えている。

ここまでわたしたちは、既知の生物の領域の限界ぎりぎりのところに生息する極限環境生物について学んできた。地球上に、代謝方法がわずかに違っていたり、それほどわずかでなく違っていたりする生物が、この境界線の外に生息している可能性についても学んできた。しかし、じつは海岸線をうろうろして、近くにある島を二つ三つ、偵察してみたというところだ。本書の残りでは、はるかに奇想天外な生物についての考えをもっと見ていこう。ほとんど海図に載っていない海域にこぎ出して、ときには海岸線が見えなくなるところまで行くつもりだ。けれどもそれを実行する前に、海岸線の確かな位置を見定め、それをていねいに見直しておくのが賢明だろう。

第3章　生物を定義する

近年、予想もしなかった場所に水が一度ならず発見されて、惑星科学者たちを驚かせた。たとえば火星だ。火星の大気は薄い（実際のところ、ほぼ真空である）ので、表面にある液体の水はすぐさま蒸発するはずだし、氷ですら直接水蒸気に昇華すると考えられていた。ところが一九七〇年代の半ばに、NASAの二機の探査機バイキングから、枯れた河床と、水が流れたような蛇行して枝分かれする溝の映像が送られてきて、かつて、おそらく四〇億年前に、火星の地表に大洪水があったことが判明したのだった。二十一世紀に入って最初の一〇年間で、火星がかつて「水のある惑星」であったという、さらなる証拠が一群の宇宙探査機によって発見された――古代の海の海岸線だったと思われる露頭や、火山灰に覆われた流氷である。ことに驚いたのは、ほんの二、三〇〇〇年前に形成されたばかりの枯れ谷と河床や、なんと調査が始まって以降にも突発的洪水が発生したらしい証拠などだ〔訳注　二〇一五年十月にも、火星に現在も水が流れているかもしれないという証拠がNASAから発表された〕。一九七〇年代からずっと、惑星から大気の大半が失われると、それに伴い、水もほとんどなくなると信じられていた。今では、永久凍土として表面に残留する水分があったり、地下にはさらに大量の水が液体の形で残ることが知られている。

　天文学者たちは長い間、恒星との距離が近すぎると惑星表面にある水が沸騰し、遠すぎれば凍ってしまうと言い続けてきた。すると、惑星なり衛星なりの表面に液体の水が存在できるような、ごく狭い範囲の恒星からの距離があることになる。つまり、既知の生命に必要な「液体の水」が存在できる、ちょうどいい範囲である。それをハビタブル・ゾーン（生命居住可能領域）ないしはゴルディロックス・ゾーンと呼ぶ。ゴルディロックスというのは童話『三匹のくま』に出てくる主人公の少女の名で、少女が熱すぎず冷たすぎず「ちょうどいい」温度のおかゆを好んだことに由来する。このゾーンは、地球の軌道のすぐ内側から火星の軌道のすぐ外側までの、分厚い卵の殻のような空間であることがわかっている。* かなり広い、とも言える。けれども太陽系全体のとてつもなく広大な空間から見ると、どれほどわずかな領域にすぎないかに気づかされる。宇宙にはたくさんの「おかゆ」があるが、「ちょうどいい」のはほとんどないに等しいのだ。[1]

　というか、かつてはそのように思われていた。

いたるところに水、水

一九九五年、ＮＡＳＡの探査機ガリレオは、木星の大きな四つの衛星、ガリレオ衛星のうち三つの近辺で磁場を検出した。衛星の凍った表面の何キロメートルも下に、塩水をたたえた海がある証拠だ。中心核からの自然放射線による熱と、エウロパの場合は重力によって押したり引いたりされて生じる潮汐力による熱（潮汐加熱）に温められているのだ。エウロパの何十メートル、あるいは何百メートルもの厚い氷でできた地殻の下に、地球上の海をすべて合わせた二倍の水量の海があると考える者もいる。[2]また惑星科学者たちには、カリストとガニメデの地中に水とアンモニアが混合した巨大な貯水池があると考える根拠もある。

もっと寒冷なところにある惑星や衛星の内部でも、圧力や潮汐力による熱、放射性崩壊などやこ

＊従来、惑星（あるいは衛星）のハビタブル・ゾーンとは、惑星（衛星）表面で水が液体でいられる領域だ。大気が化学的に活性である惑星の場合、ゾーンの内側の境界では太陽からの距離が近く、水蒸気が上空にたまるくらいに温められる。上空で遮るものもなく降り注ぐ紫外線によって、水分子は構成要素の水素と酸素に分解され、水素は宇宙空間に散逸、酸素は最終的に地表の岩に吸収される。惑星は乾燥し、温室効果の暴走が始まり、まもなく水が液体でいられないほどの高温になる。また、ハビタブル・ゾーンの外側の境界では、太陽からの距離が遠く、温室効果ガスである二酸化炭素が凍って大気から失われ、水が液体でいられないほどに低温になる。たまたま火星は、わたしたち太陽系のハビタブル・ゾーンの中に軌道をもつ。かつてその表面には液体の水が存在していたが、それは惑星がもっと太陽に近かったからではなく（じっさい、そうではなかった）、ほぼ二酸化炭素からなるもっと厚い大気の温室効果のおかげである。（Hart, “Habitable Zones”）

れらの組み合わせによって水が液体の状態を保っているとの証拠もある。アリゾナ大学の惑星科学者アダム・ショーマンは太陽系の外惑星（地球より外の軌道をもつ惑星）の衛星内部のモデルを考案した人物だが、少なくとも一二の衛星に液体の水が存在すると見積もっている。[3] ドイツの物理学者ハウケ・フスマンらは二〇〇六年の論文で、太陽系の外惑星中、中規模の大きさで氷の世界であるものの内部構造についてモデルを考案し、中心核が自然放射線による熱で温められていると想定すると、土星の小さな衛星レアや、天王星の衛星チタニアとオベロン、海王星の衛星トリトン、準惑星の冥王星に地下海洋がありうると結論している。[4] 太陽系外については、ここ数年でNASAのケプラー宇宙望遠鏡（系外惑星探査衛星）により、惑星候補が二〇〇〇個以上発見され、そのうちのおよそ五〇個がそれぞれの恒星のハビタブル・ゾーンに存在しているとの暫定的な見積もりが出されている。

地球の極限環境生物が、これらの少なくともいくつかの場所で生きていけるだろうことは、想像に難くない。たとえば火星の地表下では地球の地下深くに生息する微生物、エウロパの巨大な暗黒の海には熱水噴出孔の生物群、土星の衛星エンケラドゥスの氷の亀裂中には南極大陸に生息する単細胞藻類、といった具合だ。じっさい、もしも人類が火星を「地球化」しよう（つまり、火星に呼吸可能な大気と穏やかな気温をもたらすために、何世紀にもわたる改造を開始しよう）と決心するなら、そのときはまず、数種類の飛び抜けて頑強な極限環境生物を火星に移植するべきだと提案している人々もいる。[5]

どんな水の発見も、NASAにどってはいい知らせだ。というのも、地球外生命を探索する

ＮＡＳＡの戦略（非公式には「水を探せ」と称されている）は長らく、地球外で居住可能な環境には液体の水がなくてはならないとの想定のもとにあったからだ。もっともな想定だ——ことに、生化学の現在の知識と、資金源をつまるところ納税者に頼っている政府機関の限られた予算を考えると。それに今や、調べるべき場所は山ほどあることがわかっている。* それでも全米研究評議会（ＮＲＣ）報告書『惑星系における有機生命の限界』の著者たちは、水を探すという戦略のせいで、発見できる生物が既知の生物に近いものに限られてしまうのではないか、と懸念を表明した。もしもＮＡＳＡが可能性のある「あらゆる」場所で生物を探したいと望み、そうした生物を彼ら（あるいは彼らの機器）が発見したときに、それと認識したいと望むなら、それなりの生物の定義——つまり、あらゆる可能性を受け入れ、かつ厳密な定義——が必要であると論じ始めた。

もしもあなたが、生物学者はすでに万能の定義を用意しているだろうと考えたとしたら、それは間違いだ。生物学には少なくとも九つの専門分野があり、学者は自分の専門分野にしたがって生物を定義する傾向がある。** 生理学者なら生物を「食物を摂取して代謝することのできるシステム」と

*「水を探せ」はいつからかは定かでないが、かなり大昔からある言葉で、ごく最近、再び使われるようになっている。かつて天文学者のパーシヴァル・ローウェルが、数年にわたり幾晩も火星を観察し、網状の黒い筋が見えるのは、惑星中にめぐらされた水路に沿って植物が生い茂っているのだと思い描いた。彼はこの空想から驚くべき詳細な地図を描き上げ、火星に文明が存在するという仮説を説いた。これに触発されて、Ｈ・Ｇ・ウェルズやエドガー・ライス・バローズやレイ・ブラッドベリらがＳＦの「火星もの」を書くことになったのだ。（Bradbury et al., *Mars and the Mind of Man*）

言うだろうし、分子生物学者は「核酸分子中にコード（暗号）化された複製可能な遺伝情報をもつシステム」と言うだろう。もっと広い定義を求めるなら、より広い視野をもつ学問分野、たとえば哲学に眼を向けてもいい。じっさい、哲学者たちは有史以降、ほぼいつの時代も生物の定義をし続けてきた。大半は生物を、何でできているかではなく（十九世紀の末までは誰にもそれはわからなかった）、何をするかによって特徴づけてきた。そして、ほとんどの定義が不十分だった。困ったことに、生物のもつ機能をかなり完璧にリストアップしてみると、無生物にも見られる機能が含まれてしまったり、さらに（同じく困ったことに）一部の生物がもたない機能をやってのける無生物がいたりするのだ。

たとえば生物を「成長し、消費し、物質を熱エネルギーに変え、代謝を維持し（つまり化学作用をしながら自己を永続させ）、まがりなりにも死ぬもの」と定義してみよう。ろうそくの炎や恒星にもこれらのすべてが認められるが、生物と呼ぶ人はまずいない。そこで考え直し、生物とは前述の条件に加えて、自己複製するものと定義してみよう。これで解決、と思う。ただし、結晶が自己複製することを思い出すまでは、だ。そしてほとんどの人は結晶を生きているとはみなさない。さらにラバも働きアリも繁殖できないことを思い出す。そしてそれらは誰の眼から見ても、生きている。

生物の部品リスト

生物を「どのようなものか」や「何でできているか」によって定義しようという試みも、同様にむずかしいことがわかっている。答えは、といってもこの上なく大ざっぱな歴史的意味合いでの答えだが、次の二つの仮説に含まれるように思われる。一つは、生物は精霊や魂といった、重さもなく計測もできず、目にも見えない何か――「生命力」と呼ばれるようになった何かによって生命を吹きこまれている、というものだ。この説に、読者はドルイドだの木の精霊だのの匂いを感じて驚かれるかもしれないが、このような力に関する科学的議論は二十世紀初頭まで続いていた。もう一つの仮説は、生物は根本的に物質であるというもので、それが明言されたのは、一八六八年にダーウィンの頼りがいのある支持者T・H・ハクスリーが、すべての生物は化合物からできており、そうした化合物自体は無生物である、と述べたときだ[6]。

十九世紀末から二十世紀初期にかけて、この唯物論的な見方は多くの支持を得た。けれども、正確なところどんな化合物が生物を構成しているかは誰にもわからず、およそ決着を見るどころではなく、生物の厳密な定義は曖昧なままになった。一九三七年に英国の生物学者ノーマン・ピリーは「生物」とか「生きている」という用語は、ことに無生物からの移行が漸進的で生物と無生物の境

＊＊生物学には少なくとも次の九つの専門分野がある――解剖学、分類学、生理学、生化学、分子生物学、生態学、行動学、発生学、進化生物学。

界がはっきりしないものに対しては役に立たないと述べた(7)。それでも物理学者エルヴィン・シュレーディンガーは一九四四年の『生命とは何か』と題する論文で、もっと希望に満ちていた。彼は、生命はいずれ物理と化学によって、かなり詳細に定義されるだろうと主張したのだ。もっともそれから数年が経ち、数十年が過ぎるにつれて、「いずれ」というのがかなり先のことのように感じられ出した。一九六〇年代という最近でも、尊重されているある教科書に、「生物を正確に定義する試みは、不毛なばかりか、無意味である(8)」と、ほとんど降伏を勧めるような文が書かれていた。

ダーウィニズムによる定義

生物のもつ機能リストに新たな一項目を付け加えることが可能になったのは、一九六〇年代よりずっと前のことだ。リスト作成者にとって好都合にも、他の項目の大半を含んでしまうような一項だ。「生物は進化する」である。その定義によれば、あらゆる生物が進化の産物である（じつは一九七三年までには、ダーウィンの根本的な洞察は完全に承認されていた。その年にウクライナ系アメリカ人である遺伝学者テオドシウス・ドブジャンスキーが発表した論文のタイトルは「生物学においては、進化に照らしてみなければ何も意味をなさない」だった）。一九五〇年代に一遺伝子が一酵素を決定していることを発見した遺伝学者でカリフォルニア工科大学の生物学教授だったノーマン・ホロヴィッツは、念入りな表現でこう記している。「生物とは、複製し、突然変異し、その突然変異を複製するシステムである(9)」。それらの突然変異が長い間自然淘汰にさらされると、生物はどんどん精密さを増しながら環境に適応するのである。

しかし、もし「生物とは進化するものである」と定義すると、すぐに別の問題に突き当たる。ウイルスだ。ウイルスは、わたしたちの生物の概念の範疇にある何者にも似ていない。細胞をもたず、もっとも小さなバクテリアの細胞の一〇分の一から一〇〇分の一の大きさで、細胞に見られる複雑さはどこにもない。ほぼ、タンパク分子でできたカプセル内に遺伝子のセットが入っているだけのものだ。ウイルスは食物を摂取もしないし、排泄もしない。寄生者らしく、生物の細胞内で初めて繁殖、つまり複製が可能になる。この最後の行動（複製）が制限つきであるために、大半の生物学教科書の執筆者たちは、ウイルスを無生物として扱わざるを得ず、こうした教科書を読んだ高校生らは、科学に基づいた侮辱の言葉として長く使えそうだと気づくのである。[10]ところがこのウイルスときたら、進化する――つまり、複製し、突然変異し、自然淘汰を経験するのだ。

ホロヴィッツの言うとおり、進化こそが生物を定義づける特徴で、ウイルスは生物なのだとしよう。あるいは反対に、進化は生物の必要不可欠な特徴だが、定義になる特徴ではないから、ウイルスは（生物の定義となるその他の特徴を一つ以上欠いているので）生物ではないとしよう。どちらの場合も問題に直面する。生きていないのに、文字どおり進化するものがある。わたしはこの文章を大学図書館で執筆しているが、ここには雑誌やコンピュータ端末、電子データベースが備わり、言うまでもなく何百万冊もの書籍がある。それらのすべては、わたしが参考図書に関する質問をすると親切に答えてくれる図書館員と同様、進化の産物であると申し立てることができる。本を考えてみよう。自然界で成功する種のように、大量の刷部数を享受し版も重ねて、今までになく大量の複製を何世代にもわたって産出したと言える本がある。かと思えば、初版数十部のみしかなく、たまたまその中の一冊が、自然史博物館におさまった珍しい化石のように、この図書館に保管されていることもある。市場競争において勝者と敗者が生まれたのだ。中にはまったく新たな市場に打って出て、後継者のためのニッチを作ったものもある。新たな生物分類上の門を勇猛果敢あるいは無意識に創始する微生物のように、やがて新しい文学ジャンルと認められるようになるニッチを確立したものもある。

生物学者リチャード・ドーキンスは、これにやや異を唱えて、本自体は進化の産物ではないと言うかもしれない。彼なら、本とはむしろ考えや物語や言語の進化を可能にする、それらの乗り物なのだと言うだろう。本は文化の伝達装置の一つで、彼が「ミーム」と呼ぶ実体を複製しているのだ、と〔訳注　人の脳から脳に伝わる情報、文化の単位をドーキンスはミームと名づけた〕。ドーキンスは、進化論は「遺伝子という狭い文脈に閉じこめるにはあまりに大きな理論」であるといい、ミームは進化する――この語のもつあらゆる意味で進化するのだ、と主張する。[11] さらに、進化する能力は生物にしかない特質であるから、ミームは生きている――単なる比喩ではなく、文字どおり生きている、とも主張するのだ。[12] 他にも多くの人たちが、特定のコンピュータソフトに対して同じような申し立てをしている。その最初で、もっとも有名な例が、英国の数学者ジョン・コンウェイによる「ライフゲーム」だ。これは二、三の単純なルールで複雑なパターンを自己組織化して作り出すソフトである。[13]

これらのことから、進化は生物を定義づける特徴ではないかもしれないという人もいる。その証拠に、明らかに生きているのに、彼らの見解によれば進化しなかった生物があるという。たとえば、多くの植物の自然淘汰は農業の発明によって棚上げになっているし、人類の自然淘汰も医学の発明によって棚上げ状態だというのである。[14] ただし進化生物学者の中には、自然淘汰の及ばない生物などいない、と反論する人がいるかもしれない。手厚く育てられる園芸植物、たとえばチューリップなどは、他の種（わたしたち人間）にうまく取り入り、自分の系統の生存を確実にするような関係を結んだとも言えるし、医学によって寿命を延ばす人たちは、他人から同情や利他行動を引き出すような遺伝子をもっており（結果的に医学生や内科医、さらには入院中のていねいな看護が生み出され）、それが今度はヒトという種の他のメンバーの利益になるというのである。

たとえ賞をとったチューリップや優れた健康管理のできる親の子供たちは進化の産物だとしても、進化しない化合物でできているのだが（代謝し、自己複製するので）生きていると呼んでしかるべき有機体を想定することは可能である。[15] 他の手段による進化を想定することも可能だ——たとえば、突然変異がRNAやDNAによってもたらされるのではなく、複製や代謝に利用される化学合成におけるランダムなエラーによってもたらされる進化である。[16] わたしたちはこれらの有機体も同じく「生きている」と言うだろう。

これらすべてから明らかになることがあるとしたら、生物と呼ばれるものをどう分類しても例外があり、生物のどんなにふさわしい定義も仮のものでしかないということだ。だから、NRC報告書『惑星系における有機生命の限界』がこの問題について言葉を濁しても驚きではない。NRC報告書は既知の生物がもつ特徴を列挙し、「ダーウィニズム進化が可能な化学的システム」という方向での定義がよりよいだろうと認めている。[17] しかし、新たな定義は提案せず、多言を尽くして定義しようと試みたところで失敗に終わるだろうと述べるのだ。では現在、この問題はどうなっているのだろう。ある意味では、四分の三世紀前あたり、つまりシュレーディンガーが問題提起した時点にとどまっている。[18] 自然哲学者や科学者は、繰り返し、仮の定義をし続けてきた。それらの定義は、初めは満足なものに思えるのだが、よく吟味をするうちに、不安定で曖昧な境界があることに気づかされる。定義しようとしていたものは、いつの間にかアメーバのように定義からするりとすり抜けて、どこかに行ってしまうようなのだ。

国勢調査の調査員が薄暗い玄関に立ち、扉をノックする。一人の男が、よれよれのバスローブをはおって、扉をあける。調査員が自己紹介すると、男は質問に答えることを承諾する。調査員が質問を読み上げる。「このご住所で郵便のやりとりをしておられますか?」「アパートの家賃を払っておられますか?」「ここでの電気・水道・ガスの料金を払っておられますか?」男はこれらのすべてに「はい」と答える。最後に調査員は、「あなたを含め、何人の方がここで暮らしておられますか?」とたずねる。男は、「ひとりも」と答える。調査員は理解できない。「どういうことです。あなたはここで郵便を受け取り、ここの電気・水道・ガス代を払い、ここの家賃を支払っている――それなのに、ここで暮らしてはおられないんですか?」男は扉を大きく開けると、すりへった家具やすりきれて繊維の目立つ絨毯を見せて、肩をすくめる。「これが、暮らしと呼べますかね?」

冗談の解説はたいてい無粋なものだが、論点をはっきりさせるためにあえて言えば、この話の笑いのツボは、国勢調査員が基準項目のリストに照らせば「暮らし」の定義ができると思いこんでいる点だ。おそらくわたしたちは、多少なりとも調査員のようなふるまいをしてきたのだ。生命が、わたしたちの定義しようとする努力を拒むことだけが問題なのではない。たとえ優れた定義（そんなものが一つでもあれば、だが）でも、特徴を羅列したリストにすぎず、それらの特徴がいかに関わりあい、あるいはなぜ同時に出現していなくてはならないかを説明する基本原理が欠けていることが問題なのだ。言いかえれば、定義は生命の理解にほとんど役立たないのである。

生命を理解しようとするなら「理論」が必要だ。つまり、「ふつうの生物」も奇想天外な生物もすべてを定義する筋の通った理論、それも予測を立て検証が可能な理論が必要なのである。最近、キャロル・クレランドも同じことを指摘した。彼女によれば、わたしたちは今まで、空想したものであれ実際のものであれ、生物の特徴を列挙することで定義をし、どの特徴が重要かをめぐって（まるで中世の哲学者みたいに）口論してきたのだという。分子の理論がなければ、わたしたちは今でも水を「湿った」とか「色も匂いもない液体」と定義しているだろう。[19] 分子レベルの物質の理論があって初めて、普遍的に適用できる水の定義（一つの酸素原子に二つの水素原子が共有結合したもの）に合意することができたのだ、と。

生命理論

生命理論を確立するには、生物に見られる特徴のどれが必然で、どれが単なる偶然かを知る必要がある。もちろん推定はできるが、確実にどれがどちらかを知るには、第二の生物が必要だ。これは、今初めて気づいたことではない。半世紀前に、全米科学アカデミーに招聘された第一線で活躍する生物学者たちからなる研究チームがこう述べている。「火星に生物が存在し、それと接触が可能になったとしたら、真に普遍的な生物学の幕開けとなるだろう――地球の生物学が一つの特殊事例であるような生物学だ[20]」と。研究チームは、生命理論を打ち立てる好機であるということ自体が、火星探査を行なう一つの理由であると論じた。言うまでもなく、それから五〇年を経た今も、火星に生命が存在するのか、あるいはかつて存在したのかはわからないままだ。わたしたちには第二の生物の例もなく、生命理論もない。

もっと目標を下げて、科学者が何かを指して「生きている」と称するのに使えるような判定基準くらい、作成できないものだろうか。じつはこれも、半世紀前にＮＡＳＡの科学者たちがすでに自問したことだ。

アメリカに新設された宇宙局（ＮＡＳＡ）は、一九六〇年、多忙であると同時に野心的だった――ことに地球外生命の問題に対して。その一年間で、近隣の宇宙探査に伴う生物学的問題（興味深いことに、地球上の微生物による汚染の危険も考慮に入れていた）を扱うための生命科学研究所を設立し、生命が存在できる条件を研究するための生命科学実験所をエイムズ研究センター内に作り、カリフォルニア州パサデナにあるジェット推進研究所（ＪＰＬ）には火星の生命探査に使える宇宙探査機を考案するよう、認可を与えたのだ。

初期の頃のＮＡＳＡはすこぶるつきに前向きだった。無人探査機による火星への接近通過《フライバイ》にはまだ数年が必要だったが、火星の表面で生命を探知する装置を設計するよう契約を済ませていた。装置は二つの無人宇宙探査機で運ばれる予定だった。最初の試みはボイジャーという、きわめて野心的な遠隔操作による実験計画だったが、一九六七年に中止になった。* 二つ目の、一年後に議会に承認された規模を縮小した計画が、バイキング計画だ。どちらの計画でも生命検出実験に関する情報センターとなるのは、JPLの科学者で計画チームの一員であるジェラルド・A・ソフェンの研究所だった。

ソフェンが主催する自由討論《ブレインストーミング》セッションの参加者に、英国の四十歳になる医療機器発明家ジェームズ・ラヴロックがいた。ラヴロックはここで提案されたものの大半が「水を足して、とろ火にかける」ような生ぬるいものでしかなく、生命の本質に対するかなり偏狭な見方を露呈していると感じずにはいられなかった。セッションのいくつかでラヴロックは生命探査のためにもっと広範に実験的な網をかける方法があると訴え、自分なら「熱力学的非平衡」を探すだろうと述べた。熱力学的非平衡な状態で、もしそこに生物の関与がないとしたら、無生物がエネルギーを使ってエントロピーを減少させていることになるが、それは、物質はことごとく壊れて、崩れて、ばらばらになる、という普遍的傾向（エントロピーの増大則）に反するというのである。ただその時点では、どうやって火星上の熱力学的非平衡を探し出せるのか、ラヴロックに確たる考えはなかった。しかし、それから数日かけてシュレーディンガーの論文を再読し、すぐさまその方法をいくつかリストアッ

＊ボイジャーという同じ名称が、一九八〇年代に太陽系外惑星の接近通過を試み、大成功をおさめることになる二機の宇宙探査機に与えられた。

プして提案した。ラヴロックは、もっとも期待できる方法は惑星の大気を化学分析することだろうと考えていた[21]。

熱力学的に平衡な大気では、化学反応は済んでしまって、成分比率が定まっている。生じうる化学物質はすでに出きっているのだ。けれども非平衡な大気は不安定で、化学反応が続いている。ラヴロックが言いたいのは、こういうことだ——もしもきわめて活性に富んだ化学物質の存在が認められるとしたら、それはその環境にある他の化学物質と速やかに効率よく反応して吸収されるはずだから、同じくらい速やかに効率よく作り出されているのだと推測できる。ちょうど、地球上の酸素やメタンがそうであるように。そして地球では、それらは生物によって作り出されている。

JPLにいるとき、ラヴロックは若き惑星科学者カール・セーガンに出会った。セーガンはいくつかの点でラヴロックと意見を異にしていたが、興味を抱きはして、ラヴロックの論文を自身が編集する雑誌『イカロス』に掲載し、しばらくしてからラヴロックをリン・マーギュリス（セーガンの前妻）に紹介した。マーギュリスは生物学者で、地質年代を通じて地球の大気がなぜか化学的に安定し続けたことに、ラヴロックと同様に関心があった。その後何年もマーギュリスの力添えを得たラヴロックは、熱力学的非平衡が生命の存在を示すという考えを、ガイア仮説（ガイア理論）へと発展させた。地球と地球上の生物とは、自己調節する生物に類似した一つの複合システムをなしていると主張する説である。さらに、そのシステムはさまざまなフィードバック回路を介して、大気と海洋の化学組成や温度がつねに生命にふさわしいものであるように調節する（そして数十億年間、調節し続けている）のだという。

ソフェンの研究所はさまざまな生命検出装置の案を五〇ばかり検討したが、サイズと重さの制約から三案だけを採択した。その中にラヴロック案は入らなかった[22]。

二機のバイキング着陸船《ランダー》はどちらも、先端にスコップのついた標本採集アームを備えていた。このアームで土を掘り上げ、三つある漏斗の一つに落としこむのだ。土は漏斗からランダー内部の「生物学実験ユニット」に落ちる。ユニットは何本もの管やホース、小さなガスタンク、回転板に取りつけられた培養器などの集まりだ。ユニットは重さ九キログラムで、一辺三〇センチの立方体ほどの空間に押しこめられていたが、ある歴史学者の言う「太陽系における地球外生命の問題に対する、二十世紀でもっとも洗練された考察」を体現したものだった[23]。しかしながら、その中で行なわれた三つの実験は単純素朴な前提のもとに設計されていた。どんな生物も養分を取りこみ、排泄物を放出する、という前提である。

「標識放出」実験は、バイオスフェリックス社のギルバート・レヴィンが、上水道の水質検査で汚染物質を検出する方法を発展させたものだ。この火星版の実験では、放射性物質で標識した有機化合物の希釈液が、数十グラムの土壌標本の入った培養器に注がれることになっていた。もしも生物が化合物を食べ、二酸化炭素や水素、メタンのようなガスを放出すれば、そこに搭載されている放射性炭素（炭素14）検出器によって同定されるのだ。

「気体《ガス》交換」実験は、NASAのエイムズ研究センターのヴァンス・オーヤマが設計したもので、土壌標本に水蒸気（あるいは有機化合物のたっぷり入った培養液のこともある）を与え、やはり排出されるガスを検出するのだが、それに使うのはレヴィンのように放射性炭素検出器ではなく、クロマトグラフである。

「加熱気体（熱分解）放出」実験はカリフォルニア工科大学のノーマン・ホロヴィッツという、本書で生物の定義を論じたときに言及した人物によって開発された。レヴィンの実験と同じく放射性物質による標識を使うが、（少なくともホロヴィッツの見解では）火星の生命に対してレヴィンほど多くの推定をしていない。ホロヴィッツの実験で培養器の土壌標本に加えるのは、火星の大気に存在することがわかっている二酸化炭素と一酸化炭素のみだった。[24]

レヴィンとオーヤマは、ホロヴィッツは与えるものが少なすぎるので、代謝を引き出し損なうだろうと考えたが、ホロヴィッツ自身は、火星生物が必要としないものの一つが水であると確信していた。というのも、火星の生物が進化したと推定される環境、つまり火星の表面では、水は凍るか蒸発するかのいずれかだろうからだ。ホロヴィッツは自分の実験だけが純粋に火星生物を目指しており、レヴィンとオーヤマは火星で地球生物的な生物を探しているようなものだと考えていた。理想を言えば、彼の実験で使う培養器は火星の環境に似せたいところだが、レヴィンとオーヤマが液体の水を使えるようにするために（ホロヴィッツの培養器も含む）生物学実験ユニット全体を一〇℃という、バイキングのランダーが着陸する場所における夏の平均気温より六〇℃も高い温度に保たざるを得ず、[25] これがホロヴィッツをいらだたせた。つまるところ、二機のランダーが科学者を連れていけなくて、よかったのかもしれない。それは長い長い旅になっただろう。

鱗に覆われた卵形で紫色の物体

バイキングの三つの生物学実験は一三の独立した調査の一環だった。調査は一三チーム総勢七八人の科学者によって行なわれた。セーガンもその一員だった。バイキング号の打ち上げの年である一九七五年、セーガンは四十一歳でコーネル大学の天文学・宇宙科学のデイヴィッド・ダンカン教授職にあり、数冊の宇宙生物学に関するベストセラーの著者だった。ニュース番組やトークショーにゲストとして頻繁にテレビ出演し、よくある科学者のイメージ「おとなしくて感情に乏しい」を払拭し、新風を呼びこむ存在となった。ウィットに富み、人を惹きつける人物で、何より情熱的だった。彼が自分の仕事に熱中していることは一目瞭然だった。

セーガンの学者としての仕事の大半が、一般向けの著書と同じく、地球外生命の本質に迫るものだった（じっさい、火星上では周期的に湿潤温暖な時期があり、岩から水分を吸収する微生物がいるという彼の仮説は、今からすると先見の明があったと思える[26]）ことからすると、誰もが彼はバイキングの生物学チームに入ると思っていただろう。しかし、そうならなかった。代わりに「映像」チームの一員となったのだ。そのチームではカメラ（各ランダーに二台ずつ設置された）を操作し、送られてくる映像を解析することになっていた。バイキングの設計者は地質学チームが周囲の地勢を研究できるようにカメラを搭載させたのだった。セーガンの立場はいささか皮肉だった。というのは、セーガンはかつて月を「つまらない」と言ったことで、月地質学者会議の少なからぬ怒りを買ったことがあり、じっさい、生命に関わりがありそうな事例でない限り、彼は取り立てて地質学には関心がなかったからだ。しかし、今回はそういう事例だった。セーガンはカメラがバイキングの第四の生物学実験というもう一つの仕事を同時に果たすだろうと考えていた。第四の実験は、検出対象の性質に対し、ホロヴィッツ以上に推定をしない実験だった。ただし一つだけ、およそささやかとは呼べない推定をした。火星には顕微鏡を使わなくても見えるくらいの大きな生物がいるかもしれない、という推定である。

バイキング（その前はボイジャー）に搭載する生命検出実験装置を選んだり計画したりすることに関わった大半の生物学者が、火星に生物がいるとしたら微生物だろうと想定していた。そう考える正当な根拠は二つある。まず、微生物は地球上の生物の大半を占めており、つい最近（地質年代的にいう最近だが）までは、すべてが微生物だった。もしもわたしたちの惑星が参考になるなら、微生物が最初の生物で、大きくて複雑な生物は、出現するとしても、そのはるかあとになってからだろう。二つ目は、地球からの観測やマリナー計画による探査機などから科学者にもたらされた知識によると、火星表面の環境は、地球上の南極の奥地よりもはるかに劣悪に思われた。南極の内奥に何らかの生物が生存しているとしたら、いずれも顕微鏡サイズの生物なのである。

それでもセーガンは本気で次のような懸念を表明した。科学者たちが一〇〇グラムに満たない火星の土にかまけている間に、何か大きな生物（セーガンは微生物《マイクロローブ》に対し、これをマクロローブと呼ぶ）が、這ったり跳ねたり羽ばたいたりして通り過ぎたのに気づき損ねはしないだろうか、という懸念だ。彼の気がかりは、「シングルスリットスキャナー」タイプのバイキングのカメラの動作（一定の速さで回転する筒に、スリットつまり垂直な細長い隙間があり、その背後で鏡が上下する）があまりにゆっくりで、すばやく動くものの姿を捉え損なうのではないかということだった。そこで火星のような景観をもつコロラド州グレートサンドデューンズ国立公園での試行実験の折に、彼はペットショップからガーターヘビ一匹とカメ二匹、トカゲ一匹を借り受けて、スキャナーの前に置いた。カメラはヘビとカメを不鮮明にだが捉え、トカゲの足跡を記録した。セーガンは、ほっと胸をなでおろした。カメラがマクロープの姿を捉え損ねても、それがいたという間接的証拠は検出できるだろう。

しかし、むずかしいのはその証拠をどう解釈するかだと、セーガンも認めていた。セーガンは「たとえば触手が三〇本あって、全長五メートルを超える鱗に覆われた卵形で紫色の物体が宙を漂ってきて、バイキングがその映像を入手したとしよう。今まで見たことのないもので、化学的組成もわからないが、わたしたちはそれが、ふつうならありえないという理由で、生きていると判断するだろう[27]」と言う。つまり、鱗に覆われた卵形で紫色の物体は、およそ無生物の物質を寄せ集めて偶然にできるようなものではないということだ。それは（ここでセーガンはラヴロックを引用し）熱力学的非平衡の状態にあり、熱力学的非平衡の状態にあるものは生物である確率が高い、というのである。

セーガンは、肉眼で見える大きさで地表に住む生物の熱力学的非平衡は、一目でわかるとも言う。そういう生物は頭でっかちの形をしているはずだ。たんぽぽも、牛も、酪農家も（ともかく立っているときは）地表近くから離れるにしたがって、見た目が大きくなるというのだ。しかし、頭でっかちであれば生物であるとはとても言えない。そう指摘するかのように、映像チームのリーダーである地質学者トーマス・マッチはオフィスに風稜石という巨岩の写真を飾っていた。風に吹きつけられた砂によって表面が削られ、壺のような形になった岩だ。それでもスタート地点としては悪くない、とセーガンは考えを変えなかった。

火星での景観

一九七六年の七月、バイキング1号は火星の北半球にある低地、クリュセ平原に首尾よく着陸した。ほぼ直後にバイキングが搭載したシングルスリットスキャナーが音を立てて作動。ジーッ、カシャッ。周囲の映像が地球に向けて送信された。映像には地平線まで広がるサーモンピンクの砂丘に、鋭く角張った岩が点在する景観が捉えられていた。これは人類が他の惑星上の景観を見る初めての経験であり、忘れがたく美しい風景だった。そして、どう見ても生きものはいなかった。セーガンは「おかしな外見のものは一つもなく、明らかな熱力学的非平衡の徴候もなかった[28]」と述べた。いくつかの岩は生物学者たちの目を少しの間は惹きつけたし、セーガンはほぼ球形の岩を二、三日は怪しんでいたが、ランダーから見える範囲に、風に飛ばされる砂以外に動くものがないのは明白だった[29]。数週間後に着陸したバイキング2号から送られてきた映像でも、火星の景観は同様に不毛で、同様に動くものがなかった。いや、映画によくある言い草でもないが、「本当に、そうなのか？」

オーヤマのチームは、彼の「気体交換」実験で生じた酸素は土壌中に存在する過酸化水素との化学反応の結果であると結論づけたが、あとの二つの生物学実験（レヴィンとホロヴィッツのもの）からは、推定「生物反応あり」の結果が出た。ただし、「推定」にすぎない。別の実験では否定されているため、確信するのは困難だ。別の実験とは、土壌の分子解析である。のちに「おそらく今回のミッションでもっとも驚くべき発見[30]」と呼ばれることになる実験結果なのだが、有機化合物が検出されなかったのである。

　ただちに生物学チームのメンバーたちは、それぞれの慎重に設計した実験戦略をひとまず置いて、その反応が生物的なものなのか、（単に）化学的なものなのかを決定するのに全力を注ぐことになった。標本が装備の万端整った地球上の実験室にあったのなら、しかるべき挑戦だっただろうが、実際の標本は地球からはるか数千万キロのかなたにある、かなりお粗末な装置の中にあったのだから、相当に困難を伴う挑戦だった。それでも任務は遂行され、九ヶ月後には二六サイクルもの実験が行なわれ、結果が得られた。その点はいいニュースだ。悪いニュースは、その結果が何を意味するかについて、意見がまちまちだったことだ。

　オーヤマは先に自分の得た「生物反応なし」の結果を確信したし、ホロヴィッツも今や近い結論にいたった。ホロヴィッツは実験で温度を変化させてみた。もし自分の計測した反応が生物的なものだったなら、この変化にもっと敏感に反応するはずだと考えたのである。レヴィンは最初から「標識放出」実験が生物を検出したと思っており、後続の何サイクルもの実験のあと、さらに確信を深めることになった。

　もしＮＡＳＡによる火星の生命探査の最初の試みが数千万キロ以上かなたとのやりとりではなく、

もっと方法論に基づいて段階的に進めていき、まずは科学者が火星の土や大気の化学的性質をしっかりと研究した上で生物検出実験を設計（当然、実行はその後だ）できていれば、混乱は避けられたはずだと言う人もいる。生物学実験そのものをもっと組織的なものにして、後のボイジャー計画の予備計画のようなものにできたのではないかと言う人もいる。ボイジャーの計画では、順番に三〇の生命検出実験を行なうことになっており、それぞれの実験は、直前の実験で生じた疑問に答えるものになっていた。それでもバイキングの実験は、わたしたちに火星の化学的性質に関する知識をもたらしたと反論する人たちもいる。そこからもたらされた実験結果は予期せぬもので、誰一人、それを調べるための用意周到な実験を設計できたとは思えない、というのである。結局のところ、この混乱によってはっきりしたことがあるとすれば、セーガンの述懐した「生物を探すのはむずかしい[31]」である。

一九七八年に公表した論文で、レヴィンはクリュセ平原の映像をさらに調べてみると、いくつかの岩の上に緑色のまだらが見え、それが動いていることが明らかになったと主張した。彼の同僚も映像チームも緑色のものは見ていない。レヴィンが見たものがなんであれ、影か埃のいたずらではないかというのが大半の意見だった。以後、数年間はレヴィンの異議にもかかわらず、バイキングは火星上で生物を見つけなかったというのが科学者の共通認識になった。厳密に言えば火星に生物がいるかどうかはわからないままだが、探査結果を研究した人たちの大半は、生物がいることに懐疑的だった。ホロヴィッツは少数派の抵抗をなだめるかのように、測定された反応が「生物的なものでない」ことを証明するのは不可能だ、と述べた。もっとも、ランダーの周囲にある岩が、たまたま岩のように見える生物でないと証明するのが不可能という意味でだが[32]、と。ソフェンはもっと率直にこう述べた。「わたしは火星に生物がいるかもしれない、と楽観的だった。でも、今では、まずそれはないと思っている[33]」

しかし三〇年後、この不幸な共通認識は、数千万キロ離れた二つの場所での発見によって覆されることになった。火星上に液体の水が存在する証拠の発見と、地球の地下深くで生息する微生物（*Bacillus infernus*）の発見である。現時点ではまだ、火星に生物がいるかどうかはわからない――ただし、今や物理的にも化学的にも、可能性があることがわかっている。

この見解の大変化に対し、ギルバート・レヴィンはわずかに見解を変えたのみだ。現在八十歳代のレヴィンは、ポール・デイヴィスと共同研究する非常勤の教授であり、地球上の極限環境で微生物を探すべく、「標識放出」実験を設計し直している。レヴィンの「推定」火星微生物については、ついに日の目を見るときがやってきたと言えるかもしれない。ワシントン州立大学の宇宙生物学者デュルク・シュルツェ－マクッフとユストゥス・リービッヒ大学ギーセン（ドイツ）のヨープ・フートクーパーの二人が、最近になってバイキングの実験結果を再検討した。彼らはホロヴィッツの考え方にしたがい、火星の表面では水が凍結するか昇華するかなので、火星の（少なくとも表面に生息する）微生物は、液体の水を経験したこともなく、必要もなかったはずだと考えた。しかし、凝固点がもっと低い、たとえば過酸化水素のような液体なら知っており、好みもしたかもしれないと結論した。過酸化水素は地球上の多くのバクテリアにとって有毒だ（だからこそ消毒薬として薬棚に並んでいる）が、ふさわしい化合物と混ぜ合わせれば耐えられるものに変化し、じつは細胞内の機能を促進するかもしれないのである。

シュルツェ－マクッフとフートクーパーはバイキングによる火星土壌の分子解析で有機化合物が見つからなかった（悩ましい結果だ）のは、細胞が死んで放出された過酸化水素が、細胞の有機物を酸化させたからだと主張する。彼らによると、バイキングの生物学実験の検出結果のほぼすべては、過酸化水素を使う微生物からも得られたはずだという。レヴィンの実験では、養分を与えると気体が発生したが、反応は徐々に収束した——一般的には、生物による反応ではないということだ。しかしシュルツェ＝マクッフとフートクーパーは、徐々に収束したのは、実験で液体の水を浴びせられたために、数秒後には溺死するか破裂するかして、微生物が死んでいったことを示しているのではないかと推測している。

彼らの仮説は検証されてはいないが、魅力的であるとともに、おそらく気まずいものでもある。わたしたちがすでに地球外生命、それも奇想天外な生物を発見していたかもしれないというのは、魅力的だ。しかし、誠意を尽くしはしたのだが、わたしたちがうっかり彼らを殺してしまったかもしれないというのは、気まずい話だ。

第4章 ゼロから始める

　バイキング計画の企画会議から五〇年が経った今、科学者たちは改めて「科学者なり科学機器の見つけたものが生物かどうか、確信をもって見分けられるだろうか？」と自問している。全米研究評議会（NRC）報告書『惑星系における有機生命の限界』による生物の仮定義「ダーウィニズム進化が可能な化学的システム」を使わざるを得ないのだろうか？　科学者たちの答えは「ノー」だろう。生物が化学的システムであるという点は一致しているし、進化生物学者は時間をかけて進化してきた例をいくらでもあげることができるが、地球上であっても、現在進行中の進化を識別するのは困難なのだ。進化可能なシステムを識別することはそれよりは簡単だろうが、大差はない。

　つまり、科学者には生物の定義も理論もなく、生命の痕跡（バイオシグナチャー）は間接的証拠ではあっても証明にはならないので、確実に生物であると見分けるための判定基準のリストもないのである。では、科学者は生物について、より奇想天外な生物を探す助けになるような何かを言えるのだろうか。たぶん、言えるだろう。生物が必要とする物質と環境をリストアップすれば、かつての「水を探せ」戦略よりは幅広い探査が、条件つきではあるが可能になるだろう。それによって科学者たちは、どこを探せばいいかがわかるようになるし、また時間と資源に限りがあることを考えるところも同じく重要なのだが、どこは探さずにおいていいかも知ることができるだろう。

生物には何が必要か

生物に基本的で譲ることのできない最低限の要求があるとしたら、それはエネルギー源だ。わたしたちの知っている「ふつうの生物」は、太陽光や化学反応、熱エネルギー、自然放射線などからエネルギーを得る。とくにこれらのエネルギー源を利用するのは、それらが豊富にあって、いくらでも手に入るからだと生物学者たちは考えている（興味深いのは、他にも紫外線放射や温度勾配、重力といったエネルギー源があるのだが、今わかっている限りでは「ふつうの生物」はそれらを利用しておらず、そのはっきりとした理由はまったく明らかになっていない[1]）。化学反応を起こすためのエネルギー源に加えて、生物にはその化学反応が起きる場となる媒体が必要だ。つまり、分子が中で浮いていられて、自由に移動し、容易に相互作用できるような媒体である。生物が必要とするこの最低限の要求は、わたしたちが柔軟にどんな条件でも受け入れようとするならば、いくらでも融通がきく。多くのＳＦ作家や一部の科学者は、真空でも生きられる、原子核や磁場でできた生物を考え出してきた。これについてはあとの章で取り上げるつもりだ。しかし今は保守的でいることにしよう。そしてＮＲＣ報告書の仮定義に倣い、「すべての生物は化学的性質をもち媒体を必要とする」と仮定しよう。

媒体となるものはいくらでもあり、中にはかなり異質なものもある。ここでも慎重になることにして、よく知られた媒体から考えてみよう。物質には三つの「典型的」な状態がある。言うまでもなく、固体、液体、気体の三つだ。生命の活動しうる場としては、固体は分子が十分に動けないので、あまりふさわしくなさそうだ。気体は、分子が十分に接触できないので、こちらもあまりふさわしくなさそうだ。その点、液体は分子が十分に動くことも接触することもできる最良の媒体だ。生物がどれだけ水と相性がいいかを思い浮かべると、「ふつうの生物」にとって、水こそ液体の媒体として選び抜かれたものだろうと思いたくなる。けれども実際は、何人かの宇宙生物学者が指摘しているように、生物はたぶん「その他に選択肢がなかった」のだ。デュルク・シュルツェ－マクッフの「地球生物が水でやっていくことを学んだのは、それが実際に大量にある唯一の液体だから[2]だ」という見解どおりである。数章前で水の性質を賞讃したが、その際、それほどでもないことまで美点にあげてしまったかもしれない。何十億年も昔、若い宇宙のどこかで起きた超新星爆発が収束しつつあるときに、爆発の遺物から最初の水が出現した。それ以来、今どこかの台所のしまりの悪い蛇口からぽたぽたと規則正しく滴り落ちている水にいたるまで、水に変化はなかった。水分子はかつても今も同じく、一つの酸素原子が二つの水素原子と共有結合したものだ。しかし生物の方は、最初に出現したときから大きく変化した。そしておそらく変化の一部は、水の特殊な性質（表面張力や幅広い温度下で液体であることなど）を利用するものだっただろう。言ってみれば生物は、傍らにあるものを愛することを身につけたのである。*

じつは宇宙生物学者は、生物が利用できるような性質を備えた、生物にとって媒体になりうる液体をいくらでも思いつける。水には水素イオンがあり、それが触媒となって、細胞が栄養分を代謝するのに欠かせない化学反応が促される。しかしフッ化水素や硫酸、アンモニア、過酸化水素をはじめ、数多くの他の液体でも同じことが起こる。しかも水とくらべて遜色ない働きをする。たとえばアンモニアは、水と同じかそれ以上に効率よく有機化合物を溶かせるし、ナトリウムやマグネシウムなどの金属を直接溶液に溶かしこむこともできる。もし身近な生物が媒体に液体アンモニアや過酸化水素を使っていたら、わたしたちはそれらがなんとうまく生物の要求を満たすような性質を備えているかと驚嘆していたことだろう。そして、ことは逆であることに気がつくのだ――生物の方が、それらの性質を利用できるように進化したのだと。

化学反応を起こさせる「エネルギー源」と反応が起きる場となる「媒体」に加え、生物には化学物質そのものが必要だ。つまり、生物が代謝し複製できるための、特殊機能を果たす分子が必要なのである。「ふつうの生物」は、代謝の大半をタンパク質（それも大量のタンパク質）を使って維持している。たとえばヒトの典型的な細胞一つに一億ものタンパク質が含まれており[3]、ほとんどがある特定の機能を果たすように特殊化している。養分からエネルギーを取り出すタンパク質もあれば、さらなるタンパク質を組み立てたり、いらないものを処分したり、侵入者を撃退するタンパク質もあるのだ。

これらの機能はそれぞれ、多くの段階を含む複雑なプロセスによって成り立っている。一例をあげよう。血中の糖の濃度が上がると膵臓から代謝を調節するタンパク質であるインスリンが分泌される。このインスリンがどのように生成されるかを見てみよう。まず細胞内のあるタンパク質が、対になったDNA鎖の一部分をほどいて、インスリン分子を作るのに必要な一群のアミノ酸分子をコードする塩基配列を外部にさらす。別のタンパク質がその配列にしたがって、今回の目的のための一時的なコピーを作る。このコピーがメッセンジャーRNAだ。まだこれには不要な部分が含まれているので、さらに別のタンパク質が、切断して必要な部分を再接合させる工程（スプライシング）を行なう。こうしてメッセンジャーRNAは、インスリンを作るためのアミノ酸を指定できる形に仕上がる。最後にリボソームという、タンパク質とRNA（リボソームRNA）からなる小器官（覚えておられるだろうか、細胞の小ささに限度があるのはこの小器官のせいかもしれない、と前述した）がメッセンジャーRNAにくっつき、ここでトランスファーRNAが運んでくるアミノ酸が順次つなげられ、インスリンの前駆体が作られる。これが、さらに別のタンパク質により不要部分を切断されるなどして、インスリンになるのだ。

生きた細胞の活動を、ある都会の一日をコマ撮りフィルムで数分間に圧縮した映像の目まぐるし

＊しかし水の方は、同じように歩み寄ってはくれなかった。水は生物でもなく、進化もしない化合物なのだから、驚くことではない。けれども次のことを知ったら、驚きかもしれない。水はさまざまに生物を利するにもかかわらず、タンパク質を分解したりDNAを実質的に傷つけたりして生物の害にもなるのである。（National Research Council, *Limits of Organic Life*, 27）

さにたとえることがあるが、実際のスピードを考えると妥当とは言えないことを知っておくべきだ。ヒトの平均的な一細胞では、「一秒ごとに」新たに二〇〇〇ものタンパク質が作られている。ベルギーの生化学者クリスチャン・ド・デューブによれば、細胞内の代謝過程の速度は「われわれには想像もつかない速さ(4)」である。

代謝を維持するのにじつに複雑なこまごまとした仕事が必要だが、ある意味それらの仕事は真の大仕事のための前置きであり、準備にすぎない。真の大仕事とは、複製である。言うまでもなく、「ふつうの生物」が複製できるのは、細胞が分裂するおかげである。核をもつ細胞では、分裂はまず核内から始まる。といっても、タンパク質が単にDNA分子を引きちぎったりはしない。まず、DNA分子が複製されるのだ。DNAの二本鎖がほぐされ、一本ずつに分けられる。すると他のタンパク質が、周囲の細胞質内にある材料を使い、それぞれの一本鎖に対し、塩基同士がきちんとかみ合って巻きつくような鎖を作り上げる。もとの一本鎖を鋳型にして、もう一方の一本鎖のコピーを作るのだ。こうして新たにできた二本鎖を、また別のタンパク質が走査して、コピーに間違いがないかを調べ、エラーがあれば修復をする。この頃までに核膜は消失しており、DNA分子もヒストンと呼ばれるタンパク質と結びついて染色体と呼ばれる形になっている。複製され倍になったDNA分子（染色体）は、細胞の両極に分かれて引き寄せられる。それぞれを囲むように核膜が再生される。こうしてもとの細胞と同じ量のDNAを含む核が二つできると、細胞質が核を一つずつ含む形で二つに分かれる。細胞が一つあったところに、今や、細胞が二つだ。

細胞内の代謝過程と複製過程が正確かつ迅速なものだとすれば、それらはまた、微妙なものでもある。それらが首尾よく進むには、荒々しい外界から隔離して守ってくれるような防御装置が必要になる。しかもその外界からエネルギーと養分をもらい、その外界に不要物を放出する。このために、化学的性質をもつ生物には、もう一つ必要なものがある。半透性の防御装置だ。「ふつうの生物」ではこれは細胞膜という、水に溶けない大きな分子である脂質が大半を占める膜である。[5]

微生物学者ノーマン・ペイスは、引用されることの多い二〇〇一年発表の論文で、次のような主張をした。すべての生物（奇想天外生物と呼んできたものも含む）が、代謝や複製には同じか類似の分子を使うはずだ、というのである。さらに彼は、核酸に使われる糖も、その進化上の有利性を考えると、宇宙共通かもしれないとまで論じた。[6] 宇宙生物学者の中には、ペイスは核酸に使われる糖の有利性を過大評価し、生物の創意工夫の才を過小評価しているのではないかと考える人たちもいる。しかし大半の人は、化学的性質をもつ生物は、「ふつうの生物」が使っているものと、大まかに言えば類似の化学物質や反応過程を使うだろうと予想している。そういう人たちはまた、もしも奇想天外生物がタンパク質やＤＮＡそのものを使わないとしても、ちょうど同じくらいの大きさの分子を使うだろうと予想している。では、どれくらいの大きさだろう？　水分子の分子量は一八だ。タンパク質分子の中には分子量数百万のものもある。多細胞生物のＤＮＡ分子は何十億という分子量だろう。そのような分子は（ほぐして巻きを戻して伸ばすと）全長一メートルにもなる。

生化学者はこうした巨大な分子集合体を「高分子」と呼ぶ。注意しておきたいのは、これは偶然できるようなものではなく、またどんな元素からでも作れるわけではないということだ。高分子には「骨格」が必要だ。同種の原子が連なった長い鎖がそれである。「ふつうの生物」では、炭素がこの骨格の役を果たしている。このような骨格を作ることのできる元素は、あともう一種類しかない。ケイ素（シリコン）である。

ケイ素生物

ケイ素でできた生物という思いつきは、意外に昔からある。最初にそのような仮説を説いた一人にハーバート・ジョージ・ウェルズ（H・G・ウェルズ）がいた。今日では科学者としてよりSF作家としてよく知られている人物だが、ダーウィンの擁護者だったT・H・ハクスリーの指導のもと、ロンドンの科学師範学校で学び、科学者としての訓練を受けている。ウェルズはダーウィンの考えに魅せられて、いかなる場所であろうと、自然淘汰と競争が生物に作用するはずだと考えた。したがって一八九七年に発表した作品『宇宙戦争』に登場する火星人は、重力の小さな世界で進化したので、地球上を動き回るためには補助装具が必要なのだ。ウェルズの火星は地球に似ていたので、火星生物は地球上の生物と同じもの（水も含まれる）を必要とし、同じ弱点（特定のバクテリアに対し脆弱である）をもつよう進化した。

ウェルズは、もっと奇想天外な生物も考え出した。それもSFでなく、科学的な見地からだ。ウェルズはジェームズ・レイノルズというイギリス人化学者の講演に触発されて、一八八四年にケイ素生物の存在を主張する短文を書いた。ただちに彼は想像力を羽ばたかせ、「ケイ素とアルミニウムでできた生物（それが人類だとしてもかまわないだろう）が、気化硫黄の大気の中、たとえば数千℃という溶鉱炉以上の高温でどろどろに溶けた鉄の海のほとりをぶらつく光景」を書いた。このような構想は架空である（彼の言葉によれば「夢にすぎない」）と認めながらも、ケイ素とアルミニウムを基本にした生化学（彼が「原形質の類似物」と呼ぶもの）は可能だとした。[7]

ウェルズ以降、多くのＳＦ作家たちがケイ素でできた生物を創出している。中には二、三の生物学者も考案しているが、ごく少数にすぎない。つい最近まで、炭素とケイ素の類似性は表面的なものにすぎず、ケイ素を中心とした生化学という想定には少なくとも三つの落とし穴があると大半の人は思っていた。

第一は、ケイ素がかなり選り好みする性質である点だ。ケイ素は長いこと、ほんの一握りの元素としか安定した結合をしないと考えられていた。このような排他性の代償として、ケイ素の高分子（ケイ素原子を骨格にもつ「ポリシラン」や、酸素原子とケイ素原子が交互になった骨格をもつ「シロキサン」）は、単に同じ原子が延々と繰り返すだけの配列にすぎず、化学者はこの配列を、うんざりした音楽評論家のような口調で「単調」と呼ぶ。炭素というテーマで自然の奏でるものが交響曲なら、ケイ素というテーマでは、一時間の曲を二つか三つの音のみで作曲するのがやっとなのだ。

第二の落とし穴は、ケイ素は炭素と違って二重結合や三重結合を形成できないので、電気エネル

＊細胞内の液体で、おもに核酸やタンパク質、脂質、炭水化物、無機塩類からなる。十九世紀および二十世紀初頭（ウェルズが執筆していた時代）は、この用語は細胞に自己複製の能力を与える物質を指すものだった。

ギーを捉えたり運んだりできないと一般に考えられていたことだ。

第三の落とし穴は、ケイ素化合物は炭素化合物と異なり、水や酸素をはじめとする地球上で自然に生成する多くの化合物と、きわめて反応しやすい点だ。ビーカーに水を入れ、そこに四塩化炭素を数滴、落としてみよう。たいしたことは起こらない。そのまま水に沈んで、文字どおり何年経っても安定した状態でいるだろう。それを類似化合物である四塩化ケイ素で試してみると、数秒で溶けてしまう。あるいは炭素と水素からなる単純な化合物メタンガスを大気中に放出してみよう。大気中にメタンガスは平和共存すると思っていい。けれどもそれをメタンのケイ素版であるシラン（水素化ケイ素）に代えるなら、まず実験室用のゴーグルを着用した方がいい。派手に自然燃焼するに決まっているからだ。

多くの生物学者たちは大昔から、生物にケイ素が使われるとは思えない第四の、それも多分に明白な理由があると信じてきた。ケイ素は地球上、酸素に次いで二番目に多い元素なのである。このことは北アフリカや中国西部、米国西部の地図をちらりと見れば明らかだ。地球上のケイ素の大半は酸素と結合し、二酸化ケイ素（シリカ）、つまり砂の形になっているのである。生物がケイ素を使おうというなら、明らかに使い放題だったのだ。にもかかわらず、例外的にケイ藻が堅い細胞壁（被殻）に使ったり、数種の植物がさまざまな支持構造中に使ったりする以外は、「ふつうの生物」はケイ素を使わず、代わりに炭素を選んでいるのである。

炭素は全生物にとって、唯一、利用可能な基本的物質であるという主張は、何十年もの間、揺るぎないと思われた。地球外生命を探索する上で、狭量なものの見方を何度となく非難してきたカール・セーガンですら、炭素の代わりを想定することは容易ではなかった。「生命の基礎に他の元素を考えようとするたびに、わたしが炭素偏愛主義者と呼んでいる者に、結局自分がなっていることに気がつく」[8]。実際のところ、いかに炭素が偏愛されるようになったかは、興味深い問題だ。もし、それに答えを出したいと思うなら、少し後戻りをする必要がある。

炭素の研究

周期表は、一一八の元素に名称と番号がふられ、周期と族ごとに配列されたもので、秩序のこの上ないモデルに思える――自然界の基本要素のすべてが、特別あつらえの精巧な陳列棚におさめられているようなものだ。しかし、実際にそういう収納容器を用意しようとすると、これらの基本要素には「結合する」という本来の性質があるために、うまくいかない。このような結合と、結合するときの温度と圧力の結果、「船や靴や封蝋」が生まれ、より複雑なところでは「キャベツや王様までも」が生まれた〔訳注　ルイス・キャロルの『鏡の国のアリス』に出てくる詩「セイウチと大工」より〕。過去に存在した物質、現在に存在する物質、あるいは将来存在するかもしれないあらゆる物質が、同じようにして生まれた（あるいは生まれる）のだ。

結合の結果、何が生まれるのか、化学者はどうやって正確に知るのだろう。驚くなかれ、化学者にはわからない（少なくともいつもわかるわけではない）。コーネル大学の化学教授フランク・ディサルヴォは「われわれが手にするものの大半は、試行錯誤によってたまたまできたもので、何ができるかを前もって予測はできない[9]」と認めている。高分子をコンピュータの三次元シミュレーションによってひっくり返したり旋回させたりできる時代になっても、化学は依然として、測って混ぜて何が起きるかをじっと待つ、つまり実験科学であり続けているのだ。

おのずと、よく実験されている元素とそうでないものが出てくる。炭素は非常によく取り上げられる元素で、有機化学という専門分野にすらなっている。有機化学にたずさわる化学者が他の分野より多いのは、おそらく有機化学分野が商業的に収益に結びつきやすいからだろう。医薬品やポリマー、石油化学製品の企業内研究室で働く有機化学者は何百万もの化合物を合成し、多くの国のGNPに匹敵する収益をあげている。けれども有機化学者の数が多い理由はそれだけではない。自分自身を構成する化学物質に対して化学者としてごく自然に関心を抱くことと、炭素が興味つきない性質を備えていることにもよるのだ。

ここで一つ、問いかけてみよう。炭素は周期表の仲間の中で特別扱いされてはいないだろうか。炭素のもつ驚異的な化学的名人芸は、なるほど注目に値はするが、そのせいで科学者たちが他の元素に内在する可能性(ことに本書のテーマから言うと、生化学へとつながる可能性)を見過ごしたり探求し損なったりしていないだろうか。多くの生物学者たちは、そんなことはないと考えている。彼らは、炭素は化学的性質をもつ生物に欠かせない元素ではないかと思っている。ノーマン・ペイスは科学者らしい謙虚さで「絶対、とは絶対に言わないが」と前置きして、「非炭素系生物が見つかるとはとても思えない[10]」と言う。

しかし、数人がこれに異論を唱えている。その一人が英国の生化学者で現在ケンブリッジ大学のバイオテクノロジー研究所所属のウィリアム・ベインズだ。ベインズは若く見えるので、とても五十なにがしには思えない。色白の顔に縁なし眼鏡をかけた容貌から、彼がかつて学生チェスチームのキャプテンをしていて、教師たちに臆せず質問を浴びせるタイプの生徒だったのではないかと想像したくなる。事実、ベインズはなかなかの扇動者だ。そして彼は、ケイ素〔ケイ素生物の可能性〕を擁護できる人物である。

ケイ素の擁護

ベインズはケイ素にかけられた嫌疑に、逐一、反論することができる。たしかに一部のシラン類は嫌疑どおり「単調」かもしれないと認めながら、適切な単調さは複雑多様な奇跡を起こしうると主張する。何といっても、あらゆる遺伝的多様性を生み出すもとであるDNA分子自体が、わずか四種類の核酸〔訳注　四種類の塩基と言ってもいい〕からできているのだ。さらにベインズはこう続ける。ケイ素がたった数種の元素としか結合できないという主張は「神話[11]」になっており、多くの宇宙生物学者がそれを信じているが、それは単に化学工学における近年の研究を知らないからである。研究によれば、ある環境（ことに、かなりの低温下）では、ケイ素は多くの元素と安定した結合ができるのだ[12]。

言うまでもなく、何らかの化学物質が安定かどうかは温度に直接左右される。生物が生き続けられるためには、その生化学的状態が十分に安定していて細胞構造がしっかりとしていなくてはならない。ただし、何も動けないほど安定してはいけない——それでは、死んだ状態と言うべきだ。機能する生化学状態は、ジャグラー（いくつものボールやボウリングのピンをお手玉のように投げ続ける芸人）にちょっと似ている。ジャグラーはとにかく投げ続けなくてはいけないので、安定しきるわけにはいかない。といって、不安定になってピンを落としたり、観客の方へ投げてしまったりしてはいけない。観客を楽しませ続けるには、つかみ損ねそうでいて、実際にはけっしてつかみ損ねないことが必要だ。つねに不安定に「近づきつつ」、けっしてその状態に達してはならない。そのあたりが、生命体に似ているのだ。

「ふつうの生物」の有機化学状態は安定しているが、水が液体でいられる温度の範囲内でなら不安定に近づくことができる。極限環境生物では、その温度範囲を超えても不安定に近づくことができる。ケイ素が大きな分子をなかなか作れないのは、それらと同じ温度範囲内では結合力が弱すぎるからだ。けれどももっと低い温度、炭素系化学では反応が停止するしかないような温度でも、ケイ素の化学反応は進行し、弱かった結合力も長い分子鎖を構成できるくらいに強くなる（ちなみに、ウェルズがケイ素でできた生物を温暖な環境に置いてしまったのは間違いだったかもしれない）。同じく興味深いのは、ケイ素は他の元素と結合し、環状構造やかご状構造など、さまざまな分子構造をとりうる点だ(13)。

ベインズは、化学者がケイ素を使って何らかの化合物を作ったことがないからといって、作れないことにはならないし、すでに自然界のどこかで作られていないとも限らない、と述べている。ベインズは「高分子量のシランやシロキサン（ケイ素、酸素、水素、あるいは炭化水素の化合物）がタンパク質や核酸、炭水化物などに類する、きわめて多様で複雑な側鎖をもつ構造をとりえないと考える根拠はない[14]」と言う。

ケイ素は電気エネルギーを捉えたり運んだりできないという嫌疑に対しては、ベインズは半導体に使われるポリシラン（ケイ素を骨格とする化合物）という確固たる反証をあげ、その他のケイ素化合物も同じように効率よくエネルギーを伝達するだろうと論じた。もしも生化学者や生物物理学者がケイ素を中心にした化学ではエネルギーを伝達できないと考えるとしたら、それは単にケイ素化学も有機化学と同じ化学経路を使うと思いこんでいるからにすぎない、とベインズは主張する。ケイ素化学は別の経路を使うに違いなく、ただ、そうした経路がまだ発見されていないだけなのだ。

地球上には明らかにケイ素生物はいない。それについてはベインズにも反論はない。彼によると、われわれの酸素の多い大気中では、ケイ素生化学には出番がなかったのだ。やっかいなのは（それがやっかいだとするなら、だが）、ケイ素はすぐに酸素と結合してしまい、二酸化ケイ素つまり砂になってしまうのだ。ケイ素と酸素の結びつきは強力で、壊れにくい。だから地球上（と内部）のケイ素は大半が、おとぎ話に出てくる囚われの姫みたいに岩石中に閉じこめられており、他の化学反応や生化学反応にあずかることができないのだ。ベインズが言いたいのは、地球上にケイ素生物がいないのが明らかだとしても、それはせいぜい、ここではありそうにないと認める根拠にしかならないということだ。どこか他でもありそうにないと考える根拠にはならない。*

（今一度）生物には何が必要か、それをどこに探すか

では、要約しよう。おそらくすべての生物学者が、化学的性質をもつ生物はエネルギー源を必要とすると考えている。大半の生物学者は、「ふつうの生物」における細胞膜のような働きをする半透性の防御装置も必要だと信じている。さらに、炭素を骨格とする高分子も必要だと信じている。少数の生物学者（ベインズも含まれる）は、この高分子がケイ素を骨格とすることもあると信じている。

この、ほぼ共通認識となった条件で、より広く生物を探すなら、まず除外できる場所がある——といっても、二、三ヶ所にすぎない。宇宙でわかっている領域にある大半の場所で、何らかのエネルギー源が入手可能だ。また、例外はいくつか（たとえば特定の惑星や衛星の不活性な内部）あるが、ほとんどの場所は熱力学的に非平衡な状態にある。半透性の防御装置や高分子を作り出すのに必要とされる複雑な化学状態は太陽系の多くの場所に存在すると思われるし、それ以外の場所に存在しないと考える確たる理由もない。

すでに論じたように、大半の生物学者は化学的性質をもつ生物には液体の媒体が必要だと考えている。ここで初めて、生物探査の対象を絞らせてくれるような制約が生じる。どんな種類であれ液体（水、アンモニア、メタン、その他）が見つかりそうな場所といえば、大気があり、恒星からの距離が卵の殻状の狭い範囲内にあるような軌道をもつ惑星か衛星の表面、あるいは他の手段によって温められている惑星か衛星、小天体などの内部しかない。液体水素をはじめ、さまざまな理由か

らありそうにない液体もあるが、アンモニアなど、大量に存在することがわかっている液体もある。

ベインズは複雑な化学状態を支えうる元素と化合物が液体でいられるような、太陽からの距離を図にしている。彼はそうすることで、生命探査をいかに選択的に進めるかを示すと同時に、奇想天外生物のハビタブル・ゾーン（生命居住可能領域）を広く指定してみせたのである。この領域を、太陽系惑星の軌道図に重ねるのは簡単なことだ。思い出してほしい。従来の図では、「ふつうの生物」のハビタブル・ゾーンは、地球の軌道のすぐ内側から火星の軌道を少し越えたところまでの範囲だった。そして近年ではその従来の範囲に、外惑星（地球より太陽から遠い惑星）がもつ数個の衛星内部のごく狭い領域が加わっていることも思い出してほしい。これらの図に慣れた宇宙生物学者にとって、ベインズの上書きした図はちょっとした驚きをもたらす。それは裏返しの世界地図を目にするような、あるいはゲームの途中でチェス盤をくるりと一八〇度回されたような感じに近い。

内部太陽系惑星（水星、金星、地球、火星）の軌道を、大皿に描かれた四つの同心円だとイメージしてみよう。皿の中心に太陽があり、火星の軌道は皿の縁のすぐ内側にある。「ふつうの生物」にとってのハビタブル・ゾーンを示す従来どおりの幅広い輪は、地球と火星の軌道を覆っている。火星の軌道上には別の輪があり、色が重なって濃くなっている。これは実質的な大気の存在する惑星や衛星の表面で、凍った過酸化水素が溶けるけれども沸騰しないくらいに太陽から温められる範

＊ただし、電波天文学や赤外線天文学で地球からはるか遠く隔たった深宇宙を調べたところ、ケイ素は、ことに酸素や炭素、窒素とくらべると希少であることがわかっている。

囲を示している。この輪に重なって、さらに外側に広がっている輪がもう一つある。これは、惑星や衛星内部で過酸化水素が液体として存在しうる範囲を示している。

では、ぐっとズームアウトして、外部太陽系（火星より外側の太陽系）も大皿にすっぽりと入るように投影してみよう。内部太陽系は今や皿の中央で一円玉にも満たない大きさに縮んでいる。その一円玉の外縁から皿の縁までの間に、重なりあう輪がいくつかある。別の液体の存在する範囲を示す輪だ。内側から順にアンモニア、メタン、エタン、そして縁の近くが液体窒素の存在する範囲を示す輪で、それぞれ重なりあっている。*

これらの液体はみな、「低温」状態にある。「低温」というのは温度が低いことを指すごく一般的な語だが、どの液体も複雑な化学反応が可能な状態であることが明らかになっている。では「生化学反応」はどうなのだろう——もっとずっと複雑で、生物の内部で機能する化学反応も可能なのだろうか。酵素といえばわたしたちは自己組織化と複製を推し進める分子を思い浮かべるが、マイナス一〇〇℃に冷やしたメチオニンとエチレングリコールの溶液中で働くことが知られている。たしかにこうした分子が、生きた細胞を作れるくらいの絶句するほど複雑な構造と化学的システムになるまでにははるかな道のりがあるし、こんな低温ではそのような複雑さは得られないのかもしれない。それでも一握りの科学者たちは、可能性がないわけではないと考えている。彼らは極限環境生物からもたらされた事例に触発されて、きわめて低温の状態でも機能するような異質な生化学（そこには化学反応の経路や触媒も含まれる）を想定しているのだ。そのような化学経路と触媒を用いる生物（単純なものもあれば、それほど単純でないものもある）すら想定している。これらの科学者たちは図らずも、既知の生物と神話的生物の間、つまり「エンサイクロペディア・オブ・ライフ」とマーガレット・ロビンソンの『空想動物事典』との間に存在する生物群をわたしたちに与えてくれた。それこそ、奇想天外生物群である。

＊恒星の周囲にある従来のハビタブル・ゾーンを一般に「ゴルディロックス・ゾーン」と称したことを思い出してほしい。おそらくこのおとぎ話に出てくる金髪の少女は、DNAとアミノ酸とタンパク質からできていただろう。では、どこか小さな衛星の表面にある海の中、あるいは巨大な惑星の雲の中に、別のゴルディロックスたち（少なくともその微生物版）がいて、まったく別の物質でできているとしよう。彼らにとって居住可能な領域は、わたしたちのそれより桁違いに大きい可能性がある。わたしたちの物件（つまり太陽系）を見ても、地球より太陽から遠い外惑星の周りを回る一六〇以上の衛星と四つの準惑星と数えきれない彗星がある。ゴルディロックスの話を語る大半の人たちによれば、この話の教訓は、他人の所有物とプライバシーを尊重することらしい。けれどもここには、もっと深い真実がある。ゴルディロックスがどう考えようと、世界は彼女のために作られたわけではないということだ。奇想天外生物の探査を主張する人たちの言うとおりなら、わたしたちは改めて、しかも想像もしなかった形で、世界はわたしたちのために作られたわけではないことを学ぶだろう。

第5章 奇想天外生物の世界

南極大陸の奥地では、冬になるとふつうに温度計の数値がマイナス七〇℃まで落ちこむ。地球の地表上の最低気温の公式記録はロシアの南極研究施設ボストーク基地で測定されたマイナス八九℃だ。妙な言い草だが、これくらいの低温は、火星のバイキング1号が着地したクリュセ平原の夏の朝としては珍しくない。つまり見方によっては、南極ははるか遠いとも言えるし、火星はさほど遠くないとも言えるのだ。もちろん太陽系には、もっと低温の場所もある。ただしそこに行くには、地球や火星を遠く離れ、太陽が青白く小さく見える木星付近へと、はるばる八億キロメートル近い旅をしなくてはならない。では、しばらくの間、木星そのものにではなく、ガリレオ衛星と呼ばれる木星の衛星のうち、エウロパ、ガニメデ、カリストの三つに注意を向けよう。どれも、一つの世界と呼ぶに値する大きさだ。

ここは寒い。探検家が北極の冬を記した記録や、ふられた恋人が綴る寒々とした心象風景をひもといても、この寒さを言い表わす適当な言葉は見つからないだろう。エウロパの地表温度は、赤道で平均マイナス一六〇℃だ。滑らかな地表は、粉々になった氷に覆われている。氷の地殻は数十メートルないしは数十キロメートルもの厚さで、その下にはほぼ確実に、巨大な暗黒の海が横たわっている。多くの科学者が、この海に熱水噴出孔から暖をとりエネルギーを得ている生物がいるかもしれないと考えている。*

多くの意見によると、エウロパは「地球外生命を宿している可能性がもっとも高い太陽系内の場所」という、かつて火星が占めていた地位をのっとった。じっさい、NASAの科学者たちは、エウロパに生態系があるかどうかは仮説の域を出ないのに、木星探査機ガリレオがいつかエウロパに衝突し、環境を汚染する可能性を心配した。そこで二〇〇三年九月、ガリレオの軌道周回機《オービター》が木星とその衛星の八年間にわたる調査を完了すると、彼らは探査機を時速一七万四〇〇〇キロメートルの速度で木星の大気圏に突入させて、それが何らかの地球上の微生物を運んでいたとしても、確実に高温で焼け死ぬようにしたのだった。

ガリレオが時間切れで任務完了するはるか以前に、エウロパに焦点を合わせた無人探査計画が多数提案された。一つは探査機が衛星の周りを回りながら、氷を透過するレーダーを用いて地表下の地図を作る計画だった。また別の計画では、探査機が氷の地殻に向けて弾丸のような物を発射し、衝突で巻き上がった飛散物の中を飛んで、それを分析することになっていた。さらに、これがもっとも野心的なのだが、着陸機《ランダー》が氷に穴をあけるか溶かすかして下にある暗黒の海に達したら、自立型潜水艇を放出し、深海を航海しつつ生命を探査するというものだ。現在のところは複数の研究チームが、NASAの近年縮小された予算内にとどまるように、規模を小さくしたエウロパのオービターを提案しようと準備中である。また、ヨーロッパ版NASAともいうべき欧州宇宙機関（ESA）は、自分たちで単独調査計画を進めている。(1)

その間、宇宙生物学者はエウロパに生物がいるという仮説で済ます以外にない。ここでむずかしいのは、これらの仮説が未知のことに基づいている点だ。氷の地殻の厚さにせよ、あるとされる海の深さ、入手可能なエネルギー源、さらに言うまでもなく水の化学的性質なども、まったくわかっていない。水については、水とアンモニアの混合物だろうと推測する者たちがいる。(2)十分な濃度のアンモニア（たとえば三〇とか四〇％）は、どんな「ふつうの生物」のDNAも変性させてしまうくらいに高いpHの値になる。ウィリアム・ベインズは、このような環境ではどんな地球上の生物の細胞にとっても、細胞内部のpHバランスを維持するのに必要な化学反応を起こすエネルギーがないと主張する。このような海中に生息する生物には「アンモニアと結合した」生化学が必要で、

＊この海のモデルとして考えられるのは、南極のボストーク湖だろう。この湖はオンタリオ湖くらいの水量をたたえ、厚さが三キロメートルを超える氷の下にある。おそらく一〇〇万年ほど前にできたのだろうが、この水が地球上の他の水から隔離されたのはもっとずっと昔にさかのぼるかもしれない。本書の出版までに、ロシアの科学者たちは（意図せず湖を汚染しかねないという懸念から、かなり物議をかもしている点を考慮しつつ）ここの水を採取しているはずだ［訳注　二〇一二年、掘削はボストーク湖に達し、そのすぐ上の氷からは生命の痕跡が見つかった。まだ水は採取されていない］。

すると今まで知られている生物とは似ても似つかないものになるだろうと言う[3]。

一方、エウロパの生物は「ふつうの生物」にかなり似ているだろうと考える者もいる。ガリレオ探査計画の科学者たちは、エウロパの近くで木星の磁場が変動することを突き止め、エウロパの海水は伝導性が高いのではないかと考えている。NASAジェット推進研究所の惑星科学者ケヴィン・ハンドは、その海が塩類（おもに硫酸マグネシウム）の飽和状態にあると考える一人だ。ハンドは「地球の好塩性微生物には、そのような海に生息できるものがいる[4]」と言う。じっさい、すでにそこに地球上の好塩性微生物がいる可能性もある。メキシコ国立自治大学のある研究チームが行なった一連のコンピュータシミュレーションでは、地球に隕石が衝突すると、衝撃によって岩石の破片が十分な速度で飛び散って、ついには木星（エウロパそのものではないが、かなり近くにある）に達する軌道に乗る可能性があるという[5]。数章前に述べたように、ある種の微生物にはこのような旅を生き延びる能力がある。ということは、次のような可能性も――かなり小さな可能性であることは強調すべきだが――ないとは言えない。つまり、エウロパの生物はただ「ふつうの生物」に似ているのではなく、まぎれもない「ふつうの生物」そのものである可能性だ。

エウロパとその姉妹である衛星は、いずれも直径が数千キロメートルあり、小さな惑星ほどの大きさだ。かつて、これよりずっと小さい天体は潮汐加熱の影響もあまりなく、液体の水を保持できないだろうと考えられていた。そのような例がエンケラドゥスと呼ばれる土星の衛星だ。これは小さな（直径五〇〇メートルの）雪の玉で、『星の王子さま』から飛び出してきたような天体だ。二〇〇五年に土星探査機カッシーニがこの衛星の映像を地球に送ってきたとき、水の氷やアンモニアの結晶が旋回しながら真空に吹き上がる間欠泉が映っていて、探査計画の科学者はもっともながら唖然としたのだった――間欠泉がどんな内部の力によるのかは推量するしかなかった。この発見以降、惑星科学者たちはエンケラドゥスにも潮汐加熱があり、長期間存在する亀裂と空洞に有機分子や窒素、無機塩類を含んだ液体の水がたたえられていて、そこから間欠泉が吹き上がるのではないかと推測している。そのような場所では、生物が心地よく住めるだろうし、それはエウロパの海にいるかもしれない生物同様、地球の極限環境生物のどれかに似ているかもしれない。

エンケラドゥスには亀裂と空洞以外にも生物の住めそうなところがある。二〇一一年、カッシーニ計画の一員である科学者ジョン・スペンサーは「じつは、海があるのではないかと思います」[6]と記者に語った。業務の一環として「じつは、海があるのではないかと思います」といった発言ができるのだから、一二億キロメートルという距離は探査機を送りこむ距離としてはたいしたことはないのだと思えるかもしれない。けれども、わたしたちが知っているような微生物を見つけに行くには、遠すぎはしないだろうか。一部の宇宙生物学者もそう思っている。エウロパもエンケラドゥスも間違いなく好奇心をくすぐる。けれどももし、もっと異なる生物（たとえば溶媒に液体メタンを使うといった生物）の方を探したいと思うなら、他の場所に目を向けるのがいいだろう――ことに、ある一つの場所に。

奇想天外生物のいる世界

十七世紀、クリスティアン・ホイヘンスというオランダ人自然哲学者が運動と重力の研究に貢献し、光の波動説を提唱したり、振り子時計を発明したりもした。彼はまた数種類の新型望遠鏡を設計し、それらで長時間の観測を行ない、当時もっとも優れた観測天文学者との評判を得た。ホイヘンスは「見たこと」と「見たと思うこと」を混同しないよう心がけていた（月に人工建造物が見えたというヨハネス・ケプラーの主張を「おとぎ話」と切り捨てた）が、地球外生命に対して偏見はなかった。一六九八年に『コスモテオロス（天界世界の発見、あるいは諸惑星の住民、植物、生産物に関する考察）』という優雅な表題で出版された本には、生命の存在する世界が一つでもあるなら、他にもないとは言えない、というホイヘンスの主張が書かれている。実のところホイヘンスは、奇想天外生物の存在をいち早く唱えた人物と目されてもいいような言葉を残している。月には明らかに大気と水がないのだから、そこにいる生物は必ずやわれわれの知る生物とかなり違うはずである、と彼は主張したのだった。

ホイヘンスは一六五六年に著した論文の中で、土星の周りを回る衛星を発見したと公表した。その三年後に出版された『土星の体系』で、その衛星の公転周期を一六日にわずかに欠けると記述したが、これはのちの観測によって得られた数値にかなり近い。ホイヘンスはその衛星を「わが月」と呼ぶようになり、他の天文学者たちもそれに敬意を表し「ホイヘンスの月」と呼んだ。十九世紀末にイギリス人天文学者ウィリアム・ハーシェルの提案にしたがい、大半の天文学者がタイタンと

土星の輪越しに見えるタイタン　この写真ではタイタンの大気が霞のようにはっきりと捉えられている。タイタンは土星の輪の背後に見えている。土星がもつ62の衛星の、もう一つの衛星であるエピメテウスが輪のすぐ上に見える。（提供　NASA／JPL／国際宇宙科学協会）

呼ぶようになるまで、この慣習は続けられた。

タイタンは衛星としては大型で、およそ水星くらいの大きさがあった。それから三世紀の間、タイタンについてはそれ以外、ほとんどわからないままだった。最高に優れた望遠鏡を使っても、天文学者に見えるのはこれといった特徴のない赤い天体であり、地表は分厚く不透明な大気に覆われ、見ることができなかった。一九五〇年代になって大気中にメタンが存在することがわかった。これを炭化水素の海がある証拠と考える者もいた。一九九〇年代には、タイタンの表面から跳ね返って戻ってきたレーダー信号によって、陸地もあれば海か大きな湖もあるらしいと考えられるようになった。一九九〇年代半ばにハッブル宇宙望遠鏡によって近赤外線カメラによる地表の画像が得られ、明るい部分と暗い部分があるのが明らかになった。とはいえ、この明暗が実際に何なのかはわからず、タイタンの表面は謎のままとなった。

一九九七年にNASAは欧州宇宙機関（ESA）、イタリア宇宙機関などとともにこの問題に取り組み、（土星の輪の発見者の名にちなんで）カッシーニと名づけた土星探査機を打ち上げた。これにはホイヘンスと名づけた着陸機《ランダー》が搭載されており、タイタンに着陸する予定だった。ホイヘンスは技術の粋を集めたランダーだったが、外観はあまりぱっとしない。巨大なパイ皿を逆さまにしたように見える。じつはこのデザインは、これが設計者たちの理解の及ばない目的に合わせて作られたことを率直に物語っているのだ。タイタンの表面を見た者は誰もいない。このランダーが堅い（つまり凍結した）陸地に着地するのか、あるいは湖や海、あるいはメタンのぬかるみに着地することになるのか、わからなかったのだ。したがってホイヘンスは、岩や氷に激突しても耐えられるように設計されることになった。なおかつ、水に浮くようにも設計されたのだ。

二〇〇四年のクリスマスイブにカッシーニは土星をめぐる軌道上からホイヘンスを放出した。三週間後、ホイヘンスは小型補助エンジンを点火しタイタンの大気圏に突入、大きな弧を描きつつ落下していった。一時間四〇分にわたり、ホイヘンスのカメラは三五〇〇枚の写真を撮影した。すぐに写真はモザイク状に並べられ、連続した映像に組み立てられた。こうして、降下する間にランダーから見える光景の一部始終が、人類史上に残された探検のどれにも勝るとも劣らぬ探検の記録として残されることになったのだった。ピンピンピロロロという音付き画像がネット上に公開されていて、見たい人は誰でも見ることができる。* 映像はホイヘンスがタイタンの大気の縁に近づくところから始まる。やがて衛星が、とくにこれといって特徴のない赤い球体として見えてくる。すぐに着陸機から耐熱シールドが投げ捨てられ、パラシュートが開いて落下速度がゆっくりになる。四〇分経ったところで、タイタンに大きな染みのようなものが浮かび上がってくる。画面に入る光が増えるとピンピンという音も速まって、染みはやがて荒れ地やごつごつした丘、涸れ谷といった、地球上の山がちな砂漠の一部にもありそうな景観になる。峡谷らしきものが現れ、複雑な水路網がうがたれた、ちょうど手の指を広げたような形のでこぼこした山脈が、しばらくの間、映し出される。そして突如、静止画像になる。手前にまるい、埃だらけの氷の欠片がいくつも転がっており、その向こうには平原が地平まで続いている。上空に広がるのは、もやのかかった赤い空だ。

ホイヘンスはバッテリーが停止するまでの一時間一〇分の間に予備調査を行なった。装置によりメタンが検出された。おそらくランダーが着地した部分の氷が熱せられ、あたりの大気中に昇華したメタンだろう。その間、カッシーニはレーダーと近赤外線カメラを使って衛星表面の地図を作製し始めた。地図作製はその後、数年間にわたり続けられた。表面の大部分は凍った水で、花崗岩なみの堅さだった。赤道付近は砂丘が広がっているが、シリカ（ケイ素）の砂ではなく、コーヒー豆を挽いたような質感の謎の有機物でできていた。砂丘は数百キロメートルにわたって続いており、レーダーによっていくつかの砂丘は高さが一五〇メートルに及ぶことがわかった。他の場所に大きな楯状火山が見つかっている。これらは、氷の地殻の地下四八〇キロメートルにある海から上に押し上げられ放出された「低温マグマ」（水とアンモニアの氷が溶けてどろどろになったもの）によ

＊ www.nasa.gov/mission_pages/cassini/multimedia/pia08117.html

ってできたものだ。はるか南には水路に削られた広大な峡谷の連なりが、また北方の緯度ではさらに多くの水路があり、涸れたものもあるが、いくつかは涸れていない可能性もある。同緯度に液体メタンと液体エタンでできた湖があり、中の一つはオンタリオ湖くらいに大きい。これらは地球以外の天体地表に存在することがわかっている唯一の液体となった（現在もである）。

他でもない、液体が地表の形を作り出し今も継続中だからこそ、タイタンはその極端な低温にもかかわらず、太陽系のすべての惑星・衛星のうちもっとも地球に似ているのだ。もしもわたしたちがタイタンの風景に身を置いて、たとえば北部の湖畔をそぞろ歩いたとすると、わたしたちはすぐさま、その風景が奇妙で、しかもなつかしいと気づくだろう。岸辺の小石に波が泡立ちながらやさしく打ち寄せ、大きな湾をかこむ岸辺は、どちらを見ても背の低い荒涼とした丘の連なりに縁取られている。すべては薄明かりの射す赤い空の下に、居心地悪そうに広がっている。わたしたちは自分が地球上のどこかひどく殺風景で岩がごつごつした海岸にいて、夜の嵐が過ぎ去ったところに居合わせたと思うかもしれない。もちろん、もうしばらくそこにいれば、昼間でも空は薄明るくなるだけだとわかるだろうし、岸辺をもっとよく見れば、小石と思ったのは水が固まってできた氷で、打ち寄せる波はメタンとエタンだとわかるだろう。

タイタンの生物

全米研究評議会（ＮＲＣ）報告書『惑星系における有機生命の限界』の執筆者たちはタイタンに

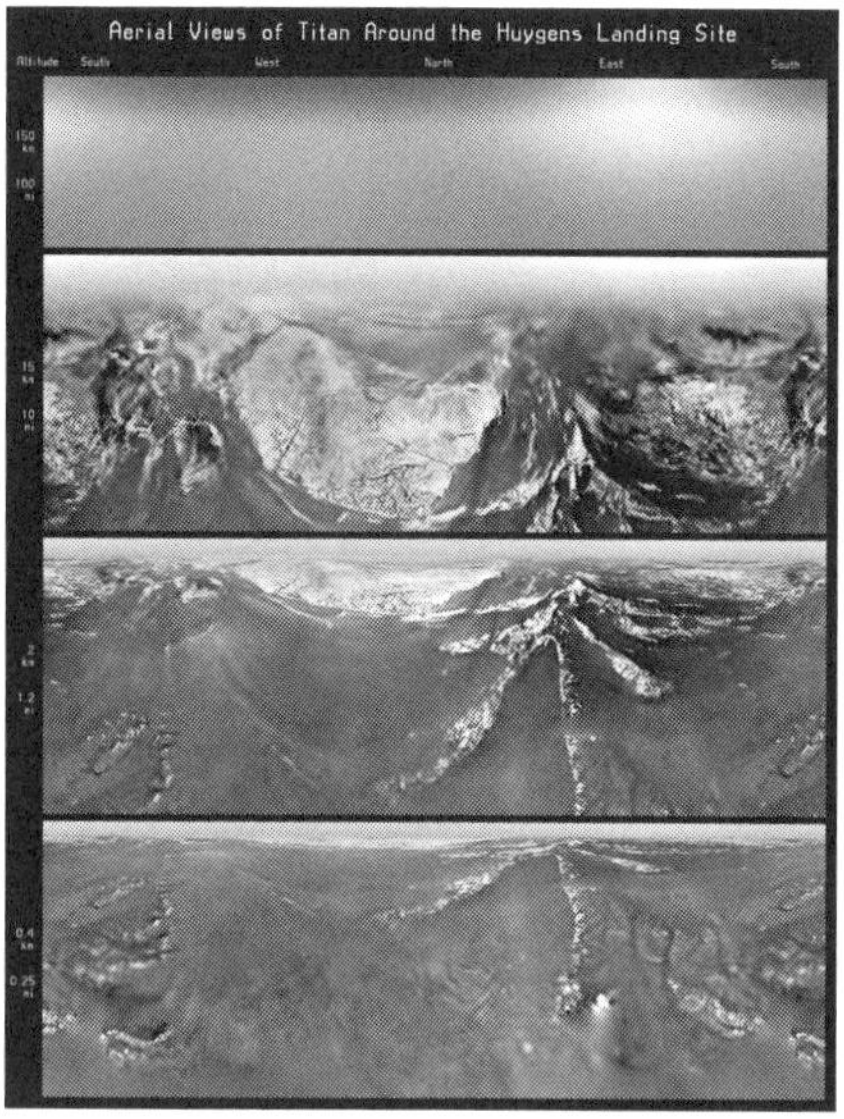

タイタン接近　欧州宇宙機関（ESA）のホイヘンス小型着陸機に搭載された降下カメラ／スペクトル放射計によって捉えられた4つの高度からの映像。（提供　ESA／NASA／JPL／アリゾナ大学）

タイタンの北極地方にある炭化水素の海　黒く見える部分は、大量の液体炭化水素であると信じられている。（提供　NASA／JPL／アメリカ地質調査所USGS）

並々ならぬ関心を寄せている。その大気が、熱力学的非平衡の状態にあったのだ。地表の温度は地球や火星の標準からすれば低温だが、化学反応ができなくなるほどではない。ホイヘンスが着地した周辺には炭素を含む多くの化合物が存在していた。しかも生命が誕生しうる媒体である溶媒が、地表に一つどころか二つあった。液体メタンと、水とアンモニアの氷が溶けた泥だ。これらの発見によって報告書の執筆者たちは、タイタンのおかげで生命と化学の関係が解明できるかもしれないと気づいたのだ。タイタンを、実現可能なもっとも深遠な生命科学の実験における「コントロール」（実験結果を比較するための基準）になるものとして思い描きつつ、執筆者たちは驚くほどシンプルな仮説を立てた。これが検証されれば、生命と化学の関係は確実に解明されることになるだろう。その仮説とは、「もし生命現象が化学反応という現象に本来備わった性質であるなら、タイタンには生物が存在するはずだ[7]」である。しかし、それはどのような生物なのだろう。

探査機カッシーニが土星の軌道上に乗る一年前、スティーヴン・ベンナーと数人の同僚たちが、タイタンではメタンのような液体炭化水素の液体がバイオソルベント（生命現象につながる化学反応を可能にし、促進する溶媒）の役を果たすだろうという推測を提示していた[8]。すぐに二つの科学者チームがその考えを取り上げた。一つはNASAのエイムズ研究センターのクリス・マッケイとフランスのストラスブールにある国際宇宙大学のヘザー・スミスのチームだ。もう一つは、デュルク・シュルツェ－マクッフ（先に登場した、過酸化水素を飲む火星生物の仮説を立てた人物）とデイヴィッド・グリンスプーンという宇宙生物学者たちのチームだ。どちらのチームも、メタン生成生物が利用できるエネルギーがタイタンの大気中にどれだけあるかを計算し、同じ結論を得た。タイタンでは水素が、地球上の生命現象における酸素の役割を果たすだろうというものだ。[9] 地球上の生物は、酸素と有機物の化学反応から得られるエネルギーを使って代謝を行ない、排泄物として二酸化炭素と水を出す。タイタンの生物は、水素と有機物の化学反応から得られるエネルギーを使って代謝を行ない、排泄物としてメタンを出す、と彼らは考えた。

マッケイとスミスは同僚たちに、この仮説を検証する方法として化学的非平衡を探すことを助言した。まさしくジェームズ・ラヴロックが半世紀ほど前に火星の生物を探す際に提唱した方法である。もしもタイタンの大気が平衡状態なら、ある種の化学物質（ことに三種類）がかなり多量に見つかると予想される。まず衛星の全表面を数メートルの厚みで覆い尽くすに足る大量のエタンがあるだろう。またアセチレン（太陽光の紫外線が引き金となって起きる反応で作られる）がカッシーニの計器で検出できるくらい大量にあるだろう。そして水素が（紫外線が引き金となって起きる反応で常時作り出され、いくらかは大気中を上昇して宇宙空間に漏れ出たり、地表に向かって沈下するが）大量にあるはずだ。マッケイとスミスは、カッシーニ・ホイヘンス計画の科学者たちによってこれらの化学物質の欠如――論文の表現によれば「衛星表面のアセチレンとエタン、さらに水素の変則的消耗[10]」――が明らかになったら、それは生物がいる証拠だという仮説を出した。もちろん、それはきわめて特殊な種類の――エタンとアセチレンと水素を吸収し、メタンを排泄する――生物だろう。

続く数年間でカッシーニとホイヘンスから得られたデータが解析された。エタンとアセチレンを同定するいくつかの試みがあったが、どちらもまったく見つからなかった。二〇一〇年、タイタンの大気をコンピュータでシミュレーションしたところ、水素は表面付近にたまっておらず、かなりの確率で表面に吸いこまれていくらしいという結果になった(11)。あらゆる証拠が、タイタンの大気が非平衡状態にあることを示唆している。もちろん、水素が消滅するというシミュレーションは誤りかもしれないし、『ニューサイエンティスト』のインタビューでもマッケイは、適切にも慎重に、自分たちが今手にしているのは少なくとも「とても異例で説明のつかない化学状態(12)」だと認めるにとどめている。

かつてラヴロックは、天体の小さな孤立した場所だけに生物がいて、それ以外の場所にはいないという状態は、生命の誕生直後とか絶滅する寸前とかの短期間のことでない限り、ありそうにないと語った。生物が生息している場合、大半は惑星なり衛星なりに広く分布しているだろうというのだ。したがって地球以外の世界を見渡せば、そこには二種類の世界があるだけだ。生物のいない不毛の世界か生物であふれかえっている世界である。地球は、もちろん後者に入る。すでに見たとおり、液体の水のあるところなら、ほぼどこにでも生物がいる。マッケイとスミスはタイタンではメタンが水の代わりをすると類推した。タイタンにはいたるところにその化学物質がある（ホイヘンスの着陸地点はメタンで湿っていたし、大気中にはメタン窒素の雲が浮かび、そこから地表にメタンの雨が降る。そして北半球にはメタン湖が点在する）ので、もしもメタン生成生物がいるなら、その数は大量で広範囲に分布しているだろうと彼らは予言した。

その後カッシーニはもともとの四年間のミッションに加え、「延長」ミッションも終えている。今は二度目の延長ミッションで土星系を探査しており、二〇一七年九月まで継続予定だ。* 今のところ、非常に独創的な装置を使って遠隔操作でタイタンを調べようという計画案がいくつかある。一つはどちらかと言うとホイヘンス計画の再現だが、対象を北方の湖ないしは湖岸の一つに絞る案だ。しかしタイタンは、従来のローバーとはまったく異なる移動手段で探検してみたくなる世界である。そこで別の案では、軌道をめぐる探査機に、地表を探査する小型機《プローブ》と（この上なく野心的な）気球がセットにされている。気球には、科学者が向かわせたいと思うところへどこへでも飛んでいけるように、ヘリコプターの回転翼がついているのだ。[13] タイタンを探査したいと考える人たちは、とくに湖に興味をもっている。そこでもう一つの案ではボートを使う。具体的には皿形の探査機で、湖の一つに向かってパラシュートで落ちていって、ぱしゃんと着水することができ、風と水の流れによって漂流し、温度やメタン湿度を計測すると同時に、湖岸の映像を撮影するのである。[14]

＊二〇〇九年二月にＮＡＳＡと欧州宇宙機関（ＥＳＡ）の事務局は木星とその最大の四つの衛星の探査に関する研究を継続し、タイタンの探査を計画することで合意した。ＮＡＳＡとＥＳＡはともに、まずは技術的に見てもっとも実行可能な木星探査をしようと考えていたが、ＥＳＡの太陽系探査作業部会がどちらの探査計画も実行する価値があると勧告し、ＮＡＳＡも同意した。しかしながら二〇一二年初めの予算カットにより、ＮＡＳＡはどちらの探査計画も中断せざるを得なくなった。ＥＳＡは現在独自に計画を進めており、別の木星探査計画を練っている。

ホット・ジュピターと海の惑星

一九九二年、天文学者により、太陽系外で初めて惑星サイズの天体が二つ発見された。それらは超新星爆発をした恒星の残骸の周りを回っていた。その残骸とは、中性子でできたごく小さな天体で、一秒に数千回というすさまじい速度で自転しながら、宇宙空間に電磁波を放出している。超新星爆発の想像を絶する衝撃に惑星が耐えて生き残るとは誰も考えたことがなかったし、この二つの天体（のちに三つ目が見つかった）がどういうものか、誰にもわからなかった（じつは今でもわからない）。大気がはぎ取られてしまった太陽系外の木星型惑星の中心核、あるいは伴星の残骸、あるいはもっと別のものかもしれない。

まもなく惑星科学者は恒星についても、よりなじみのある、だがおそらくより画期的な現象を確認することになった。一九九五年、わたしたちの太陽のような恒星を周回する天体があるという証拠が発見されたのである。誰が定義しようと、その天体は惑星であり、惑星が恒星を周回する際に恒星に生じる、微小ながら観測可能な「ふらつき」が検出されることで発見された。「ふらつき検出」法は信頼に足ることがわかり、すぐさま、さらに多くの惑星の発見につながった。ただし、この方法は大きな惑星によって生まれる大きなゆらぎを検出するのにもっとも適していたので、もとから結果には偏りがあった。これらの大きな惑星を天文学者は「ホット・ジュピター」と呼んだ。ホット（熱い）というのは、これらの惑星と恒星との距離が、わたしたちの太陽と水星の距離よりも短いからで、ジュピター（木星）というのは、最低でも木星なみの大きさがあるからだ。

一九九〇年代には機器も技術も改良され、より大きな軌道をめぐる、より小さな惑星が発見された。発見の頻度はうなぎ上りで、二十一世紀になって数年間は、ほぼ二週間に一つの天体が新たに見つかるほどだった。「初の〇〇惑星」も定期的に見つかった——初の二つの連星の周りを公転する惑星、初の赤色矮星を周回する惑星、初の海王星級の大きな惑星など。本書が出版される頃には科学者たちはほぼ八〇〇の惑星を確認し、いくつかは赤外線で撮影されていることだろう。これらの惑星のほんの一握りだけが、地球から見て、親星である恒星の前を通過するような軌道を周回している。すると、仮に現存するどの望遠鏡よりも強力な望遠鏡があれば、その惑星が恒星と地球の間に来て三つが一直線に並んだとき、その惑星は、大気があれば周囲に明るい輪が見え、大気がなければ黒っぽい球体に見えるはずだ。現在の望遠鏡でも、天文学者たちは分光分析によってこうした大気の解析ができる。その結果、（とりわけ）ナトリウムと水蒸気とメタンが含まれていることがわかった。

けれども大半の惑星は、親星である恒星と天文学者ないしは彼らの観測機器の間をわざわざ横切ってくれるほど協力的ではない。大気の化学成分や他のことについて知りたいときは、惑星形成の精巧なモデルに頼ることになる。そのようなあるモデルによると、海王星のような中心部の核が分厚い水の氷に覆われた惑星は、氷が溶けるくらいに親星に近い軌道に引きこまれた場合、惑星全体が数十から数百メートルの深さの海に覆われ、最深部の海底は、地球のように堆積物や玄武岩、冷え固まった溶岩ではなく、高圧下で形成された特殊な氷の層になるらしい。そのような惑星も大半の惑星と同様に、隕石が（ということは一定量の金属やケイ酸塩が）常時降りかかっているはずだが、多くの惑星科学者はそれでは生化学はおろか、複雑な化学状態も支えることはできないだろうと考えている。それらの巨大な海は純粋――つまり不毛であるらしい。

惑星形成のモデルの中には、もっと地球に似た天体になるものもあり、そこでは地表かその近くに十分な水があり、ケイ酸塩や金属のマントル（生化学に必要な成分）をもつことになる。そのような天体の探求こそ、ＮＡＳＡのケプラー宇宙望遠鏡の任務である。

ケプラーの新世界

惑星科学者たちは今や、地球型惑星はわたしたちの銀河ではかなりありふれた存在なのではないかと考えている（もっともある仮説では、その分布は「銀河内のハビタブル・ゾーン」に限られるという）。じっさい、宇宙のある部分ではすでに大量にそのような天体が確認されている。それははくちょう座とこと座の間に位置する小空間で、晴れた夏の夜空を見上げれば、北半球ならどこからでも見ることができる。これがケプラー宇宙望遠鏡によって観測されている領域（ケプラー・フィールド）で、ケプラーの測光器は、ある恒星がわずかに暗くなったり明るくなったりするのを検知できる。暗くなったり明るくなったりしたのは、恒星の手前を惑星が通り過ぎたからかもしれない。天文学者はそれを「通過《トランジット》」と呼ぶ。ケプラーミッションの決まりでは、三回のトランジットが観測されて初めて一つの惑星発見と確定する。二〇一二年二月現在、ケプラーミッションの科学者たちは二三二一個の新たな惑星候補を同定し、そのうち四六個はそれぞれの親星の（奇想天外生物版でなく、従来型の）ハビタブル・ゾーン内に軌道をもつ。

　ケプラー・フィールドには何百万もの恒星がある。実質的に時間と予算に限りがあるので、ケプラーミッションの科学者たちはすべてについてトランジットを探すわけにはいかないが、およそ一四万五〇〇〇個についてはは探すことができる。さまざまな理由から、わたしたちの太陽が属するクラスの恒星、つまりおよそ一〇〇億年は安定して燃え続ける恒星に的を絞っているのだ。この選択に、生命は長期間安定したエネルギー源を必要とすると考えている天文学者たちは満足している。最初に地球に生命が誕生したのは三五～三八億年前（誕生可能になって、ほぼすぐ）だが、核をもつ複雑な細胞が誕生したのはわずか二〇億年前だし、多細胞生物（複雑な生物）はわずか一〇億年前である。地球上で複雑な生物が生存を確立するのに三〇億年近くが必要だったのだが、太陽の温度が上がることを考えると、それ以上長い時間をかけるわけにはいかなかったはずだと思われる。太陽の温度は上昇し続けている。あと一〇億年すると、現時点の一〇%増しの温度になって、地球上の海は干上がり、地表は焼かれ、わたしたちの知る生物が生きられない環境になるだろう(15)。

　すると地球上の複雑な生物が生存確立できる期間は五〇億年前後だが、うまい具合にその期間内で目的を果たし、それも生命死滅までほぼ二〇億年も余裕ができたのだった。けれども理論物理学者のブランドン・カーターが考えるように、わたしたちは特殊な例で、複雑な生物が出現するのに平均して五〇億年より長くかかる可能性だってあるだろう(16)。カーターの言うとおりであれば、太陽クラスの恒星を周回する惑星に生命が存在する確率は、かなり低い。

別のタイタン

惑星科学者ジョナサン・ルニーンの見解によると、天文学者が赤色矮星と呼ぶ、もっと小さくて温度の低い恒星も安定している——それも、はるかにずっと、だ。赤色矮星における核反応は大きな恒星よりはるかに緩慢なので、何兆年にもわたって燃え続けるだろう。そこでルニーンは、赤色矮星の周りを回る惑星の方が、生命が誕生する時間も生存できる時間もはるかにたっぷりあると言う。ただしそういう生物は（わたしたちの知っている生物に似ているなら）苦難に遭うだろう。赤色矮星の燃える温度は低いので、それを周回する惑星の地表に液体の水が存在するためには、惑星は地球と太陽の距離より一〇倍も恒星に近い位置にいなくてはならない。それほどの近距離では、惑星は強力なフレアや恒星風にさらされるし、さらに悪いことには「潮汐固定」が生じる。つまり自転と公転が同期することになって、日光を受ける側は永久に日に灼かれ、暗黒の側は永遠に凍ったままになってしまうのだ。

たしかに、両半球の境目で薄明かりの射す領域には液体の水が存在するかもしれないし、生物も生存できるかもしれない。また科学者のモデルによると、十分な密度の大気があると気温は緩和されるらしく、惑星のいくつかにはそのような大気があるかもしれないという。しかしルニーンは、大半が生命の存在しない不毛の地ではないかと考えている。ただし彼は、天文学者が赤色矮星系で「地球のような軌道をめぐる惑星は居住不可能」と考えて、それを敬遠しているわけではないと信じてもいる。なので、この星系に穏やかな惑星を見つけたいなら、恒星から太陽と地球の距離くらい隔たった（およそ一億五〇〇〇万キロメートル離れた）軌道を調べるようにと彼は勧めるだろう。それだけ距離が離れていれば、ほとんどのフレアや恒星風の威力は大幅に軽減する。さらに、そんな遠くをめぐる惑星には潮汐固定も生じないだろうから、地表全体の温度が緩和されるだろう。

もちろん地表に水があれば凍っているだろうし、アンモニアも同様だ。じっさい、このような惑星はタイタンなみに寒冷だろう。けれどもすでに見てきたように、タイタンの環境は、ある種の生物を宿しうる。そして赤色矮星は太陽型の恒星よりはるかに数が多く、その比率は少なくとも一対一〇、あるいは一対一〇〇くらいかもしれないので、銀河系には「地球」よりはるかにたくさんの「タイタン」がある。もしもそれらの天体が生命に適しているなら、マッケイとスミスの仮説による生物は、「ふつうの生物」よりはるかにふつうに見られるだろう。その場合、とにかく数の観点から言えば、地球上の生物の方が奇想天外な生物かもしれない。

そしてさらに寒い世界

では太陽系に戻ろう。ただし今度は太陽から四〇億キロメートル以上離れたもっとも外側の惑星、海王星の軌道へと乗りこむのだ。そこからは、太陽は明るく輝く星にしか見えない。わたしたちが目指すのは、海王星の最大の衛星トリトンだ。トリトンのもっとも詳細な画像は、ボイジャー2号が一九八九年に接近通過《フライバイ》したときのもので、この衛星の大気はこの上なく薄い窒素しかないので、地形が鮮明に見てとれた。そこにはクレーターや衝突盆地と雪に覆われた広大な平野があった。地

海王星の衛星トリトン　低温における仮説上の生化学が存在するかもしれない場所とされる。この画像では比較的新しい窒素が着霜した部分、「カンタロープ」部分、明らかに衛星内部から噴出した液体が表面で凍結してできた景観（黒い筋）が見られる。（提供　NASA／JPL／USGS）

表の三分の一は大昔に溶け、再凍結して何千というまるいくぼみができた、どう見てもカンタロープ〔訳注　イボメロンとも呼ばれるマスクメロンの一種〕の霜降り模様の皮に見える区域だ。一部は水の氷だが、大半は化学者なら「風変わりな」と言いそうなタイプの（二酸化炭素とメタンと窒素の）氷で、あなたやわたしなら「ものすごく冷たい」と言うだろう。トリトンのふつうの日の真昼の気温はマイナス二三五℃。絶対零度より三八℃高いと言った方がその寒さがよく伝わるだろう。絶対零度とは、極寒がきわまって硬直状態になり、すべての分子運動が停止する温度である。それでもトリトンに液体が、しかも地表近くにあるらしいという証拠がある。

　ボイジャーはトリトン表面に数本の長くて黒っぽい筋が平行についている様子を撮

影した。それが何かは謎だが、多くの惑星地質学者たちは間欠泉の噴出によってつけられたものではないかという。その推理はこうだ。衛星の表面には透き通った窒素の氷の部分がある。その下にはさらに窒素の氷が、有機物と混じりあって存在する。遠い太陽からの弱い光を浴びて、表面の透明な氷は温室のガラスのような働きをする。ただし、この温室がひどく寒いことは念を押しておかなくてはならないが。一気圧のもとでは、窒素が溶けるのは絶対零度より六三℃高い温度でだし、沸騰するのは絶対零度より七七℃高い温度である。透明な氷の下で凍っていた窒素は溶けて、ごぼごぼ、ちょろちょろと流れ出し、付近の有機物と混じりあう。遅かれ早かれ窒素は沸騰して、表面の氷を突き抜け、有機物もろとも、荒々しく噴出する。トリトンでは重力が小さいので、数キロメートルの高さまで吹き上がって風にのり、地表に落下するまでにかなりの距離を運ばれる。こうして落下したところが黒っぽい筋になる、というのである。

トリトンの地質と地下の化学成分については、わかっていることも推測しうることもほとんどないが、そのなけなしの情報に基づいて、ウィリアム・ベインズはシラノールやシランといったケイ素化合物がからむ複雑な化学状態が、液体窒素中で反応したり、トリトンの中心部の核からの熱を受けて促進されたりして、何らかの生化学状態（ある化学状態を作り出し、フィードバックするメカニズムによってそれを維持するシステム）を生み出すお膳立てをするかもしれないと推測している。[17]

シンカー、フローター、ハンター

ここまで取り上げてきた仮想生物の用いる媒体は液体だった——覚えておいでだろうか、これは物質の「典型的」な状態と呼ばれる三態の一つだ。物質には非典型的な状態がいくつかあり、多くの科学者がそれらを使う生物を想定している。このような生物の生息域を見つけに、進路変更して反対に太陽に向かい、太陽系の内側、より温度の高い場所を目指すことにしよう。手始めは金星だ。

金星の表面は溶鉱炉のごとく四六〇℃を超す高温で灼かれ、高密度の二酸化炭素でできた大気の下で、地球の海面における大気圧の九〇倍もの気圧を受けている。一九六〇年代と一九七〇年代にソ連は一〇体の小型探査機《プローブ》にパラシュートをつけて金星表面に投下した。どれも潜水球《バチスフィア》のような作りだったが、一時間以上機能したのは二、三体にすぎなかった。それ以上にうまく生き延びる生物は考えにくい。しかし地表から四〇〜七〇キロメートル上空ではかなり事情が異なってくる。そこでの大気圧は、地球の海面における大気圧の半分しかなく、温度は平均三七℃で、熱帯地方のあるあたたかな日にありそうな程度だ。このくらいの高度には、気体中に浮遊する液体の粒子が大量に存在する——この非典型的な状態を化学者は「エアロゾル」と呼び、わたしたちは雲と呼ぶ。

もしも金星の雲の中に生物がいるという考えが、どうも雲の下の方に理性を落っことしてきたような馬鹿げたものに思われるなら、地球の大気中の積雲や層雲にかなりのバクテリアや藻類、菌類がいることを考えてほしい。バクテリアは雲の中でかなりの長期間生存するが、それは（言うまでもなく）水があることと、大半の雲に相当量の窒素と硫黄、さまざまな有機酸など、バクテリアの養分になる化合物が含まれているからだ。実際に多くのバクテリアがそれらを食べているらしい。フランスの気象観測所が採取した雲の試料には七一系統ものバクテリアが生息していたことがわかっている。多くは海洋性だった。おそらく波が砕け散ったり泡立ったりしたときに大気中に押し出され、風に運ばれて上空まで来たのだろう[18]。

さまざまな微生物がさらなる上空に到達している。一九七八年に試料採取装置を搭載した気象ロケットによって、高度五〇～一〇〇キロメートルにある中間圏（大気の層のうち、成層圏より上にある層）からバクテリアが発見された（比較のために言えば、民間機が飛ぶのは高度一〇とか一二キロメートルである。ちなみに国際航空連盟という、航空・宇宙航空に関する国際規定を定め、記録を保管する団体は、地球の大気圏と宇宙空間との境界を高度一〇〇キロメートルと定めている）。そんな高度に微生物がまぎれもなくいたという事実と同じかそれ以上に驚くべきことに、そのいくつかは、他の点では地上の仲間とまったく同じなのだが、紫外線への対抗手段として色素を合成する能力を進化させていた[19]。

いや、金星に戻ろう。地球の雲は基本的に水の小滴が、ほぼ窒素と酸素からなる大気中に浮遊したものだ。一方、金星の雲は硫酸のごく微細な小滴が二酸化炭素中に浮遊している。気温や気圧に加え、これで地獄のような金星というイメージが完成しそうだ。ただし、硫酸が評判どおりの劇物ならば、である。実際は、その評判は一部しか当たっていない。硫酸を工業溶剤として使うときは、水と混ぜる。この水こそが、腐食と溶解を起こすのであって、硫酸は触媒にすぎない。純粋な硫酸（金星の雲のような）はせいぜいのところ、「おとなしい溶媒」である。そして、いくつかの分子をばらばらにしたり、化学反応できるように炭素原子を解放したりするくらいのおとなしい溶媒こそ、代謝に好ましい。

現在知られている好酸性生物の代謝は、さまざまなメカニズムによって水を中に入れ、酸を外に出し続ける。宇宙生物学者のデュルク・シュルツェ－マクッフとルイス・アーウィンは、金星の雲に住む生物の代謝はそれとは正反対に、酸を中に入れ水を外に出し続ける必要があるだろうと言う。このような代謝は奇妙なものに思われるかもしれないが、否定する根拠は何もない。一部の植物は分子合成に酸を使うことがわかっているし、[20]代謝全体に硫酸が使われているかもしれないという仮説もある。二〇〇二年、シュルツェ－マクッフとアーウィンは、好酸性で雲の中に住む金星生物がいるかもしれないというだけでも、金星の大気をわずかでも採取して研究のために地球に持ち帰る計画を立案してしかるべきだと論じた。[21]

雲の中の金星生物という考えは、新しいものではない。一九六七年の昔に、この惑星の雲には相当量の水蒸気があるという証拠を受けて、カール・セーガンとイェール大学の生物物理学者ハロルド・モロヴィッツがピンポン球サイズで一分子の厚さの表皮をもつ生物という仮説を立てている。[22]彼らによると、このような生物は環境がもっと穏やかだった大昔に地表で誕生し、地表温度が上がるにつれて上空に移住したのだという。地球の海に住むクラゲのように、浮き袋を使って浮力を保持するようになったのだ――金星の場合、浮き袋につまっているのは水素である。モロヴィッツとセーガンはどのように雲の中の生物が雲の中で生まれる（有性生殖も無性生殖もする）かを提示したが、どう進化したかは示せず、どのような進化によって金星の地表に住んでいた生物が浮き袋を進化させるかを思い描ける人もいなかったので、彼らの仮説は批判されることになった。けれどもセーガンはめげなかった。彼は雲に住む生物という考えを取り下げずに、ただ、別の場所で探すことを進言したのだった。

金星の大気をミカンの皮のようにはぎ取って伸ばし、木星の上にぺたりと張りつけることができたとすると、それが占める面積はごく小さく見えるだろう。割合からすると、地球上でインドが占めるくらいの領域にすぎない。より大きな惑星の大気は大量で、厚みもある。一九九五年、NASAのガリレオ探査機の大気観測用の小型機《プローブ》は、木星の大気中を五〇〇〇キロメートル近く落下しながら、風と温度、大気の成分、雲、放射能レベルなどを調べ、大気圧が地球の海面における気圧の二〇倍になる高度で機能停止するまで働き続けた。その長い落下のおかげでわたしたちは多くを学ぶことになった。

木星の上層は透明な熱圏と水素とヘリウムからなる成層圏である。これらの下が対流圏で、アンモニアや硫化水素アンモニウム、水からなる雲や靄がある。木星が高速で自転しているために、雲はいずれも滲んだようないくつもの帯になって、帯の縁からはぼさぼさの房のような細いたなびきがいくつも出ており、それぞれが大陸くらいのサイズだ。さらに下は、とても奇妙なことになっている。木星には堅い地表がないのだ。そのかわり、対流圏の下の、ガリレオ探査機のプローブが達したよりはるかに低い高度では、大気圧が増して高圧になるため、水素とヘリウムが「超臨界流体（物質の非典型的状態で、液体と気体の両方の性質をもつ）」になっている。

二〇年前、科学者たちは木星の化学成分についても雲のシステムについても、今とくらべ、ほとんど何も知らなかった。けれどもそれをもとにして、セーガンと宇宙物理学者のエドウィン・サルピーターは、考えうる限り詳細に木星の生物に関して仮説を立てたのだった。その成果である論文が一九七六年、アメリカ天文学会の学術誌に発表された。これは現在、単に奇想天外生物について言及しただけではなく、その奇妙な生態の全体像を詳細に解説した、SF以外での数少ない試みの一つとみなされている[23]。

論文の中でセーガンとサルピーターは「シンカー」と名づけた細胞サイズの生物を思い描いた。この生物は水素を入れた小さな風船のような姿で、何週間あるいは何ヶ月も対流圏の上層で漂うことができる。その後、低層へと落下するのだが、そこでの高温が致命的になる。この種がもっと長く生き残るためには、落下する前に少なくとも一部の個体が生殖する必要がある。そこで、と論文は続ける。シンカーたちは種子なり胞子なりを放出して無性生殖をするか、雨滴同士のように同種の他個体と合体して、より大きな一つの個体になるだろう、と。

著者たちは金星の生物という仮説に対する批判がここでもなされるだろうと承知していて、答えを用意していた。水素ガスはシンカーに浮力を与え（水素とヘリウムでできた木星の大気より、同体積でわずかに軽い）、薄い表皮は錘《おもり》になる。合体する泡と同じく、表面積に対する体積の比（あるいは表皮に対する水素の比）は合体するたびに増えていくので、十分に合体するとシンカーは下降しなくなる。こうしてそれは、セーガンとサルピーターが「フローター」と呼ぶタイプの別の生物になる。当然ながら、フローターは他のフローターと接合する。時を経て遺伝的多様性と自然淘汰がフローターに感覚器官をもたらし、フローターは好きな方向に飛行できるようになる。彼らの

フローター　木星の成層圏に生息するフローターの想像図。（提供　国際宇宙芸術家協会 IAAA 特別会員ダン・ダーダ）

成長を制限するものはなく、また広大な生息域を覆うほど大きくなるのを妨げるものもない。セーガンは彼らが「何キロメートルもの幅をもち、史上最大のクジラよりはるかに巨大な、都市サイズの生物[24]」になりうると推測した。

木星の雲の中での暮らしは、退屈どころではない。純粋な水素ガスだけがフローターを熱死から救うものなので、それは価値ある必需品となるだろう。水素を大気から分離するより他のフローターから盗む方が簡単なので、一部のフローターは第三の木星生物「ハンター」に進化するかもしれない。ハンターも巨大なサイズになりうる。セーガンとサルピーターはこの三タイプ「シンカー、フローター、ハンター」のすべてが、一つの生物のライフサイクルの各段階として現れる可能性もあると考えた。いずれにせよ、そこには壮大かつ劇的な生態系があるかもしれないということだ。

セーガンには、飛び抜けて映像方面の想像力があった。木星の空における生と死を扱った論文が出る数ヶ月前には、バイキング探査機に搭載されたスキャナータイプのカメラで火星の地表から地球の映像を撮ることを提言していた（が、スキャナーの感度は十分ではなかった）。一九八九年には、ボイジャー2号が太陽から四八億キロメートル離れた地点にあったのだが、セーガンは太陽系をあとにしつつあるボイジャー2号から、われらが故郷の恒星に随行する惑星たちの映像を撮るべきだと提案した〔訳注　これは実際に、ボイジャー1号により撮影された〕。そんな彼が、フローターとハンターは（もし存在していたならだが）、二つのボイジャー探査機に搭載されることになっている画像システムで撮影できるくらいの大きさだろうと言及したのも驚くことではない。ただ、ボイジャー計画の立案者たちはこうした生物に的を絞ったシステム作りをしようとはしなかった。そして悲しいかな、ボイジャーから送られてきた画像にも、その後に撮影された木星の画像にも、何一つ、こうした生物と勘違いされる可能性のあるものすら、映っていなかったのだった。

第6章　彗星からの生物、恒星の生物、そして、はるか未来の生物

ＮＡＳＡエイムズ研究センターの宇宙科学および宇宙生物学部門が入っている建物は、コンクリートとガラスでできた一九六〇年代ビンテージものの建造物で、ぱっと見にコミュニティーカレッジの教室棟と勘違いしそうだが、ロビーに入ればそうでないと気づくだろう。奥の壁は巨大な壁画になっており、宇宙における生命の歴史が想像によって描かれている。左から右に向かって、星の集まりがいつしかＤＮＡ分子に編みこまれ、それが細胞に変化する。何十億年という年月をまたぎ、次第に大きくなる動植物を経て、締めくくりはシロナガスクジラの群れが太陽光の射しこむ水中で跳ね回っている。その豊穣さと壮大さには息をのむが、この壁画はそこで働く人々の意図が真面目なものであることを示している。

ただし、受付に置かれた小振りのアート作品がこれを少しばかり損ねている。扉近くの小さなテ

ーブルには、パンフレットやNASA発行のグラフィックノベル誌『アストロバイオロジー』などと並んで、小さな一〇・五オンス缶が置かれている。かの偶像的とも言える赤と白のラベルが貼られ、よく見ると「キャンベルの原始スープ」という文字が読める。これは科学のジョーク、それもうまいジョークなのだが、中身（地球上の生命がアミノ酸でできたあたたかいスープの中で誕生したという考え）は有効期限切れだ。一階上に上がって廊下の先に進めば、生命誕生に結びつく条件について別の考えをもった二人の科学者がその条件をシミュレーションしている——たまたまスープの一〇・五オンス缶ほどの容器の中で。

アラマンドラ

ルイス・アラマンドラは、NASAのエイムズ研究センターの宇宙科学および宇宙生物学部門の上級研究員で、天体物理学・宇宙化学研究室の創設者かつ所長である。背が高く、眼鏡をかけた彼を研究室の外で見かけたら、大学のバスケ部のコーチかと思うかもしれない。自然光の降り注ぐ彼の研究室には、数卓のテーブルと本棚が置かれ、校正待ちの論文の下書きや使いこまれた『CRC化学・物理学ハンドブック』やら、太陽系儀（アレクサンダー・カルダーの動く彫刻作品《モビール》のような機械仕掛けの太陽系の模型で、ビー玉大の惑星が歯車で動くようになっている）、何枚もの家族写真などでいい感じに散らかっている。本棚の一つに、コルク栓のはまった、ラベルに走り書きのあるシャンパンボトルが並んでいるのに目を引かれた。研究チームの誰かが発見をするとチームで祝福し、その発見が何であろうとその名称をラベルに記すのだと、アラマンドラ博士が説明してくれた。アラマンドラの話すのを聞いていて、素人の耳には、ブルックリンかクイーンズあたりの出身ではないかと思えた――たまたま、悪くない推理だった。彼はグリニッチヴィレッジのイタリア人地区で育ち、その後カリフォルニアに何年も住み、オランダのライデン大学に長年勤務もしたのだが、話し言葉の抑揚は無傷のまま残ったのだ。

アラマンドラによると、星間化学と呼ばれるものに対するわたしたちの理解は大きく変化した――その始まりは、まず、そんなものがあると気づくことだったという。つい二〇年前、大半の天文学者は星間空間には水素原子やヘリウム原子がぽつん、ぽつんとある以外は何もないと考えていた。中には星間空間に氷があると推測する科学者もいたが、真に受けるものはほとんどいなかった。天文学者たちには星間空間に塵が存在するのが見えていたが、それが何でできているのかは誰にもわからず、大半の人たちはそれが大きな粒子ではありえないと、かなり確信していた。あのような広大な空間で、原子や小さな分子が互いに出会うことなどまずないし、たとえ出会ったとしても、近くの恒星から発せられる紫外線によって、たちまち引き離されてしまうだろうと考えたのだ。

けれども今では、何が宇宙にあり、それがどうやってできたものか、もっとよくわかるようになった。その次第はこうだ。「ふつうの生物」に必要な元素（炭素、窒素、酸素）は恒星の中心部で作り出され、恒星の晩年にその表面から放出される。そのときまでには元素は十分に混ざりあって、アセチレンや一酸化炭素などの単純な分子を形成し、炭素やケイ酸塩の塵粒子もできている。これらがみな宇宙空間に――より専門的に言うなら、ほぼ真空であるような、水素とヘリウムの極端に希薄な気体に放出される（この気体のことを天文学者は「星間物質」と呼ぶ）。そこで分子や塵粒子は紫外線を浴び、ガンマ線を浴び、さらなる化学反応を起こす。分子の一部は塵粒子の表面にかたまってくっつく。

紫外線はより小さな分子を破壊するが、そうでない大きな分子や塵などは寄せ集められて分子雲になる。分子雲は比較的密度の高い気体と塵からできた巨大な領域で、直径は数光年にもなる。雲の内部は冷たい難分解性粒子によって紫外線が遮蔽され、単純な分子は壊されることなく、形成され続ける。分子雲の内部は低温（絶対零度より一〇〜五〇℃高い冷たさ）で、分子は氷になって粒子表面に凝結している。非常に狭い表面で密集した分子は、さらに化学反応する可能性があり、じっさい、多くが反応する。

その間、はるかに大きな規模で分子雲自体にムラが生じ、物質がより集中した領域が凝縮していって、崩壊しだす。凝集した部分が分子雲の他の部分から切り離されたものが、原始星と呼ばれる〔訳注　これが、生まれたばかりの恒星である〕。さらに物質を内部に取りこんでは運動エネルギーを放出するうちに、恒星が燃え始める。周囲に集まった物質は、恒星の周囲をゆっくりと回転する円盤となり、徐々に合体して微惑星となる。これらがやがて惑星や衛星、小惑星、彗星などになるのだ。さらに、円盤内の物質と氷に覆われた粒子が混ざる。それらは似たもの同士でくっつきあって、次第に氷と有機物からなる大きなかたまりに成長し、彗星になる。太陽系が生まれた初期の頃は彗星が大量にあり、多くが惑星や衛星に衝突して大量の水や有機物をもたらし、生命誕生の舞台を調えた。

この宇宙像の詳細は、多くは近年に考案されたものだ。アラマンドラに言わせると、冷えたコップに息を吹きかけると水滴がつくのはよく経験することだし、塵や塩の粒子に水滴がつくのが雨滴の始まりであることも広く知られていたにもかかわらず、一九七〇年代という最近になっても、氷が粒子に凝結するとは誰も考えなかったのだという。わたしが、なぜでしょうか、と訊ねると、彼はふと口をつぐんだ。一瞬、扱いにくい科学界の権威との長いつき合いを語り出しそうに思えたのだが、ただ肩をすくめると「しょせん、人は人なのさ」と言ったのだった。[1]

彗星のレシピ

光が星間雲〔訳注　星間物質の密度が他より高い領域を指す。分子雲もこれに含まれる〕を通過するおかげで、星間雲が何でできているかがわかる。天文学者は干渉法を使い光のスペクトルを分析することで、多くのタイプの分子を特定してきた。しかし彗星はもっと難解だ。よく天文学者は、大きな彗星を「汚れた雪の玉」と呼び、半径数キロメートルの氷や岩の破片のかたまりが有機物の粉塵で覆われたものだと言う。あいにく、これは大雑把な描写にすぎない。なにしろ、いったいそれがどんな種類の氷や有機物であるのか、誰にも正確にわからないのだ。アラマンドラも「今も、彗星が何でできているのか、まったくわからない」と言う。[2]

解明は簡単ではないだろう。ほぼ固体なので、彗星には干渉法が通用しないのだ。ところが二〇〇三年、アラマンドラと同僚のダグ・ハドギンスは他の方法があることに気がついた。彗星をゼロから作り上げられたら、「それ」を研究できるのではないだろうか。彼らは標本容器を一つ用意すると、中からほぼ大気を除き、残りの中身を絶対零度付近の温度まで冷やして凍らせ、深宇宙の状態をかなり忠実に再現した。その密閉容器に恒星からの流出物に見つかるような単純な分子をいくつか入れ、(近くにある恒星の再現として)ランプをつけて、紫外線を浴びせた。そして、待った。さほど期待はしていなかった。間違いなく、今回の実験結果のようなことが起こるとは期待していなかった。なんと分子が結合、分離、再結合し、まもなく密閉容器内にいくつかかなり複雑な分子が出現したのだが、その多くが前生物的(つまり生物分子の前段階にある)分子だったのである。

干渉法によって天文学者は、星間物質中に拡散している大きな分子の中に、多環芳香族炭化水素(PAH)があることを知っていた。電子顕微鏡下ではPAHは金網パターンの一部のように見える。また紫外線照射や他の不快な条件に耐性があり、少なくともばらばらになりにくい。宇宙空間のほぼどこにでもあると思われるので、彗星中にも入りこむと考えていいだろう。アラマンドラとハドギンスが密閉容器中に入れる分子にそれを混ぜると、さらに多くのタイプの分子が生成された。PAHのないときより、はるかに複雑で、またもや、その多くが前生物的だった。

アラマンドラは、彗星が太陽を中心とした軌道上を進む間に、どれだけの化学反応が内部で進行するのだろうか、と疑問をもった。彗星の氷と有機物の層からなる表面が熱せられて蒸発し、彗星の尾ができるときに内部の氷が溶け、太陽から遠ざかると再凍結し、また接近して溶けるというのを繰り返すうちに、さらに複雑な化学反応が可能になるかもしれない。この仮説を試すために、アラマンドラと生化学者デイヴィッド・ディーマー(カリフォルニア大学サンタクルーズ校)は密閉容器内で形成された氷を取り出して水に投入し、その水を一滴スライドガラスに落として顕微鏡下で観察した。驚いたことに、赤血球に似た球形の構造が見つかった。もちろん、細胞ではなかったし、アラマンドラとディーマーは慎重を期してそれらを「小胞」と呼んだが、たまたまとは思えない、細胞膜に似た構造が見られた。それらには内部と外部を分離する脂質の層ができていたのだ。他にも驚くことがあった。紫外線（宇宙空間を再現するために彼らが使った光線）を照射すると、小胞は「蛍光を発した」のである。

まずは、小胞そのものに重要な意味がある。細胞の前身というべき構造が出現する可能性を示唆したのだ。さらにつっこんで言うと、このような構造が出現したのは地球上ではなく、星間空間だった可能性を示したのだ。蛍光の発光は、小胞が、光のスペクトルのうち可視光線の波長範囲で放出する以上のエネルギーを、紫外線の波長範囲で吸収する可能性を示した点で重要だ。もしそうなら、熱水噴出孔近くで硫酸塩生成反応を利用するバクテリアのように、小胞はたとえば分子合成など、他の用途に使える余剰エネルギーを手にしていることになる。蛍光発光は、地球の歴史の初期には二重に便利だっただろう。オゾン層が地表を覆い、紫外線放射が遮蔽される以前、蛍光発光は紫外線のエネルギーの一部を利用できるように変換すると同時に、紫外線を無害化するという、生化学的離れ業だったかもしれない。

アラマンドラの研究チームによって密閉容器内で作られた化合物の大半は、すでに隕石中に見つかっていた。じつは、科学者たちは隕石中で見つかった芳香族炭化水素は、より単純な炭化水素が大気圏突入時に高温で熱せられて作られたのだと考えていた。それが今や、それらが（他の多くの化合物も）どこか他の場所で作られたという証拠が出されたのだ。正真正銘のクーン的パラダイムシフトという結末となったのである。

多くの科学者たちは長い間、地球上に生命を生み出した化学反応は、地球上で始まった——つまり「無から」生じたと推定してきた。そして前生物分子は、大気と水を備えたあたたかい惑星の上でのみ形成されると推定してきたのだった。しかしアラマンドラとハドギンスが標本容器内に見いだしたものは、二人に（そして他の多くの科学者たちに）これらの推定を考え直させることになった。彗星が地球に水をもたらしたと同時に、生命に必要な化合物をもたらした可能性は十分にある。「たぶんダーウィンの『あたたかい小さな池』は、温められた彗星だ[3]」とアラマンドラとハドギンスは書いた。ただし、たぶん、にすぎない。アラマンドラは用心深く、生命どころか原始スープの原材料すら、彗星によって地球上に運ばれたと示すまでの道のりは遠い、と言う。また彼は用心深く、生命そのものが分子雲の中で誕生したという証拠は何もない、とも言うのだ[4]。けれどもいま一人の科学者は、たとえ生命がこうした雲の中で始まったわけではないとしても、想像できないほど遠い未来のいつかに、こうした雲が生命の最後の砦となるかもしれない、と論じている。

遠い未来の生物

一九二三年、英国の遺伝学者Ｊ・Ｂ・Ｓ・ホールデンが『ダイダロス——あるいは科学と未来』

と題する論文を発表し、一九二九年にはジョン・デズモンド・バナールが『宇宙・肉体・悪魔』と題する研究書を上梓した。同じ頃、イエズス会の司祭であり哲学者であったピエール・テイヤール・ド・シャルダンが物質的宇宙の長期的発達過程に関する自身の見解——長い時間をかけて生物はより高度なものへと進化していくという、詩的だけれども非科学的な解釈——を展開しつつあった。これら二十世紀前半に登場した研究はみな、人間と生物に関する未来の予言だった。一九七七年には物理学者ジャマール・イスラムが物理学的（で非生物学的な）宇宙の未来を予言する論文を発表した。そして、ある哲学者気質の物理学者の手によって、これらいくつもの糸（系譜）が一つにまとめあげられたのだった。

一九七九年、ニュージャージー州のプリンストン高等研究所に勤務する数学者であり理論物理学者のフリーマン・ダイソンが、『終わりのない時間——開いた宇宙の物理と生物』と題する小論文を発表した。その中で彼は、意識の基盤は構造であり、その構造が特定の物質的形態をとる必要はないという考えを提起した。それが真実なら、と彼は次のように続けている。「生命は目的にもっとも合う物質的形態なら、どのような姿にも自由に進化することができる」[5]。さらに彼は、現在の宇宙論が予言する未来の宇宙において、一〇〇億年先（地球の表面が「ふつうの生物」には耐えられないほど高温になるとき）や一兆年先（太陽のような恒星の大半が燃え尽きるとき）どころか、文字どおり永遠に、生命が存続するための手段を提示したのだった。

五〇年前なら、ほとんどの科学者がにべもなく、このような予想はありえないと退けただろう。十九世紀後半、天文学者たちは、あらゆる閉じた系は最終的に熱力学的平衡状態に達し、宇宙は閉じた系なので、宇宙のあらゆる場所はやがて均一の極端な低温状態――天文学者アーサー・エディントンが宇宙の「熱的死」と呼ぶ状態〔訳注　最初に熱的死という用語が使われたのは一八五〇年代半ばで、ドイツの生理学・物理学者ヘルムホルツによる〕――に陥るのだと論じていた。生物は、場所によって温度が高かったり低かったりして、その間で熱のやりとりがあることに依存しているので、そうなるとすべての生物が死滅することになる。けれども、熱的死という前提は、すぐに疑問視されることになった。一九二〇年代の終わりに天文学者は、どの方向にある銀河もわたしたちの銀河から遠ざかっており、宇宙（と空間自体）が膨張していることを確認したのである。宇宙が膨張し続ける限り、熱平衡にはけっして達しない。

一九七九年にダイソンは「観測可能な宇宙」（わたしたちが観測できる範囲の宇宙ということで、わたしたちを中心に直径九三〇億光年の球形であるとされる）が宇宙全体よりも速い速度で膨張している証拠があると述べた。より速く膨張しているということは、すべての銀河がわたしたちから遠ざかってはいるけれど、観測可能な宇宙の外縁では、さらに多くの銀河がどんどん視界に入ってくるということだ。ダイソンが想定する宇宙は、ある体積の空間を見ればどんどん空っぽになっていくのだが、宇宙全体の体積は増加しているのであり、このことは生命と知性にとっていい知らせだ。「どれだけ遠い未来になっても、つねに新しいことが起きており、新たな情報が入りこみ、探検すべき新世界があり、生命と意識、記憶の領域も、つねに拡張し続けるだろう」と彼は書いた。(6)

ダイソンの考えるタイプの奇想天外生物に生息場所を与える可能性があるのは、この「開いた」宇宙だ。熱的死の危険はもはやないとしても、かつてなく寒い宇宙で利用可能なエネルギーの供給が減り続けるのだから、生物は倹約を強いられるだろう。ダイソンは、代謝速度を遅くすることで生物はそれに対処するだろうと示唆した。ここで難題がふりかかる。思考は代謝というプロセスの産物だから、知的生命は意識の働く速度を遅くせざるを得ない。もっと一般化すれば、すべての生物（かなり低温である生物でも）は、無駄な熱を体外に放出しないとオーバーヒートしてしまうだろう。代謝速度が落ちるよりも、そうした放熱の効率が落ちる方がずっと速いので、皮肉なことだがオーバーヒートが深刻な危険となるのだ。しかしダイソンは、生物が長期的に見て代謝の平均速度を遅らせればオーバーヒートの危険を避けられるはずで、一生の大半を冬眠状態で過ごすことでそれができるだろう、と推測した。

ダイソンはそのような生物を細部までイメージすることができない（たとえば筋肉や神経の機能を果たす何かを備えているかどうかがわからない）ことは認めながらも、たいていの生物学者だって、もしも細胞というものを見たことがなければ、それをイメージするのに悪戦苦闘するはずだと指摘した。ただし彼は、そのような生物の全般的性質は推測できている。ほとんどの物質がブラックホールに吸いこまれてしまう、とてつもない遠い未来を思い描きながら、生命が存続する道を考えたのだ。「もしも物質が直径数ミクロンの塵粒子にまで細分化され、ブラックホールに落下しなくなるなどということが起きるとしたら、はるか先の未来における生命にとって好ましい姿は……プラスとマイナスの電荷を帯びた塵粒子の集合体で、自己組織化し、電磁気力で自己対話するものに違いない」とダイソンは記している。(7) すると、生命は分子雲の「中」に存在するのではなく、分子雲に「なっている」わけだ。

恒星

宇宙はかつて、居心地のいい場所だった。宇宙が不快である――つまり地球以外の場所は大半が不毛の地で居心地が悪い――という考えが広く受け入れられるようになったのは、つい最近、二十世紀初頭にすぎない。それ以前は大昔から、多くの天文学者や宇宙論学者、哲学者たちが、宇宙は快適なすみかをふんだんに提供してくれると考えていた。宇宙に生物があふれているという説の理論的根拠の一つは、もしも見る者がいなければその天体は「無駄になる」という、古くからある伝統的な見解である。たとえばヨハネス・ケプラーは、木星の衛星が地球上から裸眼で見えないことから、それが木星生物のためにあるに違いないと理論づけたのだった。一六九三年、イギリスの神学者リチャード・ベントレーは議論を拡大し、「地球が何よりもまず人類の存在と奉仕と黙想のために設計されたように、他の惑星もみな同様の目的で、生命と理解力を備えたそれぞれの住人のために創造されなかったはずがない」と述べた。[8] 地球がわたしたちのために創られたというベントレーの考えは、聖書の創世記という典拠があるとしても、今は失笑を誘うだろう。けれども同時に、彼の言葉に自己中心的なものが「欠落」していることを讃えずにはいられない。彼は地球外の世界や地球外生命の存在を、当然とまでは言わないにしても、その可能性を認めているのだ。

生命が存在する可能性のある場所として、一部の自然哲学者は惑星や衛星だけでなく、恒星を含めた。二〇〇〇年前、アッシリアの弁論家であり諷刺作家であったサモサタのルキアノスは風刺に満ちた物語『本当の話』に、太陽そのものにも生物がいるという空想譚を書いている。十八世紀という近年でも、天王星を発見した天文学者として名高い、かのサー・ウィリアム・ハーシェルは、太陽の地球から見える部分は北極光（オーロラ）のようなものであり、その下には高密度の雲の層があって、地表の住人はわたしたちからは見えないようになっているのだと考えていた。ハーシェルの息子ジョンは、わたしたちが太陽フレアと呼ぶ（彼自身はもっと詩的に太陽の柳の葉と呼んだ）一時的に出現するもの自体が生物ではないかと考えた。今ではこうした説を真に受ける人はいないが、生命が恒星で（少なくとも、ある種の生命が、ある種の恒星で）生きていく手だてがありそうだという推測が最近になって出された[9]。

白色矮星とブラックホール

宇宙の歴史において、現在は比較的活発に変化している時代で、恒星がいくつも生まれて生きて、死んでいく。これもいずれ宇宙が10^{14}歳になって、すべての恒星が冷えて暗くなり、星の残骸（白色矮星や褐色矮星、中性子星、ブラックホールなど）になるときには終わりになる。そこから宇宙が10^{39}歳になるまでは、とても長く、かなり静かな時代が続く。その静寂が破られるのは、二つの白色矮星が衝突して超新星爆発を起こすときだけで、それが一瞬明るく照らすのを除けば、銀河は暗黒の闇である。その時期は生物にとってひどく居心地悪そうに思えるが、たぶん、そのとおりになるだろう。しかし一九九九年に宇宙物理学者のフレッド・アダムズとグレッグ・ラフリンはダイソンの先例に倣い、白色矮星の大気中に生息する生物を考え出した。

いくらか背景の説明が必要だ。太陽のような恒星は、水素の軽い原子核が、より重いヘリウムの原子核にゆっくりと核融合することでエネルギーを生み出す。この反応は核融合する水素が残されている限り、継続する。恒星は一生の大半で、力の釣り合った状態にある——内部の超高熱ガスは恒星を外に押し広げようとする一方で、各部の重力は互いに引き合い内部に引きこもうとするのだ。恒星が燃料となる水素を使い果たして冷えこむと、外へと押し広げる圧力が減少し、内向きに収縮する力の方が勝ってくる。すると、それが原子核を取り囲む電子の殻を圧縮するくらいに強力になり、各電子はそれらが本来占める体積の何千分の一という体積の「小部屋《セル》」に押しこめられる。恒星がそれ以上崩壊するのを妨げている唯一の力は、電子が小部屋の壁に与える外向きの圧力——電子の縮退圧である。恒星自身は白色矮星という、地球サイズほどの球体になる。

白色矮星の内部は想像を絶するほどの高密度だ。典型的なもので一立方センチあたり10^6グラムもある。けれどもアダムズとラフリンは、その大気には可動性があると考えている。大気には酸素と炭素が含まれ、かなり低温とはいえ、これらの化学物質が興味深い相互作用をするくらいにはあたたかい。白色矮星の大気は、ダークマター（暗黒物質）粒子と衝突して出る熱を取りこむのだが、これは宇宙が10^{25}歳に達し、ダークマターが枯渇するまで継続する。これほどの長時間（地球上に生命が誕生するのにかかった時間の一〇〇〇億倍）のうちには、ゆっくりと動く分子でも、生命に必要な配列を含め、どんな考えうる配列にも組みこまれるだけの時間があるだろう。安定した環境が長続きすることを考えれば、白色矮星の大気中に生物がいる可能性はある——どころか、大いにありうる、とアダムズとラフリンは論じている。彼らはまた、それはわたしたちとは似ても似つかない生物に違いないとも言う。ダイソンのエネルギー節約説にしたがえば、代謝も意識の速度もきわめてゆっくりだろう。白色矮星の大気中に生息する知的生命は、一つの考えを完了するのに一〇〇〇年かかるかもしれない。

そんな生物でも、不死身ではないだろう。宇宙が10^{40}歳になると、陽子すら崩壊して消失し、恒星の残骸で残っているのはブラックホールだけになる。するとブラックホールからの熱放射が手に入れられる唯一のエネルギー源であり、それも希少で貴重なものになるだろう。太陽の数倍の質量をもつブラックホールの温度は、絶対零度より一〇〇〇万分の一度高いにすぎない。けれども再び、十分な時間が与えられれば、物質とエネルギーはじつにさまざまな形をとりうるだろうし、中には生命をもつ形もあるだろう。アダムズとラフリンは、こう考えている。ブラックホールの時代は長く、宇宙が10^{100}歳になるまで続くので、ブラックホールの事象の地平線（ブラックホールを取り囲んでいる理論上の境界線で、そこを越えるとどんな光も他の放射も逃れられない）の近くでは、生命が長い時間をかけて誕生し、さらに長い長い時間をかけて複雑な形態に進化することができるだろう――ただし、入手できるエネルギーが不足しているので、知的生命ではないだろう、と。

現時点でこの種の推測は検証不可能だ。けれどもこれまでの章で取り上げたもっとささやかな仮説でも困難は伴った。今までに明らかになったように、地球外生命の探査に困難がつきものなのは、生命を検出する実験が必要だからだ。この実験を行なうために使われるのが地上にある望遠鏡だろうと宇宙望遠鏡だろうと、また惑星や衛星を回る軌道上の無人探査機だろうと、あるいは惑星上を探査するローバーや潜水ロボットだろうと、実験はきちんと設計されたものでなくてはならない。

さらにその設計は、微生物学や進化論、惑星科学などの観点を考慮したものでなくてはならない。（すでに見たように）これらの分野全般における科学者の知識は不完全なので、どうすれば優れた設計になるのか、手始めに何を調べればいいのか、確信がもてない。この知識不足ゆえに、生命理論を打ち立てることすら、ままならないのだ。

二十世紀の末に多くの科学者たちは、関係者全員にある二つの仮定を受け入れる心構えさえあれば、道具の設計上の問題も調査対象に関する合意の問題も一足飛びに飛び越えて、すんなりと地球外生命の探査を続けていけることに気がついた。仮定の一つ目は「地球外生命の中に少なくとも人類と同程度の知性を備えた集団がいる」で、二つ目は「その集団には、宇宙空間を越えて他者と交信しようとする手段と意思がある」である。たまたま、この両方の仮定に慣れ親しみ、それを扱う研究をしてきた科学者の一団がいた。言うまでもない、地球外知的生命の探査（ＳＥＴＩ）に関わっていた電波天文学者をはじめとする研究者たちである。

第７章　知的な奇想天外生物

ＳＥＴＩ（地球外知的生命探査）の始まりは一九五九年、つまり物理学者ジュゼッペ・コッコーニとフィリップ・モリソンが『ネイチャー』誌に発表した論文中で、電波望遠鏡を使い、地球外生命の交信を検知する綿密な戦略を解説した年にさかのぼる。[1]『ネイチャー』は科学の境界線ギリギリの論文も掲載することで知られた科学雑誌だが、それにしても、この論文はかなり驚愕の（と言うべき）推定から始まる、大胆不敵なものだった。

わたしたちは（地球外文明が）とっくの昔に交信用の通信経路《チャンネル》を確立しており、それをいつの日にかわたしたちも知るようになること、さらに彼らが太陽からの応答信号を受け取って知的生命の共同体に新たな社会が加わったと知る日を辛抱強く待っていることを推定する。

論文の締めくくりも、これに劣らず驚愕ものだ。行動への呼びかけなのである。「星間信号の存在は現在のわたしたちの知識とまったく矛盾しないし、……信号が存在するなら、わたしたちには検知する手段がすでにある」

コッコーニとモリソンは知らなかったが、その時点で、すでにその呼びかけは応じられていた——というか、少なくとも聞き届けられていた。当時、フランク・ドレイクという名の若き電波天文学者がウェストバージニア州グリーンバンクにあるアメリカ国立電波天文台に勤務しており、口径二六メートルの電波望遠鏡を使えば人為的電波信号（誰かが意図的に送信した信号）を検知できると提案したのだった。ドレイクは天文台の所長にこう主張した。まず、このプロジェクトにはほとんど費用がかからない。必要なのは狭い帯域《ナローバンド》（周波数の帯域幅が狭い）の受信器とパラメトリック増幅器だけで、自分ならその両方を二〇〇〇ドルで作れる。さらにその装置は二重に仕事を果たす——狭帯域の受信器はスペクトル線が磁場で複数に分裂する現象（ゼーマン効果として知られる現象）を検出することもできるのだから、と。ドレイクが大いに驚き喜んだことに、所長は同意してくれた。ドレイクはすぐさま行動に移り、二つの太陽に似た恒星をターゲットに選んだ。エリダヌス座イプシロン星とくじら座タウ星の二つである。装置を始動させると同時に、彼は非常に強い信号を受信した。興奮しながらも慎重に様子を見たが、二、三時間後にそれが誤受信であることがわかった。その他は、グリーンバンクのラウドスピーカーから聞こえてくるのは雑音ばかりだった。それでもドレイクは他の天文学者の好奇心をかき立てることになったのだった。

一九六一年、グリーンバンクで非公式な会議が開催された。目的は星間通信に関する問題に取り組むことだった。疑問点はたくさんあったが、ドレイクはそれらを一つの方程式に階層的におさめることができ、またその方程式が、うまいことに会議の議題となるだろうと気がついた。今では「ドレイクの方程式」と呼ばれるその式は、物理的な変数（一年間に生まれる恒星の数）から社会的な変数（技術文明の存続期間）まで広範にわたる七つの変数が組み合わされた方程式である。* 変数に数値を入れると、太陽系を含む銀河系内に、現在、星間交信が可能な文明がいくつあるかが推定できる。

会議終了までに参加者は、銀河系における文明の数は一〇〇〇以下～一〇億であるとの見積もりを出した。ドレイク自身はそれを一万とした。かなり幅のある数字になったのは、変数の一つが「文明の存続期間」で、いったい文明がどれだけ続くかがまったくの当て推量だったからだ。もちろんその後も、議論（と推量）は続けられている。一般的にＳＥＴＩ計画推進派の人たちは、地球外文明はたくさんあると主張し、ＳＥＴＩ懐疑派の人たちは、あるにしてもごくわずかだろうと論じてきた。

＊ドレイクの方程式　$N=R^{*}\times f_p\times n_e\times f_l\times f_i\times f_c\times L$。$R^{*}$は、銀河系の中で一年間に誕生する、惑星系をもつ可能性がある恒星の数。f_pは恒星が惑星系をもつ割合。n_eは惑星系の中で地球のような（つまり生命にふさわしい環境をもつ）惑星の数。f_lは生命にふさわしい環境をもつ惑星で実際に生命が誕生する割合。f_iは生命の誕生した惑星で、その生命が知的生命に進化する割合。f_cは知的生命が他の世界と交信したいという願望を抱き、星間交信が可能な技術文明をもつ割合。Lはそのような星間交信ができる文明社会が存続する期間。

後者の言い分は、大雑把に言えば、次のようになる。地球上で、核やさまざまな内部構造をもつ複雑でかなり大きい細胞（植物や動物が可能になるような細胞）は、最初の生物（アーキアやバクテリア）が現れて二〇億年経つまでは出現しなかった。複雑な生物がこうも遅れて出現したのは、それが簡単には進化しない、おそらくはできない、ということだ。這ったり泳いだりぱたぱたと飛んだりする三〇〇億種以上の生きもののどれも、ホモ・サピエンス・サピエンスと同等な知性をもつようにならなかった。この事実は、知性の生存価〔訳注　その特性がどれだけ個体の適応度を高め、自然淘汰上、有利にするか〕が羽や外骨格、ものをつかめる鼻といった特徴の生存価と同じかそれ以下であることを示している。技術の定義を「道具を作ること」とするなら、たしかに一部の動物は初歩的技術を使いこなす。けれども、ある種がもっと進んだ技術をもつにしても、その技術が「科学的方法」に導かれて発展しない限り、進歩は遅く、断続的なもので、電波望遠鏡が作られるまでにはいたらないだろう。さらにこの考え方を進めると、「科学的方法」は人類史におけるあらゆる文明の中でたった一度、十六世紀後半から十七世紀初頭にかけての西ヨーロッパにおいてのみ出現したということになる。したがって（地球上であれ地球外であれ）どんな文明であっても「科学的方法」が出現する可能性は小さい、というのだ。これらを根拠にＳＥＴＩ懐疑派の面々は、宇宙は生命に満ちているかもしれないが大半は顕微鏡サイズで、多かれ少なかれアーキアやバクテリアの類いであり、地球外文明を探すのは時間の無駄と信じているのである。

ＳＥＴＩ推進派の言い分を、これも大雑把に言えば、次のようになる。地球上に最初の生命が出現したのは地殻ができあがってほんの数億年後（つまり、生命の存在が可能になってほぼすぐ）なのだから、可能になり次第どこででも生命は誕生しただろう。知性には明らかな生存価があり、地球上では人類と、ある程度はチンパンジー、イルカなど数種の動物に発達した。生命が誕生した他の多くの世界でも、知性は発達するだろう。やがて知性は科学や技術、さらに電波望遠鏡を生み出すかもしれない。結局のところ、地球外文明が存在するか否かはわかっていない。それを発見するための唯一の方法はSETI計画しかないのだ、と推進派は言う。SETIは小さな投資でとても大きな見返りを手にする可能性がある、というのが彼らの主張である。彼らの言うその見返りとは、正確なところ、どんなものなのだろう？　まず、何はともあれ、宇宙にいるのはわたしたちだけではない、と知ることができる。さらに、うまくすると彼らには知恵と経験があって、わたしたちの文明が今日直面している数多くの問題にどう対処し克服すればいいのか、教えてもらえるかもしれない。

SETI戦略

一九六一年以降、六〇以上の別々の試みが行なわれた[2]。大半はドレイクを手本に、コッコーニとモリソンの「もっとも簡単で安くて成功しそうな探査は電波信号に耳を傾けること」という助言にしたがったものだ。二、三の試み（中でも注目すべきはハーヴァードのポール・ホロヴィッツに率いられたものだ）は、強力なレーザーによって送信された光パルスを記録できる、光電子増倍管と呼ばれる光検出器を備えた光学望遠鏡を利用した。どちらの戦略も正当性は明らかだ。電波もレーザー光も光速（ものが進みうる最高速度）で進み、大量の情報を運べるし、宇宙背景放射と簡単に見分けがつき、しかも他の、たとえばロボットを使う探査機にくらべ大幅に安価で済む。高い技術をもつ文明ならこの利点に気づくだろうし、遠い宇宙のかなたと交信したいと思う高度な技術文明なら使おうとするはず――と、少なくともＳＥＴＩ計画の科学者は考えている。

五十余年の間、かなりの数の悪意のない間違いと、一つの悪ふざけと、一つの可能性のある信号が記録されたが、この信号は一回きりで、説明がつかないままだ。* 探査にあたり、信号の送信者に関して、広範かつ理に適った推論が行なわれた。いくつかの探査は、送信者がどこかの恒星をめぐる惑星系にいるという暗黙の想定のもとに、恒星を目標にした。また、送信者は恒星間の宇宙の巨大な広がりのどこかにいるという想定で、「掃天観測」とか「全天観測」と呼ばれる、望遠鏡などで一定の範囲を網羅的に観測する探査も行なわれた。

電波の自然発生源（わが銀河系と地球の大気など）からは、広い帯域《ブロードバンド》の電波が発せられている。ＳＥＴＩ計画では、電波を介して交信しようと望む文明は、そのような電波とははっきり区別のつく信号を使うだろうと推定されている。したがって、ほとんどの探査が、普段は背景の雑音の少ない狭い帯域《ナローバンド》で信号を受信しようと努めてきた――この狭い帯域の範囲とは、電磁波スペクトルのマイクロ波帯のごく狭い範囲、つまり水素原子から放射される二一センチ線と、それとわずかにずれただけの水酸基（ＯＨ）ラジカルから放射される一八センチ線の間である。この帯域を選ぶのは、もう一つ、あまり科学的でない理由があるかもしれない。たまたま、水素（Ｈ）と水酸基（ＯＨ）は結びつくと水になるのだ。恒星からのメッセージを聞き取ろうとする人々はかなりの夢想家だろうし、SETIで当初から指導的立場にあったバーナード・オリヴァーはこの狭い帯域を「水を基盤にした生物が同類を探そうとする上で、なんとも詩的な場所」と呼んだ(3)。彼と賛同者たちは、この帯域を「ウォーターホール（水たまり）」と呼ぶようになった。水という媒体自体はメッセージとは言えないとしても、少なくともそれは、どこにメッセージを探せばいいかを告げている、と彼らは考えている。

大半の探査では、最初に受信される信号はメッセージそのものではなく、メッセージを載せる「容器」だろうと推定されていた。それはおそらく、単純で継続的な信号や短い強力な一連のパルスで、それが明らかに人為的なものだということを伝えるにとどまるだろう。真のメッセージははるかに弱い信号で、それを受け取るにはもっと高感度な受信器を開発する必要があるだろう、というのだ。

グリーンバンクで会議が開催されて半世紀の間に、SETIには多くのことが起きた。資金提供が消滅したと思ったら、また現れたし、地球外文明の存在に対し、無視できない疑問の声もあがった。それでも一九六一年には未知だったドレイクの方程式の二つの変数（銀河系の中で惑星系をも

＊一九七七年八月十五日に、ジェリー・R・エーマンはオハイオ州立大学が協力したSETI計画にたずさわっているときに、狭い帯域の電波で強い電波信号を受信した。その信号は星間信号に見られると予想された特徴をもち、まるまる七二秒間も続いた。エーマンはコンピュータからプリントアウトされたデータの信号を丸で囲んで、余白に「ワオ！」と書きこんだ。この信号が再び受信されることはなく、ある実験データが科学的に承認されるには再現可能でなくてはならないという科学的方法の条件を満たすことができないままだ。

つ可能性のある恒星が一年間に誕生する数と、実際に恒星が惑星系をもつ割合）が、どちらも観測可能な範疇に入ってきた。現在、惑星系をもつ可能性のある恒星は、毎年一〇〜二〇個誕生していると見積もられている。宇宙物理学者のジェフリー・マーシーは、太陽系外惑星発見の大半を手がけた研究グループを率いており、全恒星中の半分から四分の三が惑星系をもつと信じている。NASAのケプラー宇宙望遠鏡（系外惑星探査衛星）計画チームは、ドレイク方程式の二番目の変数（恒星が惑星系をもつ割合）に全面的に取り組むと同時に、いくらかは三番目の変数（惑星系の中で生命にふさわしい環境をもつ惑星の数）を視野に入れた調査を行なっている。今やSETIそのものが歴史をもつにいたっており、SETI自体の記念碑的な場所も存在する。たとえばグリーンバンクには、ドレイクが初めて方程式を走り書きした会議室には記念の銘板が飾られている。

SETIによる推定のどれかのせいで、探査が知的な奇想天外生物を見過ごした可能性はあるだろうか。たぶん、ない。知的な奇想天外生物の化学的および生化学的性質がわたしたちと違うとしても、そこに働く物理法則に変わりはないだろう。[*] 奇想天外生物の技術文明は、交信手段に電波か光パルスを使う利点に、わたしたちと同様、すんなりと気がつくはずだ。そしてたとえ彼らの電波送信機やレーザーがかなり異質な化学による冶金術で製造されたものだったとしても、わたしたちのそれと同じくらい有効なはずだ。ある種の知的な奇想天外生物（たとえば液体メタンでのどを潤す生物）は、オリヴァーのウォーターホールをことさら詩的とは（もちろん彼らが詩というものを知っているとしてだが）みなさないかもしれないが、それでもそれが信号を送受信するのに最適な波長帯域であることには気づくのではないだろうか。

知的な奇想天外生物が誕生する確率

別の疑問がわく――本書におけるわたしたちの関心により近い疑問だ。知的な地球外生命の生物学的性質がわたしたちとは劇的に違う確率は、どれくらいなのだろうか。推理してみよう。間違いなく簡単なのは、ドレイクの方程式をもう一度引っ張りだしてきて、それを奇想天外生物用に手直しすることだ。方程式の第三の変数は惑星系の中で、地球のような（つまり、わたしたちの知る生命にふさわしい環境をもつ）惑星の数だが、これを（少しだけ）変更して、たとえば窒素を飲む生物を探すなら「トリトンのような」、メタンを飲む生物を探すなら「タイタンのような」惑星の数にすることができるだろう。第5章で取り上げたが、惑星科学者ジョナサン・ルニーンはとくにタイタンに関して、こう指摘している。「前向きな解答は、従来は地球環境の観点から定義されてきたドレイクの方程式の第三の変数（n_e）を大胆に拡大することだろう」[4]。この変数を拡大解釈すると、偶然にも別のものが得られる――SETIが「彼らはどこにいるんだ?」問題と呼ぶものへの一つの答えである〔訳注　ちなみに「彼らはどこにいるんだ?」は、SETI誕生の一〇年近く前、一九五〇年の夏に、イタリア出身の物理学者エンリコ・フェルミが、友人たちとの昼食の席で発した言葉であり、宇宙には多くの知的生命がいるはずなのに、地球外生命との接触がないことの矛盾を指摘したもの。この問題は「フェルミのパラドックス」とも呼ばれる〕。

＊いずれ第9章では、さらに奇想天外な（異なる物理法則下の）生物という考えも登場する。

SETIが始動して二〇年前後になるときに再浮上したこの問題は、地球外知的生命探査の中核をなす推定の一つを揺るがすことになった。恒星間の距離は遠大で、アインシュタインの理論による宇宙では光速より速く移動することは不可能であり、光速に近い速度で移動するのはエネルギー面で法外に高くつく。これを根拠に、SETIの実践者たちの大半は、どれだけ進歩した文明でも定期的に星間移動するのは不可能と推定することになった。そして、電波望遠鏡とレーザーによる交信を重要視するべきだと考えた。物理学者でノーベル賞受賞者であるエドワード・パーセルは「宇宙服に身を包み宇宙空間を旅する類いの話はすべて、それらが誕生した場所……シリアルの箱の裏面でしか通用しない」[5]と語ったが、これは多くの人の思いを代弁するものだった。しかし、少なくとも一部の人たちの見解によると、朝食用のシリアルの箱に印刷されていたイメージは、星間移動のさまざまな可能性に対するアイディア面で創意工夫に欠けていたようだ。

恒星間の距離はたしかに遠大だが、銀河系は年寄りなので、太陽のような恒星で太陽より五〇億年も前に誕生したものが複数あることも事実だ。それくらい前に誕生した地球のような惑星だってあるだろう。すると、恒星間を移動できる文明にとって（その移動がゆっくりとしたものでも）、銀河系に何回も移住するだけの十分な時間があったことになる。一九七〇年代の半ばにマイケル・ハートとデイヴィッド・ヴューイングという二人の科学者がエネルギーの必要量を見直し、もしも原子力を推進力に使うなら、より速度を抑えた星間移動は彼らの想定する文明にとってはほどほどのコストで実現可能だろう、と結論した。[6]

ハートは光速の一〇分の一というかなり慎ましい速度で移動する能力をもつ文明は、銀河系のすみずみに広がるのに、たかだか一〇〇万年しかかからないと計算した。彼は、このような文明がそうしない理由がいくらでもあることを認めている。じっと静かに暮らすことを好むかもしれないし、単に移住に興味を示さないとか、移住の好機を手にする以前に自滅するかもしれない。しかしSETIは地球外文明の数を何千、のちには何十万と想定していた。そのうちの一つでも銀河系を端から端まで横切れば、証拠は見逃しようがないだろう――セーガンの「鱗に覆われた卵形で紫色の」生物の仲間がアパートの階下の部屋に入居してきたのでなければ、少なくとも宇宙船が航行するときに発せられた放射線が検出可能だろうし、地球か月の上にその文明の残した遺物があるはずだ。SETIの研究者たちは、(ホイットリー・ストリーバーやエーリッヒ・フォン・デニケンのようなオカルト作家の主張は厳密な検証に耐え得ないとして無視した上で)そのような証拠がないことを認めている。証拠がないのは、そのような文明が存在せず、この宇宙にはおそらくわたしたち以外に知的生命は存在しないということだ、とハートは論じた。

そう考えるのは合理的だが、SETIの専門家たちにとっては意気消沈する結論だ。「彼らはどこにいるんだ?」問題のせいで、ある専門家の言葉によると、SETIは「アイデンティティーと目標の重大な危機」に直面することになった[7]。その危機感から知識の再編成が行なわれ、新たなアイディアが出されたり、古いアイディアの不明点が明らかになったりした[8]。ハートとヴューイングの結論に対する最強の反論(と、問題への最良の解答)は、この上なく単純明快だ。フィリップ・モリスンによれば、地球外生命が銀河系に移住していないのは、単に「あらゆる成長が何らかの原因で制限される[9]」からにすぎない。つまり、正確なところ何が銀河系への移住を妨げたかはわからないが、何かが妨げになったことは確実で、いつでも何かが移住を妨げるだろうと考えられるということなのだ。

しかし、違う議論もあった。ある文明が銀河系に移住したのに、その文明の担い手が、ある種、奇想天外なので、わたしたちの目に留まらない可能性もあるというのだ。宇宙には地球型の惑星よりもはるかにたくさんのタイタン型の惑星があるというルニーンの推測を思い出してほしい。そうだとすると、銀河系には地球タイプの生物よりもずっと多くのタイタンタイプの生物がいるかもしれない。もしドレイクの方程式の他の変数を一つか二つすっ飛ばせば、太陽型恒星を周回する地球型惑星などよりも、赤色矮星を周回するタイタン型惑星（か衛星）での方が、文明の出現する可能性が大きいと結論できる。さらに、そのような世界で進化し、星間を移住していくことに熱心な知的生命は、植民地を探す者の多くがそうであるように、親近感のある環境を探すと考えてもいいだろう。とすると、「彼らはどこにいるんだ?」問題への一つの答えは、赤色矮星系になる。

ドレイクの方程式（地球のような生命にふさわしい惑星に関するもの）を、あらゆる奇想天外生物が生息しうる、もっと大きな割合の惑星・衛星・彗星についての式になるよう、（大幅に）手直しすることも可能だろう。平たく言えば、もしもわたしたちの太陽系の事情が典型的――つまり、恒星からはるか離れ、従来のハビタブル・ゾーンをゆうに越えた外側にある物件（星々）の大半でも事情は同じだとすれば、「低温の」奇想天外生物にはもっと多くの、じつに一〇〇万倍もの生息可能な場所があると論じることが可能だ。もし方程式の他の変数が変わらないままなら、知的な奇想天外生物からの信号を検出する確率はより大きくなる。もちろん、他の変数が一つも変わらないままということはないだろうが。

ショスタック

現在もっとも野心的なSETI計画は、民間資金により、カリフォルニア大学バークレー校とカリフォルニア州マウンテンビューにあるSETI研究所が共同で行なっているものだ〔訳注　アレン・テレスコープ・アレイと呼ばれる電波干渉計のこと。現在は四二基の電波望遠鏡からなるが、計画では三五〇基が並ぶことになる〕。SETI研究所の古参天文学者といえばセス・ショスタックである。二〇年以上前からSETIに関わり、二〇〇三年以降は国際宇宙飛行アカデミーと提携するSETI常設委員会の議長を務めている。おそらくショスタックは存命中の誰よりも多くの時間を地球外生命について真剣に考えることに費やしてきた。何らかの信号が報告されると報道機関が電話をかけて問い合わせる相手は彼であり、もしも信号が検出されたら、そのときにトークショーに出演し、ナローバンドだのドリフトスキャンだのといった用語を説明する人物は、まず彼になるだろう。

ショスタックは今や六十代で、自分の職業選択をめぐるどんな疑念ともとっくに折り合いをつけた人物らしい、ゆったりとして快活な印象を与える。彼は短いニュースのインタビューでも統計値を盛りこんだ二〇分間の講義でも懐疑的な人たちの質問に応じることができるが、どちらの場合でもその余裕たっぷりな風情から、彼は他の人の知らないことを知っているのだと感じさせる。じっさい、知っているのだろう。それは信号を検出する確率に関係することに違いない。

カリフォルニア大学バークレー校とSETI研究所の共同計画が始まる前は、もっとも野心的なSETIの試みはフェニックス計画だった。九年間継続されたこの計画では、地球を中心に半径二〇〇光年の仮想の球を想定し、その内部にある恒星（総数八〇〇個の恒星）からの信号に耳を傾けた。しかし太陽系を含む銀河系には二〇〇〇億から四〇〇〇億もの恒星がある。これらの恒星のうちに交信可能な文明が一万あり、それがランダムに散らばっているというフランク・ドレイクの見積もりを考えてみよう。もしフェニックス計画をそのままの効率でやり続けると、一つの信号を発見するのに九万八〇〇〇年かかる可能性がある。しかしショスタックがしばしば指摘するように、信号の処理速度はコンピュータの計算能力が上がるにしたがって上がっていき、ムーアの法則*によれば計算能力は一八ヶ月ごとに倍加していく。この傾向が続くとして（続かないと考える根拠は何もない）、これからの二〇年間にアレン・テレスコープ・アレイが定期的アップグレードを受けながら観測できる恒星の数は一〇〇万になると予測できる。もしドレイクの見積もりが正しければ、二〇三〇年までにSETIが少なくとも一つの地球外文明を検出する見込みはかなり高い。

地球外文明の性質

その文明とは、どんなものなのだろうか。ショスタックは、信号を送ってくる地球外生命の「目に見える形や全体的な様子」を予言はできないが、性質については知識による推測が可能だと考えている。[10] まず、どんな信号であれ、その送り手はわたしたちより数千年、あるいは数百万年は進んだ技術をもっているだろう。そう考える根拠を理解するには、少々、おさらいが必要だ。

宇宙論学者は宇宙の年齢を一三七億年としている。それを一年間のカレンダーに縮小してみよう。銀河系は五月にできて、太陽と太陽系惑星は九月半ばにできる。地球上に単細胞生物が出現するのが十月の初めで、一ヶ月後に大気に酸素が増えだす。最初の恐竜が孵化するのが十二月二十四日で、数日間は地上最大の陸上生物として君臨する。十二月二十六日、最初の小さい恒温動物が草むらをちょこまかと走り回る。大晦日の夜に、ホモ・エレクトゥスやネアンデルタールが出現して消滅する。いくつもの文明の興亡、人類の大移動、大陸の発見、国家や帝国同士の争い、芸術と哲学、宗教の創造、科学と技術の発展など、人類の文明によってなされたすべてのこと（有史と呼ばれる歴史のすべて）が一年の最後の一〇秒間――ほぼ、この一文を読むのにかかるくらいの時間に生じたことである。もちろん、時計はそこで止まったりしない。そして人類の文明がカレンダー上のあともう十秒間は存続するとしたら、そのときの技術ははるかに進んでいて、その差は、メソポタミアの葦舟と現在の技術との差よりもずっと大きいだろう。

議論を進めるために、人類史における現在の段階（一九三〇年代のラジオから現在のコンピュータ技術と情報通信のグローバルネットワーク、近隣惑星への無人探査機などまで）が、宇宙カレン

＊一九六五年にインテル社の共同創業者であるゴードン・Ｅ・ムーアはＩＣ（集積回路）に安価に組みこめるトランジスタの数はほぼ二年ごとに倍になる傾向があると述べた。ショスタック（や他の多くの人たち）が使う一八ヶ月という数字は、インテル社の幹部であるデイヴィッド・ハウスがＩＣチップの性能が二倍になる期間として見積もったものを引用している。（Kanellos, "Moore's Law"）

ダーの一年における最後の〇・一秒に相当するとしよう。わたしたちには参照すべき例が一つしかないので、生命が誕生し知性が発達して文明が生まれるのに、どれだけの時間が必要かわからない。それでも、慎重を期して二億年前、つまり地球上で最初の哺乳類が出現した瞬間までは、銀河系のどこにも文明はなかったとしよう。つまり、銀河系におけるすべての文明はその瞬間より「あとに」興ったとしよう。カレンダーでは十二月二十六日、今から六日前のことだ。この六日間のいつかに何らかの文明が興り、それがちょうど同じ一年最後の〇・一秒に人類史の現段階と同等な発展段階に達している確率は、(この表現は避けられないだろうが)天文学的小ささだ。つまりカレンダーは大半のSFに描かれる生命だらけの宇宙を、ばっさりと一刀のもとに切り捨てるのだ。銀河系全体のあちこちに多くの地球外文明が散在し、どれもがだいたい似たり寄ったりの技術をもち、雲行きが悪ければ互いに戦い、いいときには条約を取り交わしたり料理法を教えあったりという図は、現在は空想世界のことだし、今後もそうであり続けるだろう。

おそらく、事実は空想よりはるかに奇妙だろう。そして、もっと孤独だ。カレンダー上の数秒間に点滅するように現れては消える文明はあるだろう。地球上でもっとも複雑な生物が三葉虫だったときに頂点に達した文明もあったかもしれない。しかし、それらはわたしたちには早すぎたし、彼らにとってわたしたちは遅すぎた。ちょうどわたしたちと同じ〇・一秒間に出現した文明から信号が届く確率はきわめて低い。この瞬間に存在しているかもしれない、つまりわたしたちが信号を受け取れるかもしれない文明は、しばらく前に興隆し、隆盛し続けているはずだ。それらはわたしたちの文明よりはるかに古く、はるかに高度に進んだ技術をもっていることになるだろう。

そのような生物や文明について、何が言えるだろう。一例として、彼らは機械かもしれない、とショスタックは言う。そう考えるもとには、わたしたち自身の未来予想と、生物的生命によって作り出された技術文明の大半は、やがて自分たちの能力を人工的生命に肩代わりしてもらうようになるという想定がある。その生物的生命が奇想天外生物（たとえばケイ素やアンモニアを基礎にした生化学的性質をもつ生物）でも、同じようにするだろうという想定を付け加えてもいい――もちろん、彼らに技術を生み出す能力があればの話だが。

一九九四年、人工知能研究の先駆者であるマーヴィン・ミンスキーは「ロボットが地球を受け継ぐか？」と題する論文を発表した。それによれば、このタイトルへの答えは、おおむね「イエス」だという。人工知能の専門家によると、現在二十代の人たちは一生のうちにコンピュータが人間の脳の計算能力と互角になる日を目撃するだろうという。コンピュータの能力は指数関数的に増すので、その日からわずか五〇年後には地球上のすべての人間の計算能力を備えたコンピュータなりコンピュータネットワークなりが出現するだろう。どんな方法で測ってみても、それらは人々よりはるかに賢く、人間はそれを認めるのが賢明だ。わたしたちの過去が未来の指針になるとしたら、おそらくわたしたちはそのようにするだろう。

わたしたちの多くはずいぶん前に、単語の綴りやかけ算を、わたしたちより確かなコンピュータソフトの判断に任せてしまっている。数段落前に出てきた数値を検算した読者がおられたとしたら、きっと紙と鉛筆を使ったりはしなかっただろう。人通りの多い街角に立ち、iPhoneやスマホで検索する歩行者や、自動車でＧＰＳによるナビを使うドライバーを見ていると、わたしたちはすでにサイボーグ化しており、しかもコンピュータチップを皮下に埋めこんだりせずにそれを実現してしまったのだと結論したくなるだろう。つまり、機械との闘争があったとしても、流血騒ぎではなかったということだ。人間は負けたのだが、ほとんどの人は気にもしていないようだ。わたしたちは個人的にはレストランの選択（とそこにたどり着く最良の道順）をコンピュータソフトの判断に丸投げし、社会全体としては健康管理や財政など、もっと重要な問題についての判断をコンピュータプログラムとデータベースに任せている。これをやめる理由はとくにない。じつのところ、もっと大々的にこの傾向が進み、早晩、農業や貿易、経済、環境などの政策――つまり地球上で管理可能なあらゆることをコンピュータネットワークに管理してもらうようになりそうだ。

前の段落で取り上げた画期的事件（人の脳なみの計算能力を備えたコンピュータの発達と、全人口分の計算能力を備えたネットワークの発達）はどちらも人間中心の出来事なので、それを承認するためにコンピュータの発達を停止ないしは小休止させるべきだと考える理由は何もない。もっと重要な節目となる事件は、少なくとも数学者のヴァーナー・ヴィンジが一九九三年に述べたところによると、ネットワーク化された全コンピュータによる情報の処理速度が、コンピュータに自己認識を生じさせるほどになる瞬間だ。そうなったとき、それらはもっとも頭のいい人間でも理解できないような動機と目的を抱くようになる、とヴィンジは言う。[11] 気づくと汽車は駅を出たあとで、人々は「彼らはいつか故郷に便りを寄こすだろうか」と思いながら、ホームに立ち尽くすことになるだろう。そうこうするうちに、わたしたちの電子的後継者は自分たちの子孫をゼロから設計するようになる。自然淘汰はものすごい速度で進むラマルク主義的な（つまりみずから方向づけする）

進化に席を譲ることになり、世代交代は数秒、やがては数ミリ秒で行なわれ、それぞれの子孫は遺伝学やロボット工学、ナノテクノロジーによって、どんな目的にも環境にも適ったものに作り上げられるのだ。必要に応じて部品交換ができるし、記憶のダウンロードもアップロードもできるので、どこから見ても、ほぼ不死身になるだろう。

ヴィンジの言うとおりだとしよう。膨大な知識を得ることで、謙遜と深い歴史感覚が芽生えたりするのだろうか。そして、わたしたちの機械の子孫はわたしたちを思い出したりするのだろうか――もしかしたら、わたしたちを尊敬すべき理由を見いだしたりもするのだろうか。四〇年以上前にSF作家のアーサー・C・クラークは、ある地球外生命を描いた。彼らは誕生して何千年も経ったとき、使い古しの肉体を機械と交換し、さらに何千年もあとには使い古しの機械を純粋なエネルギーと交換する。彼らは「神のごとき」ものとなったが、「自分たちが、今は無き海のあたたかい軟泥で生まれたことを忘れきってしまうことはなかった」とクラークは書いている[12]。しかし人は、系統学的にはクラークの神のごとき生物よりも単細胞生物にずっと近いけれども、わたしたちの大半は海のあたたかい軟泥が浜辺に打ち上げられているのを見ても、特別な親近感を覚えたりはしない。また、H・G・ウェルズや彼以降の多くの作家が記述するように、彼らが「非人間的で共感を欠き、圧倒的に強靭[13]」である可能性だってある。多くのSF映画で描かれたように、人類を根絶すべきだと決定したり、人類を惑星版老人ホームみたいなものに放りこんでしまって、人類抜きで生きていこうと結論したりもするだろうか。

これらの疑問に関して、わたしたちは技術的特異点《シンギュラリティ》研究所（現マシンインテリジェンス研究所）

の存在に、いくらか安堵を覚えるかもしれない。この研究所は二〇〇〇年に設立されたシンクタンクで、メンバーはわたしたちの機械の子孫たちが「人にやさしい」ままでいる方法を考えている。メンバーの活動拠点はバークレーとその近辺で、これはたまたまマウンテンビューにあるSETI研究所からは数キロメートル、NASAのエイムズ研究センターからは車で一〇分のところだ。未来が他より早くやってくる場所があるとしたら、北カリフォルニアはどこよりもいち早く未来が到来する場所のようだ。

奇想天外機械

では、この問いに戻ろう——電波信号の送り手は、奇想天外な生物学的性質をもつ生物の子孫だろうか？　もしも彼らが機械なら、答えは無意味である。ショスタックの推理にしたがえば、彼らはゼロから作り上げられた機械によって、ゼロから作られたかもしれないし、また特定の目的のために作られたかもしれない。各世代で新しく設計され、しかも各世代は何分かの一秒しか続かないかもしれない。このような生命体には、退化した身体的特徴を保持しておく実際的必要はないだろうし、進化上、明らかに過去と決別しているだろう。たとえこのような生命体を分子レベルで調べることができたとしても、その祖先のもつ生物学的ないし生化学的性質が奇想天外だったかどうかはわからないだろう。もちろんその生命体自体は、大容量の情報を蓄積できるから、どこかに祖先についての知識を保持しているはずだ。彼らの中には太古の歴史に関心を抱き、自分の起源を思い出したいという感傷にかられる者が、わずかにいるかもしれない。けれども全体としてみれば、そのような記憶に実際的必要性はなく、彼らはまず気にかけないだろう。

信号を解読する

「もし信号を受け取ったら、どうするのか?」という問いについては、おそらく読者の予想以上に真剣な検討が進められている。「SETIプロトコル」が存在するのだ。その関連文書の表題が「地球外生命の発見後の活動に関する諸原則についての宣言」である。調印者は何よりもまず「その性質、行為、場所、結果について、可能な最大限の情報を国連事務総長および一般社会と国際的な科学界に伝える(14)」ことに同意している。しかし、正確なところ、わたしたちは何に対処すると想定しているのだろう?　そのメッセージとは、どんなものなのだろう?

フランク・ドレイクは、およそ二万光年のかなたにある文明からの信号を検出するが解読できない、という夢を何度も見るという。目覚めている間、彼は同僚とともにこうしたメッセージをつぶさに理解するという難問に取り組んできた。メッセージの内容は、わたしたちのいる宇宙の性質によって制約されるだろう。電波は光速で進むが、星間距離はきわめて大きい。従来のハビタブル・ゾーン内にあると初めて確認された惑星(ケプラー22b)は地球から六〇〇光年離れているが、そこからもしも明日メッセージが届いたら、それが発信されたのはアジャンクールの闘いでヘンリー五世がフランス軍を打ち負かした頃だ。この時間のずれは不都合だが、わたしたちの宇宙の性質上、避けられないし、他の文明との交信を望むなら、それに適応する以外にない。彼らは重要で役立つと判断した物事をメッセージにするだろう。そして、すぐに返事が来るという望みはもたずにメッセージを送り出すだろう。

これがSETIの入門書であるシクロフスキーとセーガンの共著『宇宙の知的生命』による予想であり、今も多くの実践者たちはそのように想定している。もっと具体的に、セーガンは三つの信号が重なり合っているかもしれないという考えを示した。一つ目は素数の数列のような、まぎれもなく人為的であることを示す標識信号、二つ目は恒星間の対話法の手引きのようなもの、三つ目は同じ波長だがおそらくもっと高い頻度による「銀河百科事典」のようなもの（メッセージの送信者が知っている文明のリストとともに、自分たちに関する記述と宇宙について知っているありとあらゆること）である。

マーヴィン・ミンスキーはかつて宇宙言語ともいうべきものを提示した。知的種族はシンボルを使うだろう。それが大量の情報を経済的に無駄なく伝達する唯一の方法だからだ。たとえば「りんご」という単語は三つの文字を特定の順番に並べたものだ。この単語の再現は、実際のリンゴやリンゴの詳細なイメージを再現するよりはるかに簡単である。知的な生物は交信における一種の経済法則を認識し、それを遵守するだろう。知的生物によって発信されたメッセージはどれも、記号言語によるはずだ。さらにそれは解読されるように作られ、数学を使って受け手に解読法が教示されるだろう。

こう考える根拠は二つある。まず、電波望遠鏡を作る実際的知識を備えた者は誰でも、電磁放射の物理を理解するのに十分な数学と、高利得アンテナを設計し作り上げるのに十分な三次元幾何学を身につけているに違いない。送り手も受け手も電波望遠鏡が必要なのだから、彼らはともにこうした基礎知識をもっているはずだし、そのことをどちらもが知っていると考えられる。

第二に、世界を認識する方法が違っていて、たとえ極端に異なる知能をもっていたとしても、ある共通の見解をもてるだろう。物理学者マックス・テグマークは、黒と白しかわからないネコでも、四原色を見分ける鳥でも、偏光が見えるハチや音波（ソナー）を使うコウモリでも、あるいはロボット掃除機でも、戸が開いているか閉じているかについて、みんなの見解は一致するだろうと述べた[15]。極端に異なる知能同士でも、より複雑な情報――たとえば数学で表わされた情報について、見解が一致するかもしれない。

じっさい、多くの（ただし全員ではない）見方によると、数学は宇宙を織りなす縦横の糸であり、発見され、宇宙言語の基礎として使われるのを待っているのだという。一と一の和、三角形の内角の数、円周率の値は宇宙全域で同じだ。あらゆる数学定理がそうだ。だから数学者は定理を「発見」するといい、発明するとか作り上げるとかは言わないのである。たとえ数学が宇宙言語として使えるにしても、仮定された地球外文明のすべてがそれを使うということではない。たしかに算術以上のものをもたずに成立する詩人と哲学者による文明も想像できる。工学技術をもたない文明はもっと想像しやすい。けれどもそれらは、ＳＥＴＩが信号を待ち受けている文明ではない。

宇宙の交流(コズミック・インターコース)

こうしたアイディアが理論にはるかに先んじて進展しており、数学をもとにした言語が、わが銀河系に暮らす学者によってすでにいくつも考案されていると知ったら、多くの人たちは驚くかもしれない。たとえば、オランダの数学者ハンス・フロイデンタールは長短パルスの電波信号を使った簡単な言語を発明している。翻訳者はそれを「コズミック・インターコース」と英訳した[16]。この意図せぬダブル・ミーニング(インターコースは「交流」の他に「性交」という意味もある)は、地球上の言語の通訳者にとって、とりわけ地球外からの信号を通訳しようとする者にとって、謙虚さを学ぶいい教訓になるだろう(フロイデンタールにSETI計画の大半より野心的な目標があったのなら話は別だが)。

発明家でソフトウェア開発者であるブライアン・マコーネルは遺伝学と人工知能研究の考え方を結びつけて、別のそのような言語を作り上げた。二〇〇一年、彼は地球外生命から送られてくる解読可能なメッセージは、二進数(たとえば1と0)の長い数列のようなもので、単語や文章に相当する明白なパターンや構造を備えているだろうと論じた。解読者はこのようなパターンが数列のどこかにあるはずだとにらんで、それを発見することから始めるだろう。さらに、メッセージはまず例をあげて数学記号を教えることから始まっているだろう。たとえば「等しい」という記号は1と0の特定の数列で表わし、「等しくない」という記号は別の数列になる。どちらも他の1や0の間に出現するのだが、「等しい」記号は同一の数列に挟まる形でしか出現しないだろう。

もっと例をあげて他の記号あるいは記号の組み合わせについて教えながら、マコーネルのメッセージは段階的な教育カリキュラムを提示し、さらに代数学、ブール代数、分岐命令へと進んでいく。ビットマップを使い、白黒の濃淡と色による画像によって教えることもできる。ビットマップに、時間を表わす第三の次元を加えれば、メッセージは動画を使うことができる。そして一連の動画を使い、抽象的概念も伝えることができるだろう。たとえば重力の概念は、落下する錘《おもり》や、恒星の周りを公転する惑星、互いに周回しあう二つの恒星、重力崩壊する恒星などの動画によって表現できる。もしもこれらの画像それぞれに同じ０１の数列をつけておけば、これらの画像が同一の現象を表わしていることを示せるので、その後の授業では画像なしで０１の数列を使って、重力をもっと経済的に無駄なく表わすことができるだろう。

もしもメッセージが「銀河百科事典」のようなものだとしたら、メッセージ作成者の主たる課題は、貧弱な知識しかもっていない解読者に、自分たちの知識をどう伝えるかということではないか、とマコーネルは考えている。その対策として、メッセージは慎重に段階を追ったカリキュラムになっていて、解読者がメッセージのあるレベル――つまり、どうあがいても解読できない点――に達すると、自分の理解力の限界に来たとわかるようになっているはずだという。

読者は、これでは推測だらけだと思うだろうか。メッセージを作った文明は、空間の次元をわたしたちと同じようには考えないかもしれない。そうすると、時間が空間次元によって表わされるとも思っていないかもしれない。どうもＳＥＴＩの人たちは、楽観的すぎはしないか、と。

理解に向けての挑戦

それでも、わたしたちには対話が可能だとしよう。それで、どれくらい理解できるのだろうか？似たような問いを、哲学者トマス・ネーゲルが「コウモリであるとはどのようなことか」と題する論文で取り上げている。ネーゲルが他でもないコウモリの感覚的体験を選んだのは、彼の見解によるとそれが人のとくらべて異質だからだ。論文の表題に対する彼の答えは、「わたしたちはコウモリでないので、たぶん本当のところはわからない」である。[17] そうなのかもしれないが、彼の答えには何やら敗北感があり、おそらく普遍的な人の衝動とは相容れないに違いない。わたしたちは人生の大部分を費やして、他者を理解しよう、自分を理解してもらおうとするのだ。本当に異なる人たちと対話でき、理解できたことに小躍りできるのは人生最良の日だ。じっさい、芸術や文学のほとんどは、ある気づきや感性、感情の状態を伝えようとしており、ときにそれが不可能であることの絶望を伝えようともする。だからこそネーゲルの問いは興味深いし挑戦的に思えるのだ――あまりにもそうなので、SF作家やおもしろみに欠ける哲学者たちに任せてはおけないくらいに。

動物認知科学と呼ばれる守備範囲の広い研究分野は、動物の推理力や問題解決力、言語といった問題に取り組んでいる。この分野の研究者は多くの動物、ことに霊長類やクジラの仲間、ゾウなどを研究している。意識に関心をもつ研究者もいて、その動物でいるのはどんな感じかを言葉を尽くして訊ねたりもしている。多くの科学者でない人たちも同じ問いを問いかけ、答えを提示するところまで行った人もいる。

多くの作家が人以外の動物の意識を表現しようとしてきた。たとえばイヌが語っているという想定の文学が驚くほど大量に存在する。ヴァージニア・ウルフはエリザベス・バレットとロバート・ブラウニングに飼われていたスパニエル犬の自伝を書いているし、もっと最近では、詩人たちがイヌの言葉によって（少なくとも詩人たちがイヌの言葉だと思うものによって）書いた詩（『きみ、それを食べるの？』や『リスだ！』といった清々しいほどあけすけなタイトルがついている）を集めた詩集が出版されている。[18] もちろんネーゲルが思い出させてくれるように、わたしたちはイヌではないので、これらの表現が実体験を忠実に表わしているかどうかは、本当のところ、わからない。わたしたちに言えるのはそれが正しく「そうだ」ということくらいだ。言うまでもなくイヌは系統学的にわたしたちみんなに近いし、まさしくわたしたちの多くの近くで暮らしている。人とイヌの経験を隔てる溝はかなり狭いので、簡単に橋渡しできる可能性はある。ところが、もっと大きな溝に橋渡ししようという注目すべき試みが、相手の生物のことを大いに考え続けてきた人物によってなされた。エドワード・O・ウィルソンの小説『蟻塚』である。その中には、アリのコロニーの視点から、つまり集団的知性の視点から語られている部分がある。[19]

そしてわたしたちはジョン・C・リリーにたどり着く。一九六一年、グリーンバンクでの会議を計画していたフランク・ドレイクと米国科学アカデミーの宇宙科学委員会の役員であるJ・ピーター・ピアマンは、天文学者や化学者、電子工学の専門家などを含む、かなり興味深い招待者リストを早々と作り上げていた。ドレイクが冗談に「あと必要なのは、地球外生命に話しかけたことのある人物だな」と言ったのだが、このときピアマンは「地球外」の「エクストラテレストリアル」の

「テレストリアル」を「陸地」の意味に取り、「陸地以外の生物」と解釈してしまった。そうでなければひるまずにはいられなかっただろうが、彼は「ジョン・リリー」の名をあげた。[20]

リリーはヴァージン諸島にあるコミュニケーション研究所の所長で、コミュニケーションの対象としてバンドウイルカに関心があった。一九六一年当時、リリーは学界の外にまでよく知られていたが、おもにベストセラーとなった著書『人間とイルカ』のおかげだ。この本では、イルカは人間と同じくらい知的で、洗練した言語をもち、おそらく同じく洗練された文化をもっていると主張されている。リリーの研究（と彼の宣伝力）のおかげで、一般人の想像するイルカのイメージができあがった。わたしたちの多くが、イルカは賢く、穏やかで、自然と親密な関係にあり、いざというときは英雄的にふるまうとみなすのは、リリーのおかげである。ドレイクは、リリーが会議に参加すればおもしろいだろうと、ピアマンに賛成した。こうしてリリーは招待され、彼のプレゼンテーションはイルカがさまざまに知性を披露したエピソードに富んでいて、誰もが心を奪われたのだった。彼がイルカとコミュニケーションをとろうとして挑戦し、歓喜した話は、恒星からの信号と出会ったときに何が起きるかについてのヒントを与えてもくれた。

数年後、リリーは「コミュニケーション実験室」を設計した。半分水につかったリビングルームで、そこでは人とイルカが対等にコミュニケーションでき、共通言語を発展させる場のはずだった。が、そんな言語は出現せず、リリーは自分側に限界があると信じるようになった。それを解決するために、彼は自分の精神に変化を生じさせようと考えた。ＬＳＤやケタミン、感覚遮断タンクなどを、ときには組み合わせて試すようになり、ＬＳＤを使用中にイルカと「親しく語り合った」。リリリーの研究によってイルカ研究が何十年という単位で遅れたと見る人たちもいる。[21] カール・セーガンはベストセラーになった著書『宇宙との連帯』の中でリリーの研究に言及しており、彼の研究所を訪ねたこともある。しかし結局、リリーの実験は科学的な厳密さに欠けると結論し、やがてＳＥＴＩとリリーは別の道を進むことになった。

他にも、きわめて異質な知覚や意識を理解しようとする試みはたくさんある。なかには、おもしろいけれども、科学的な厳密さをまったく無視したものもあった。

植物のための紀行映画

ジョナソン・キーツはサンフランシスコを拠点に活躍するコンセプチュアル・アーティストだが、本人は「実験哲学者」と呼ばれる方を好むだろう。彼の作品の多くが、法律でも哲学でも科学でもない、まだほとんど未知の分野――大半の人は踏みこもうとは考えない分野を探ろうとするものだ。彼は空中権（土地の上空の空間を使用する権利）という法制度を利用して、別次元にある不動産を販売したり、自分の心は「考える」という行為によって作り上げた彫刻であると主張して、心の著作権を取得したりしている。さらに、わたしたちのもっとも関心のあるところだが、植物のための紀行映像を作っている。二〇一〇年三月、彼は鉢植えの植物を床に置き、その上にスクリーンを張って、イタリアのある土地の空を映した六分間の映像を繰り返し映すというインスタレーションを行なった。キーツは『ニューヨーカー』誌のインタビューに、すました顔で、植物は光のある特定のスペクトルにより敏感で、スペクトルの構成は土地によって異なるのだと語った[22]。植物がイタリアを訪れることはないだろうが、もし行けたら、歩行移動する旅行者たちよりずっとその土地の空に関心をもつだろう。したがって植物のための優れた（つまり植物から見て、優れた）紀行映像は、空を映したものだ。

彼自身が芸術家としてどのように成長してきたかという話になると、またもやキーツはすました顔で、多くの映像作家たちのようにポルノ映像から始めました、と語った。といっても彼の場合は植物のためのポルノ映像であり、それは花を受粉するハチの映像のことなのだった。彼はさらに次のように説明したのだが、このときばかりは冗談抜きで話しているようだった。「ぼくがやっているのは、思考実験を古くさい哲学的方法に当てはめようということなんだ……ぼくたちにとってごく当たり前の環境を、ものすごく違った見方から想像することで、見慣れないものにしたい。自分たちをその環境から引き離して見るようにさせたいんだ[23]」

つまり、ものすごく異質な精神による経験がどんなものかについて、もっともおもしろい考察をしているのは、科学的慣習を逸脱するような実験をする科学者か、自称コンセプチュアル・アーティスト兼実験的哲学者なのだ。ここでわたしたちは、ある種の境界線に近づいていること、あるいは越えてしまっていることに気づくべきだろう。さらに、地球外知的生命については、科学の出番はここまでだということにも気づくだろう。科学史家スティーヴン・J・ディックはそれを端的にこう述べた。

科学は今までのところ、地球外知的生命のもつ肉体的、精神的、道徳的性質に関する疑問に何一つ答えていない。せいぜい、異星人の身体的形態の可能性に淡い光を当てたくらいだが、精神の進化について言えることは何もなく、宇宙に存在しうる知的生命を支配しているのが善良さと邪悪さのどちらなのか、あるいはその両者の混ざりあったものなのかは、さらに言えることがない[24]。

彼は続けて、「そのためＳＦの推察は……科学が示唆しうるどんなこととも同じくらい有効だ」と言う。これにこう付け加えてもいいだろう。科学は同様に、互いに異質な知的生命同士のコミュニケーションや理解の問題についても、たいしたことは言えない。そしてこの問題を、ＳＦ作家たちは大いに考え抜いてきた。ということで、慎重に慎重を期しつつ――そして次の一章だけ――この世界に足を踏み入れることにしよう。

第8章　SFにおける奇想天外生物

　SFに地球外生命が登場して一世紀を越える。今や、大部の百科事典を埋め尽くすほどに出揃った。じっさい、そうした生物を集めた本もある。『バーロウの地球外生命ガイド』だ。(1) その項目には、多岐にわたる架空の生物がずらりと並んでいるが、本書の関心に合致するものはわずかしかない。* というのも、奇想天外生物に分類できるものが、わずかしかいないのだ。こんなに数が少ないのは、奇想天外生物にはたいした意味がないと作者たちがみなしているからなのだろう。大半のSF作家は、人間とは何かを――たいていは批判的に、たまには肯定的に――語るために地球外生命を使っており、そうしたエイリアンに必要とされるのは表面的な違いにすぎない。たとえば十四世紀のサムライに紫色の皮膚ととがった耳を与え、賢人めいた声で格言をいくつか語らせてみるといい。多くの、ことに封建時代の日本の歴史を知らない読者は、彼らが人間について純粋に別世界からの見解を述べているのだと、喜んで信じるだろう。

たしかにＳＦに登場する多くの知的な地球外生命は人類とは異なる生物的性質を備えている。たとえばアーシュラ・ル・グィンの『闇の左手』には性別を変えられる生物が出てくる。けれども雌雄同体は、本書の定義によれば奇想天外ではない。じっさい、現実世界ではかなりよく見られるのだ。多くの植物や動物、たとえばスリッパーリンペットという可愛らしい英名の（ラテン名はそれほど可愛くないが *Crepidula fornicata* という）軟体動物（フネガイの仲間）は、生活史のある時期は雄だが、その他の時期には雌になる。

ＳＦに描かれた生物のいくつかは、本書でいう奇想天外生物だが、生物的性質が説明されていなかったりする。たとえばダグラス・アダムスの『銀河ヒッチハイクガイド』の「フルヴー」は「すこぶるつきに知的な青い影[2]」だという。深夜どこかで、この生物の生化学を理論化しようと時間を費やした大学院生が数人はいたかもしれないが、大半の読者は、おそらくアダムスの意図どおり、とにかく変な構造なのだと考え、喜んで疑念を棚上げにして読み進めるだろう。

では「奇想天外生物」を広く大雑把に定義するとして、ＳＦのすべての奇想天外生物を見ていこう。じつは奇想天外でない（ル・グィンの雌雄同体のような）エイリアンは除外し、印象派風表現（アダムスのフルヴーのような）も除外すると、奇想天外生物の描写と解説を試みているものは、もっともらしさや詳細さに程度の差はあれ、とにかく一握りしか残らない。

ケイ素生物はたくさん登場する。中にはケイ素と超流動ヘリウムを生化学的基礎にした惑星規模の生態系と生命体を描いたものもある。これは極低温の環境に適した生物だ。じつはＳＦ作家は数種類の極低温に適した奇想天外生物を考え出しており、その中にはカイパーベルト天体という、海王星より外側の軌道で太陽の周りを公転する、地表温度が絶対零度より三〇度高いだけの氷の天体の上で生息するものもいる。カイパーベルトの生物は、エビのような大きさと形で、フッ化炭素を基礎とした生化学的性質をもち、バイオソルベント（生化学のための溶媒）として二フッ化酸素を使う。体内でウラン235を分泌して沈殿させ、フッ素に富んだ殻により核分裂を緩やかにさせて体を温めている。分子の運動が停止する温度より三〇度高いだけの場所で生きる生物を説得力をもって描くというのは、優れたSFにとっても手強い難問だろう。というのに、ある作家はさらに低温の世界で、ヘリウムをバイオソルベントに使う生物を作り出した。ヘリウムは、絶対零度よりわずか二、三度でも高ければ液体の状態なのだ。

少数派ながら恒星上の生物が登場するSFもある[3]。これを描こうとする作家は、かなり困難な問題に直面する。太陽のような恒星の大気は、いくつかの層になっており、その一つが「彩層」である。彩層は一〇〇万℃もの高温に達する。原子や分子をばらばらに引き裂くほどの熱さだ。その結

＊本書の大半で通用する奇想天外生物の定義とは「地球の全生物の共通祖先（LUCA）の子孫でない生命」だが、この章ではいくらか修正が必要だ。SFに登場し、年代や場所、場合によっては性質が定められた多くの地球外生命は、おそらくLUCAの子孫ではないだろうが、（ありそうにもないことながら）わたしたちの知る生物と見分けのつかないものとして描かれている。もちろんSFに登場する地球外生命の多くは、そもそもその祖先は何かということまで描かれてはいない。便宜上この章では、系統の問題は無視して、奇想天外生物とはわたしたちの知る生物と根本的な違いをもつもの、とだけ定義しておこう。

沿岸部の生物群　太陽系外惑星上の湖岸に沿って生息する生物の想像図。（提供 IAAA特別会員ダン・ダーダ）

果、「プラズマ」と呼ばれる電離した気体が生じるが、およそそれで生物の体が作れるとは思えない。それでも数人のSF作家は、磁場を使ってこのプラズマを化学反応ないし生化学反応させる生物を思い描いた。これこそSFが思いつく最高に奇天烈なアイディアではないか。ところがまたもや、さらに異色な場所に出現し生存する生物を登場させた作品がある。ブラックホールの降着円盤に生息するプラズマ生物や、恒星の重力井戸に住む量子波動関数だけでできた生物、物理法則のまったく異なる並行宇宙に住む生物などだ。*

これらの作品の大半で、奇想天外生物は、人類が彼らを知ってショックを受けるように、人類を知ってショックを受ける。多くの場合、それは物語の始まりにすぎない。ショックが過ぎ去り、両者が互いの性質を隔てる大きな溝を認めると、どうにかしてその溝に橋渡しをしなくてはならなくなる。そのためにコミュニケーションを図り、理解に向けて多大な――じっさい、前代未聞の――難問を克服しなくてはならなくなる。

異星の空　巨大な惑星の衛星上で、海を越えていく鳥類の想像図。（提供　IAAA特別会員ダン・ダーダ）

読者や観客（テレビ番組や映画作品の例も多い）にとっては、これらの物語のおもしろさはほとんど、人類と奇想天外生物がまさしくそのために協力するさまを見ることにある。そのような協力の話が山ほどあって、SF界でおそらくもっともよく知られた奇想天外生物との遭遇シーンでも、そうした協力が見られるのは驚くことではない。

その遭遇シーンは、『スター・トレック』のオリジナルTVシリーズの脚本家ジーン・L・クーンによって描かれたものだ。宇宙船エンタープライズの乗組員が、ケイ素生物に遭遇する。ミスター・スポック（たいていの読者はご存じだろうが、英語を話す地球外生命である）はテレパシーによる交感を開始する。その間にその生物は十分な語彙と文字を学び、岩に「NO KILL I（殺さない　わたし）」と刻む。完璧なヘルベチカ書体で英語の文字が書かれたことにエンタープライズ号の乗員たちはさぞ感心しただろう、と読者は思われただろうか。そうでもないのだ。彼らはこの文の主語と述語が明らかに混乱していることに戸惑い、カーク船長はどう解釈したものかと悩む。「自分を殺さないでくれという頼みなのか、それとも、われわれを殺したりはしないという約束なのか？」と考えこむのだ。スポックは答えを求めて再度テレパシーを使う。そして自分たちがその生物を過小評価していたことを知る。その生物は言語を詩人のように切りつめ、かつ岩を溶かす酸を最小限に抑えて、両方の意味を伝えようとしていたのである。すぐさまもっと重大な問題について相互理解が得られ、ドクター・マッコイはその生物の傷を「熱コンクリート」で手当する。そして少なくとも一惑星上で、炭素生物とケイ素生物の共存が成功するのだ。

ＳＦに登場する知的な奇想天外生物はさまざまな方向に奇想天外なので、互いに意思疎通し理解したいと望む人間と奇想天外生物は、コミュニケーションと理解のためにさまざまな方法を探らなくてはならない。かなり変わった方法が、ＳＦ作家ジェームズ・ホワイトの作品に示されている。彼によると、生まれ故郷である北アイルランドの政情不安と暴力的状況を見てきたために、否応なく、それとは正反対の場所を思い描くようになったという。ホワイトの小説と数々の短編作品のうち、一二の作品は、宇宙にある病院を舞台にしている。患者には、繊細なトンボ風の塩素呼吸する生物がいたり、歩く植物や、地球の四倍の気圧に耐えうる装甲をまとったゾウのような獣もいる。施設はさまざまな大気と重力をもつ病棟を備えている。治療に当たる医師は八七ものさまざまな種族の出身で、異質な化学的性質を理解し、同じく異質な病気を治療するよう求められるのだが、これは彼らの中でもっとも熟練した医師にとっても難問である。この難問に立ち向かうために使われるのが、「教育テープ」である。これを使用すると、治療を必要としている生物の一員である医師の専門知識が、一時的に備わるのだ。もっとも設計に欠陥があって、テープは医師の医学的知識のみならず、人格も伝えてしまう。人格には食欲や性欲が含まれる。そのため、物語の登場人物には、はっきり言って必要以上のコミュニケーションと理解が可能になり、それが物語の読者にとってはおもしろおかしい複雑な筋立てとなる。

ホワイトの描く生物と人間とのコミュニケーションは困難を極めるが、それはとりわけ、彼らがわたしたち人間とは違った気圧や、化学反応、放射線を経験しているからだ。別の作家は、わたしたちとは違う時間を経験する生物を描いている。予想どおり、人とこうした生物がコミュニケーションを成立させるには、多大な努力と想像力が必要となる。これも予想どおりだろうが、これらの生物が住む世界は、ここまでに述べたどれとも劇的に異なっている。

＊ケイ素を基礎とする生物の惑星規模の生態系は、アラン・ディーン・フォスターの『プリズム送り』に描かれている。ケイ素と超流動ヘリウムを基礎とする生物はアーサー・C・クラークの『十字軍』に登場する。カイパーベルトに住む生物はロバート・L・フォワードの『キャメロット30K』に描かれている。バイオソルベントに液体ヘリウムを使う生物は、ラリー・ニーヴンによる複数の作品の中でノウンスペースと名づけられた宇宙に生息する。恒星の「炎のような生物」はオラフ・ステープルドンの『最後にして最初の人類』と『炎』に登場する。その他の恒星の生息者は、デイヴィッド・ブリンの『サンダイバー』やフレデリック・ポールの『時の果ての世界』に登場する。プラズマを基礎とする、ブラックホールの降着円盤に生息する生物はグレゴリー・ベンフォードの『イーター』に出てくる。フォティーノ（未発見の素粒子の一つ）を基礎とする生物と量子波動関数でできた生物はスティーヴン・バクスターのいくつかの小説中に登場する。並行宇宙で暮らす生物はアイザック・アシモフの『神々自身』に登場する。

恒星の上に暮らすと

中性子星は超新星爆発の残骸である。白色矮星すら及ばないほどの高密度で、太陽ほどの質量のものを一都市サイズの小球に圧縮したような按配だ。白色矮星では原子核を取り巻く電子殻は極度に圧縮されているのだが、中性子星の原子核を取り巻く電子殻は完全に押しつぶされて、核自体が凝縮している。一九七〇年代にパルサーが高速で回転する中性子星であることが発見されると、フランク・ドレイク（一九六〇年に地球外文明からの電波信号を初めて真面目に探査しようとした、あのフランク・ドレイクだ）は中性子星についての一般向けの講座をいくつも行なった。彼は聴衆が中性子星の表面を思い描きやすいように、そこに住む生物の目から見たように解説した。

七年後、物理学者であり工学技術者でもあるロバート・フォワードは、その同じアイディアを土台として、『竜の卵』というSF作品を書き上げた。フォワードはごま粒サイズの、中性子星の地殻と同様にぎゅっと圧縮された原子核でできた微小な生物を考え出した。その生物の代謝は核反応に依存している。ふつうの化学反応は電磁気力の影響を受けるが、フォワードの仮説上の核反応は、強い力（強い核力）の影響下にある。その力は電磁気力よりはるかに強力なため、核反応はもっとずっと速く——じつは一〇〇万倍の速度で進行する。フォワードの生物と人類の時間尺の比率は一〇〇万対一となるので、その生物が三七分で天寿を全うするというのは、人間の七〇年に相当する。両者が電波を使ってメッセージをやりとりできるとしても、この時間の尺度の違いは明らかに障害となる。それが何とかできるのは、中性子星に住む生物が、人類と一回のやりとりを終えるのに一生の半分を費やして待つだけの忍耐力をもっているからであり、人類が（こちらの方が時間的にいくらか楽だが）受信したメッセージの記録を大幅に速度を落として再生する技術を有しているためだ。総じて中性子星の地殻上に住む生物というのはかなり無謀なアイディアだが、フォワードの理論的解釈は十分に科学に基づくものだった。彼はのちにこのアイディアを『ニューサイエンティスト』誌に論文として掲載している(4)。

中性子星に生息する奇想天外生物という発想には目をみはらされる。何といっても、そのような生物は物質がひどく圧縮されている場所に適応して、信じがたいほど高密度になるはずだからだ。それと別のタイプで、物質の分布密度が低い場所に適応した奇想天外生物は、信じがたいほど希薄になるだろう。

星雲

サー・フレッド・ホイルといえばまず、近年もっとも支持されている宇宙の起源に関する理論に「ビッグバン」という名前をつけた（じつはその理論を嘲笑してそう呼んだのだが）天文学者として知られているかもしれない。ホイルにはSF作家という副業もあって、彼はそれを楽しんでいた。一九五七年には『暗黒星雲』という小説を出版している。中心となるキャラクターはタイトルにもある星雲で、水素やもっと複雑な分子からなり、これが希薄ながら、生命体のように組織化されているのだ（フォワードの中性子星の生物と同じく、ホイルの星雲もかなり科学に基づいている――

フリーマン・ダイソンがはるか未来における生物の仮説を論じる中で、ホイルの小説からインスピレーションを得たと述べたくらいだ[5]。星雲は磁場を操作して前進し、電荷を帯びた塵粒子（というのは大雑把に言って大量の神経伝達物質に相当する）によって思考する。この星雲が生きていて知性をもつことに、ある電波天文学者の集団が気づき、電波による交信が可能になり、星雲からのメッセージを英語の音声に翻訳する。

星雲はすばやく事態を把握し、反対側からのものの見方を披露してくれる。人類に対し丁重に、あなたたちの存在はまったくありえないことだと説明するのである。「あなたたちから最初にメッセージが届いたときは驚きました。惑星などという、生物にとって極端な辺境の地に住む動物に、高度な技術があるというのは尋常ならざることですから[6]」。星雲は、惑星の地上における重力が強い制約となって動物の大きさが抑制され、すると脳のサイズも（当然、その複雑さも）制約される、と言う。さらに重力のせいで、移動を可能にするための「筋構造」や、脳を保護する頭蓋骨のような「防護鎧」を発達させなければならない。当然これらにはコストがかかり、さらに脳の大きさが制限される。星雲は重力から解放されているので、そのような制約に苦しむことはない。他にも、惑星に縛りつけられた生物より利点がある。地球上の大半の生物のように、星雲は太陽からエネルギーを得て、化学反応を起こさせ、かつ維持する。ところで雲の表面積は膨大なので、地球上の全生物量《バイオマス》が入手できるよりはるかに大量のエネルギーを利用することができる。星雲は、人類への講義の締めくくりに、露骨に見下した態度でこう言うのである。「概して、知的生命体が存在すると予想できる場所は、希薄なガス状の媒体だけで、けっして惑星上ではないのです[7]」

さまざまな奇想天外生物

奇想天外生物を描いた作家の大半は、一つか二つの作品でそうしたにすぎない。奇想天外生物に焦点を絞った作品を大量に残したSF作家は、じつはほんの少数なのである。その中でももっとも多作なのは、ハル・クレメントというペンネームで執筆したハリー・クレメント・スタッブスだろう。

クレメントはハーヴァード大学で天文学を学び、高校で理科を教えていた。クレメントのエイリアンは、いかにもいい理科教師――化学実験を見ながら、その中の世界を想像できるような人物――の頭から生まれるだろうと思うような知的な奇想天外生物だ。* クレメントのある作品は、硫黄を吸い、塩化銅を飲む生物の語りで書かれている。別の作品では気圧が地球の八〇〇倍もある惑星

＊日常の言葉で奇想天外生物を表現するために、異なる生物学ないしは生化学を発明する必要はない――これは作家にとって、うれしい知らせだ。というのも、そんなものを生み出すには専門知識が要求されるからだ。とはいえ、驚くべきことではないかもしれないが、そうした物語の多くは科学分野で訓練を積んだ作家によって書かれた。感覚をもつ星雲を考え出したフレッド・ホイルは天文学の専門家だった。核反応を基礎にした生化学をもつ生物を描いたロバート・フォワードは物理学者だった。一九三四年発表の短編『火星のオデッセイ』で、動くときはギシギシと音を立て、（二酸化炭素の代わりに）二酸化ケイ素を排出するケイ素生物を描いたスタンリイ・G・ワインボウムは化学工学の学位をもっている。（異質な場所はいろいろあるが、中でも）ブラックホールの近辺に住む生物を描いたグレゴリー・ベンフォードは、現役の宇宙物理学者だ。

に住む生物が描かれている。さらに別の作品では「ふつう」の感覚がおそろしく違っているエイリアンと人が、どちらにとっても我慢の限界ぎりぎりの環境である惑星上を横断しながら、次第にお互いを理解しあうようになる。これは、数多くのハリウッド映画のバディもの〔訳注　個性の異なる二人がコンビを組んで物語が進む〕によくある筋書きだ。ただし二人のヒーローを隔てるのは、単なる文化、経済、人種の違いではない。生化学的性質なのである。

クレメントのもっとも有名な作品は『重力の使命』という小説だ。舞台は大きな（言うまでもなく架空の）惑星で、高速で自転しているために赤道のあたりがふくらんでおり、重力が増している。赤道付近でも地球の三倍という苛酷な重力が、両極では七〇〇倍という破壊的な値になる。その惑星上に住む知的種族は全長五〇センチの装甲で覆われたムカデのような生物で、ほぼ中世ヨーロッパと同程度の技術段階にある。ムカデは高さに対して恐怖心を抱いている。この惑星の重力下では、ほんの短距離の落下でもライフル銃の弾丸なみの速度で地面に激突することになるのを考えれば、もっともな恐怖心だ。それ以外では、彼らは科学的才能に恵まれた知的な人間ならこうするというように、考え、ふるまい、仮説を立てては実証し、結果を利用する。地球からの来訪者に出会ったムカデたちは、うまく交渉して知識を手に入れようとする。人間の心理学をすばやく身につけ、町に出た田舎者のように、最後には得をする――そのおかげで、科学革命を一つか二つ飛び越えられるのだ。これらからわかるのは、ムカデはわたしたちにかなりなじみのある性格の持ち主だということだ。奇想天外なのは、うわべだけ（いや、装甲だけ）なのである。

クレメントのエイリアンはみんな、科学的方法で考えたり、そうすることを学んだりできる合理的精神の持ち主だ。誰もが、宇宙は理解できるものと思っている。その結果としてもたらされる自然観は（ホイルの『暗黒星雲』でもフォワードの『竜の卵』でもほぼ同じだが）、安心感を与えてくれる。どうやら宇宙は魅力いっぱいで、畏敬の念を起こさせる場所のようだ。わたしたちが想像したこともない不思議を内包しているかもしれない。それでも十分な時間をかけ努力すれば、すべて理解可能なのだ。

しかしSFには、それとは別のタイプの奇想天外生物も描かれている。もっと不穏なタイプなのだが、というのも一つには、それが本当に深く――徹頭徹尾といってもいい――奇想天外だからだ。もっともいい例の一つは、初期のSF作品でデイヴィッド・リンゼイが一九二〇年に発表した『アルクトゥールスへの旅』に登場する。舞台となる惑星には、奇想天外生物がいるだけではなく、ダーウィンの自然淘汰に代わる現象が見られる。それは極度に活発で、方向づけられたラマルク進化のような現象で、そこに住む生物は子孫の性質を自分で選ぶことができ、その結果、どの二個体をとっても似ても似つかないという「活気ある無法状態」となった自然界が出現している。[8]

もっと近年の例は、スタニスワフ・レムの一九六一年の小説『ソラリス』（一九七二年と二〇〇二年に映画化もされている）に見られる。小説と映画では多少の違いがあるが、どちらも地球の科学者が、（この上なく安易に、そして、たぶん不正確に）「生きている海」と表現するもので覆われた惑星を発見する。その後、何世代にもわたり、何千人もの科学者が続々とやってきて、その海を研究し、仮説を立て、次第にその内部の生態や生化学、またその起源に関する理論を構築していく。その海には意識があると信じる者もいるし、単に極端に複雑なだけではないかと考える者もいる。

これらのあらゆる論点にたくさんの学派があり、どの派にも異議を唱える者がいる。そして図書館という図書館をいっぱいにするだけの、何十年にも及ぶ学識が積み上げられている。この諸々があっても、科学者の誰一人、自分たちの研究しているものが何なのか、はっきりと確信をもって語ることができない。

このように、SFにはさまざまな奇想天外生物がいる。一方の端にはムカデ——表面的には奇想天外だが、根本的には「ふつうの」生物——がおり、他方の端には生きている海——奥深いところから奇想天外で、まったく理解できない生物——がいる。

いわゆる「ほどほどの奇想天外さ」はあるのだろうか？　じつは、登場人物の人間たちが知的に理解することは望めないが、美的には賞讃できる生物を描いた作品はたくさんある。ジョゼフ・アンリ・ボーの作品にこうした生物が登場する。彼はベルギー出身で、一八八〇年代にパリに落ち着き、「J・H・ロニー兄」というペンネームを使うようになった（彼と弟は多くの作品を共同執筆していたが、別々の道を歩むことになり、かつて二人が使っていたJ・H・ロニーという名前を、生まれた順番にしたがって分けたのだ）。ロニー兄という響きは、聖人伝を記した中世の作者の名のように聞こえるかもしれないが、今から見るように、ロニーの関心は大半の教会の教義から大きく逸脱していた。ロニーの作品は、ごくわずかしか原書のフランス語から翻訳されず、大半が絶版になっている。それはおそらく批評家たちが、いわば「冗長で感傷的で不細工でマンネリな文体[9]」に、あまり魅力を感じなかったからかもしれない。しかしロニーの読者は、そんなことには悩まされなかったようだ。生前、彼のファンの数は、ジュール・ヴェルヌやH・G・ウェルズのそれに匹敵した。

ロニーの筋書きは、何というか、何でもかんでも放りこんだ万華鏡のようだった。ある作品では、石器時代人の一部族が毛深いマンモスと一緒に北極で暮らしているのが見つかり、探検家によって「救出」されて北アフリカに移住させられる。別の作品は、知性をもつ吸血コウモリの社会を描いている。さらに別の作品では、わたしたちのすぐそばで目に見えないように暮らしていて、ときどきわたしたちをかすっていき（影の生物圏を思い出させるが）、わたしたちの世界にわずかにはみ出してくる生物（同様に、わたしたちも向こうの世界にはみ出している）を見ることのできる若者が登場する。

ウェルズと同じく、ロニーはダーウィンの自然淘汰の理論からインスピレーションを得た。ことに自然は「この上なく美しく、この上なく素晴らしい形態を際限なく[10]」作り出してきたし、さらに作り続けるだろうという主張に触発された。彼は多くのものを考え出した——先史時代の部族民をおびやかす生きている鉱物とか、地球のはるか未来に生物と取って代わる「強磁性の」存在、火星上の知性をもった燐光が作り出す光るネットワークなどだ。どれもあまりに異質で、人が理解することもコミュニケーションをとることもできないのだが、それは試みようとしないからではない。

ロニーの描く人間は冒険心旺盛だ。ある物語では、科学者である人間の男性が火星人の女性と出会う。彼女はその種族すべてがそうであるように「三対の左右対称性」をもっている。つまり目が六つに耳が六つというように。そして読者が「愛なんてありえない」と肩をすくめるひまもなく、彼女と科学者はあまり科学的でない事態にどっぷりとつかっている。火星人の恋人は本書で言ってきたところの奇想天外生物かもしれないが、ロニーの科学者には偏見がなかったため、彼女の三対の左右対称性に美を見いだすことができ、同時に、人間の理解を超えた生物からきちんと敬意を払ってもらえたのだった。

これまでわたしたちは「ふつうの生物」とはさまざまな面（化学的な構造や反応経路、DNA分子の「キラリティー」など）が異なる生物という仮説を論じてきた。水以外の溶媒を使う生物や、液体でない媒体を使う生物、何の媒体も使わない生物のことも論じた。核反応を基礎とする化学によって生きる生物という仮説も取り上げた。そしてこれらの生物の故郷と呼べそうな場所を考えた。南米の岩の表面や、海洋底にある熱水噴出孔、火星の永久凍土層、木星の衛星上にある水とアンモニアからなる海、タイタンのメタンとエタンでできた冷たい湖、巨大な惑星の水素が豊富な分厚い大気の層、彗星中の風変わりな氷、中性子星の地殻、さらには宇宙の果てしない広がりそのものまで考えたのだ。奇想天外生物とその居住地について、わたしたちは可能な限り完全なリストを作り上げたと思える。

しかし一部の科学者は、もっと奇想天外な生物がいるかもしれないと考えている。今まで取り上げたすべて（砂漠ワニスを作り出しているかもしれない微生物から、水素ガスを摂取する飛行生物や感覚をもつ星雲まで）のどれもが、もし存在するならだが、わたしたちのしたがっているのと同じ自然法則にしたがっているはずだ。つまり、重力の強さやわたしたちを構成する亜原子粒子（原子より小さい粒子）の特定の質量などに関する物理法則が同じということだ。これらの法則はあまりに基本的で、ほとんどの人はわざわざ考えてみようともしないし、まして、それらが違うと世界はどうなるのかとは考えない。けれどもこうした法則が本当に違っている場所はあるかもしれず、一握りの科学者たちはその中の少なくとも数ヶ所には生命が——それも最高に奇想天外なのが——存在するのではないかと考えている。

第9章　多宇宙の奇想天外生物

実現しなかった可能性や選ばなかった道は、わたしたちの想像力を惹きつけてやまない。毎年、多くの人たちがその魅力に屈し、今一度ディケンズの『クリスマスキャロル』を読んだり、キャプラ監督の映画『素晴らしき哉、人生！』を観たりする。両作品の「もし〜なら」「こうだったかもしれない」という要素に魅かれるのだが、そのうち自分自身について思いふけって作品を置き去りにしてしまうので、翌年また読んだり観たりすることになる。もう一つの現実という考えは摩訶不思議だし、スリルもある。物語や映画では超自然現象であるという前提で、幽霊や天使によってもたらされるのがふさわしいように感じる。けれども別の現実への案内役は必ずしも幽霊や天使でなくてもいいことがわかっている。じっさい科学（ことに理論物理学や宇宙論）における発見をもとに、近年では代替現実を描いた作品が数多く発表されている。代替現実にはさまざまな呼び名があるが、その一つが「並行宇宙」である。

並行宇宙は数々のコミックにネタを提供し、ＳＦには並行宇宙ものというカテゴリーもできている。ここ十余年でＳＦが文化の主流に躍り出ると同時に、並行宇宙も表舞台に躍り出た。今日では、いたるところで目にすると言っていいだろう。ハリウッドやＴＶのテクノスリラーや知的なインディペンデント映画、あるいは主人公が運命と自由意志の問題に悩むような重たい哲学的小説などの筋書きにも登場している。こうなった理由の一つは、おそらく「もし〜なら」「こうだったかもしれない」のすべてが、実際にどこかに存在しているかもしれないという可能性がニュースになったからだろう。

近年、宇宙論学者と理論物理学者は「多宇宙（マルチバース）」という概念に大いに注目してきた。多宇宙とは、複数の宇宙の集合であり、その数は少なくとも膨大、おそらくは無限だという。どうにも落ち着かない気分にさせる説で、わたしたちの直観に反するだけでなく、用語としても矛盾がある。従来、宇宙を意味するユニバースとは「すべて」あるいは「すべてがある」を意味した。だから、何かがユニバースの外に存在したり、そこから切り離されたりすることがどうして可能なのか、また、なぜ二つ以上のユニバースが存在しうるのかという疑問が出ても不思議はないのだ。その答えを知るために、少々後戻りしてみる必要がある。

伝統的宇宙

十六世紀にイタリアの哲学者ジョルダーノ・ブルーノは、自然の完璧さと神の力により、必然的に世界は無限であると主張した。[1] それから数百年を経て、それとはかなり異なる推論が重ねられた結果、科学者たちはほぼ同じ結論に達した。二十世紀までに天文学者や宇宙論学者らは、宇宙（あらゆるものを包含する空間全体）が全方向に無限に膨張していることを示す証拠を大量に手にした（そうでないとする説はまったくのナンセンスに思えた。宇宙に果てなど、どうしてありうるのだろう？）。自然法則はどこでも同じであることを示す証拠も大量に得られた。この宇宙は無限で、ほぼ均一であるという結論は、宇宙の伝統的なモデルとなった。ほとんどの伝統的なモデルがそうであるように、このモデルにも変型があった。

変型の一つは、空間が曲がっているかもしれないという可能性からアルバート・アインシュタインが提唱した宇宙モデルだ。たとえば二次元の平面が球面上で曲げられる（曲面になる）のと同様に、三次元の空間も曲がるとすると、その結果、宇宙は有限でありながら（球の表面積は有限である）、果てのないものになる（球の表面がそうであるように）。だから、球の表面上を進むのと同様、どこまでもまっすぐに進んでいくと、出発点に（進んだ方向の反対側から）戻ってきてしまう。もちろんこのような宇宙は、それとは違う曲がり方をしている可能性もある。たとえば端が無限に広がる馬の鞍の表面のような曲がり方なら、果てのない無限の宇宙になるし、プレッツェルの表面のような曲がり方なら、球面のような（だがはるかに興味深い）、果てはないが有限な宇宙になる。

今ではこのアインシュタインの宇宙モデルはあまり認められていない。宇宙論学者によれば、宇宙が大きく曲がっているという証拠はほとんどないし、またビッグバンの名残である宇宙マイクロ波背景放射の全天地図からは、宇宙が平坦であるという説得力のある証拠が得られている。

伝統的な宇宙モデルのもう一つの変型は島宇宙である。これは無限の空間に有限の量の物質が含まれているとするものだ。いくつもの銀河（わたしたちのを含む）が寄り集まって一つの大集団を作っており、周縁では物質の分布がまばらになって、ついには何もない虚空が無限に広がっているという。しかし今のところ、天文学者たちは「周縁に向かって物質がまばらになる」現象を一つも見つけていない。観測機器が調べうる限り（というのは約四六五億光年の果てまで）、近隣の銀河や恒星と同じ物質でできた銀河や恒星が見つかっており、それらが同じ引力や運動の法則にしたがったふるまいをしている。さらに宇宙の大規模な構造を見ていくと、ほぼ何もない直径三億光年の空間を、銀河団や超銀河団でできた膜が包んでいる泡のような構造があり、その泡が（ちょうど石けんを泡立てたときのように）積み重なって、どこまでも一様に分布しているという。観測可能な宇宙の外でも、このような構造が続いていると考えるのは理に適っている。

つまり、伝統的な宇宙モデルの原型――無限で、平坦で、いたるところに銀河や恒星がある宇宙に立ち戻ることになるのだ。この宇宙モデルにはメリットがたくさんある。歴史的先例があり、観測と一致する。また「宇宙原理」、もっと一般的には「平凡原理」と呼ばれる原理に即したモデルでもある。* この原理は、コペルニクス以来、拡張され体系化されてきた「人間は宇宙において何ら特殊な存在などではない」という宇宙論学者の作業仮説だ。そして最後に、伝統的な宇宙モデルはデフォルトモデルだ。つまり、宇宙論学者が大半の計算やシミュレーションに使うモデルでもある。にもかかわらず、このモデルにはいくつか、かなり奇妙な意味合いがある。

無数のドッペルゲンガー

次のことを考えてみよう。まず、ある一定の体積をもつ空間に含まれる粒子の総数は（その空間が自身の質量で重力崩壊しブラックホールになるまでは）、有限である。第二に、ある瞬間に各粒子のとりうる位置と速度の組み合わせの数は有限なので、ある一定の体積中に含まれる全粒子の配置も、有限の数しかない。** 第三に、空間は無限にあり、有限の体積をもつ空間も無数に存在する。これら三つの単純明快で筋の通ったと思える見解から、かなり驚くべき結論が導き出される。粒子

*「コペルニクス原理」「宇宙原理」「平凡原理」という用語はほとんど同じ意味に使われる。ただし、最後の用語は、物理学者アレキサンダー・ヴィレンキンの定義によるもので、特別な価値がある。これによると、わたしたちは多宇宙における知的生命の典型なので、わたしたちの観測はこうしたすべての知的生命による観測の典型でもあるはずだという（ブライアン・グリーン『隠れていた宇宙』）。ヴィレンキンの定義は、わたしたちの目的にもっとも適しているので、わたしは本書を通じて「平凡原理」の用語を使うつもりだ。

**量子物理学の世界には直観に反する面がいくつもあり、その一つが不確定性である。たとえば電子のような原子より小さい粒子の位置と速度を同時に測定することができない。このため、量子物理学者はある粒子の位置と速度を同時に知ることができず、その「量子状態」しかわからないのだ。同様に、ある体積中の複数の粒子の配置もある量子状態として観測される。本書では「配置」の語で十分目的が達せられる。

のとりうるすべての配置は、どこかに存在しているに違いない。そしてさらに驚くことに、粒子のとりうるすべての配置は、ただ一度でなく、無限回、出現しているはずなのである。

かつて平凡原理を受け入れようとしなかった人にも、今やそうあるべき根拠が与えられたことになる。というのは、そのような配置の一つが、あなたなのだから。あなたには無数のドッペルゲンガー、つまり分身がいる。一番近くにいる分身でも、想像を絶するほどの遠い距離の向こうにいるのだが、奇妙なことにその距離は測定可能である。物理学者マックス・テグマークはある適当な大きさの空間に存在する粒子の配置の数を計算し、その配置がランダムに分布していると推定することで、彼か彼女（つまりドッペルゲンガー）は10の10^{29}乗（つまり$10^{10^{29}}$）メートル離れたところにいる、と見積もった。相当な距離である。それとくらべると、わたしたちの観測可能な宇宙ははるかに小さく、半径4×10^{26}メートルにすぎない。

ここからもう一つ、わたしたちの関心にもっと近い結果が引き出せる。粒子のとりうるすべての配置がどこかに現実にあるのだから、これまでの章で述べた奇想天外生物は存在するに違いない。彼らが何らかの自然法則に背いていない限り、彼らの生化学状態がどんなにありえないものでも、ヒ素を食べようが、アンモニアを飲もうが、生きている気球のようなものだろうが、どこかに存在しているのだ。そしてあなたのドッペルゲンガーと同様、それぞれに無数のドッペルゲンガーがいる。彼らの分布を左右するのは、その性質だけだろう。よりありえない生物ほど、ある一定の体積の空間内に存在する数は、より少なくなる。

多宇宙

このドッペルゲンガーや「ふつうの生物」や奇想天外生物やもっと無限に繰り返す他の生物のいる宇宙モデルには、無数の観測可能な宇宙も含まれている。それぞれが他と重なることはなく、それぞれの直径は九三〇億光年で、毎年、一光年分、全方向に膨張している。もちろん、お互いの間の空間がつながっているという意味では別々の宇宙などではなく、一つの宇宙の中の各領域にすぎない。けれども、たいていの宇宙論学者が代替宇宙とか並行宇宙、多宇宙について語るときは、それとは違うふうに考えている――それは宇宙の集合体が散在する宇宙で、そのような集合体の数はおそらく無限で、それぞれが伝統的な宇宙モデルと同じくらいにリアルで（奇妙なことだが）無限である。

初めて聞くと、この説はあまりに自由奔放で、素人としては、誰かが深夜に思いつき、翌朝までに二、三の仮説で下支えして、手っ取り早くまとめあげた説ではないかと勘ぐりたくなる。けれどもじつは、宇宙論学者も理論物理学者も、多宇宙を探し求めていたわけではない。むしろその逆だ。理由はすぐにあとで論じるつもりだが、多くの学者にとって、そんなものはない方がよかったのだ。しかし、超弦理論を研究する物理学者でサイエンスライターでもあるブライアン・グリーンによれば、多宇宙を「見つけることより避けることの方がむずかしい」ということがわかり始めている。(2)

多世界解釈

「量子力学」とは、微視的な宇宙の物理現象を説明し、巨視的な宇宙の基礎となる物理法則を扱う理論である。諸理論の中でも、これはすばらしく成功をおさめてきた――原子の構造や放射能、超伝導、電磁場の効果、固体の熱的性質や電気的性質を解明しているのだ。また、レーザーやトランジスタ、電子顕微鏡などの技術を可能にもした。この理論が生まれて半世紀以上になるが、量子力学が予測したことと矛盾する実験結果はただの一つもない。* もっとも、それらの予測の表皮をはがしてみると、そこに見つかるのは謎である。量子物理学者は「量子アルゴリズム」を用いて検証可能な予測をするのだが、その意味については意見が分かれている――つまり、「なぜ」そのアルゴリズムが有効なのかについて意見の一致をみていないのである。したがって量子力学では、さまざまなアプローチが用いられている。そしてそのどれもが、アルゴリズムの意味と電子のような粒子に関する不確定性を解き明かそうとするものなのだ。

一九五七年に当時プリンストン大学の大学院生だったヒュー・エヴェレット三世が提唱した量子力学の「多世界」解釈によると、原子より小さい粒子の活動によって、絶えず新しい宇宙が生じている――あるいはもっと最近の支持者の言い方によれば、現在の宇宙とそっくりのコピーが分岐し続けているという。これらの宇宙は、理論物理学で「無限次元のヒルベルト空間における もう一つの量子論的分枝」と呼ばれ、SF作家からは「別の時間軸」と呼ばれるものの中に存在する。最初、エヴェレットの研究は無視された。しかし一九六〇年代の終わりに物理学者ブライス・デウィットがそれを埃の下から引っ張りだしてきて、もっと多くの人たちの目にふれるようにし、多世界という面を強調したのだった。その説は、あまり手強い競合相手がいなかったという事実がなければ、即刻否定されていたかもしれない。ノーベル賞を受賞した物理学者スティーヴン・ワインバーグは多世界解釈を「お粗末な――ただし他のどれよりもましなアイディア」と呼んだ。[3] 数十年間で、他の宇宙について思索をめぐらした理論物理学者は二、三人にすぎず、大半の人はどんな解釈にも脇目をふらず、「黙って計算せよ」とか、（おそらくもう少しぶしつけでない表現が必要になって）「実用本意の道具主義」と呼ばれたりする態度をとったのだった。

＊嘆かわしいことに、科学の実践と用語についてのよくある誤解のせいで、今でも脚注が必要である。よく聞かれる「理論にすぎない」という否定的な言い回しは、「理論」という語の意味を十分に認識し損ねたものだ。本当の科学理論とは、自然について、検証と反証が可能な予測をする、自己矛盾のない一群の仮説のことである。ある仮説の予測が（たとえばアインシュタインの一般相対性理論による仮説が、十分に正確な測定をすれば、太陽の重力で星の光が曲がることがわかる、と予測したときのように）正しいことが示されると、その理論は信憑性が増し、信頼度がたかまる。より多くの仮説が正しいと示されれば示されるほど、その理論は成功していると判断される。ただし理論全体が証明されるわけではなく、将来そうなることも、たぶん、ない。理論とは、つねに暫定的なものなのだ。なにしろ、わたしたちにすべてがわかるようになることはまずないだろうし、わたしたちの知らないいくつかの事柄が、いつの日か、ある仮説の反証になって、その仮説が裏付けになっていた理論が崩れ、仮説の提唱者はふりだしに戻って、かの製図板やレストランのナプキン（学者がよく走り書きをして理論を捻出する場である）に送り戻されるかもしれないのである。理論の暫定性はおよそ欠陥などではなく、科学の進歩に欠かせない性質なのだ。

そして一九七〇年代の終わりに、オーストラリアの宇宙論学者であり理論物理学者であるブランドン・カーターが道具主義的アプローチで、まったく実用的でない問題に取り組んだのである。彼は、もしも物理法則が現在のものと違っていたら、宇宙はどんなふうに違っていただろうかと考えたのだ。彼は、それまでにも数人が気づいたように、*もし物理法則が大幅に（多くの場合はごくわずかでも）違っていると、宇宙で複雑な化学が存在することはなかっただろうし、まして複雑な生化学や生物——あるいはわたしたち——が存在することはなかっただろうと気がついたのだった。

素粒子物理学の標準模型

これらの法則について物理学者がこれまで理解してきたことは、「標準模型」と呼ばれる粒子と力の理論に示されている。標準模型によると、宇宙に存在するすべての物質は、一二種類の素粒子——六種類のクォーク（陽子や中性子を構成する）と六種類のレプトン（もっともよく知られているのは電子とニュートリノ）——で形成されているという。さらに、これらの素粒子には三つの基本的な力——「電磁気力」「強い核力」（単に「強い力」ともいう）と「弱い力」——が働いているという。模型には重力が含まれておらず、わたしたちの宇宙のもつ他の多くの特徴も説明していない。にもかかわらず、さまざまな実験結果を説明し、いくつかの素粒子の存在を、それらが実際に発見される何年も前に予測したことで、成功したとみなされている。

少し時間をかけて、標準模型の詳細を見直してみよう。二種類のクォークから陽子と中性子ができており、陽子や中性子から原子核ができる。陽子と中性子に特定の質量があるように、それらを構成するクォークにも特定の質量がある。クォーク（とその質量）は基本的な力によってさまざまな作用を受けている。強い力はクォークを結びつけて陽子と中性子を作らせ、弱い力はある種の放射性崩壊を引き起こす。また電磁気力は電気と磁気、その他の電磁波を司る。

クォークの質量や基本的な力の強さについて、カーターやその他の人たちを困惑させたのは、宇宙が生命に適したものになるように、すべてが微調整されているように思えることだった。クォークを考えてみよう。その質量をごくわずかだけ変えてみる――たとえば中性子が陽子より（実際は〇・一％重いだけのところを）二％重くなるようにしてみるのだ。そうすると、安定した酸素も炭素も得られなくなる。酸素も炭素もなければ、生命もありえない。次にクォークの質量を、陽子が中性子よりずっと重くなるように調整してみよう。すると安定した水素が得られなくなる。水素がなければ、生命もありえない。基本的な力についても似たようなものだ。どの力の強さを変えても、たとえわずかな変化だろうと、宇宙は生命に適さないものになってしまう。もし電磁気力が今より少しだけ強ければ、原子同士で電子を共有できず、化学が成り立たなくなってしまう。また今より少し弱ければ、原子は電子を引き止めておけず、宇宙には遊離した素粒子ばかりになり、（またも

＊一九〇四年、英国の博物学者アルフレッド・ラッセル・ウォレスは次のような見解を示した。「人を頂点とする生物の秩序ある発達に、あらゆる細部にいたるまで完全に適した世界が生まれるには、……わたしたちの周囲に存在するような、巨大で複雑な宇宙が絶対に必要だったのかもしれない」。（Wallace, *Man's Place*, 256–7）

や）化学が成り立たなくなってしまう。強い力が今より強ければ、恒星はすべての水素をヘリウムに変え、さらには鉄に変えてしまうので、水素のない宇宙になる。もし強い力が今より弱ければ、複雑な原子核は形成されず、炭素のない宇宙になる。弱い力が今より強ければ、原子核は重い元素ができる前に崩壊するし、弱ければ（強い力がより強くなったときと同様）、すべての水素がヘリウムになってしまう。

奇妙なのはこれだけではない。わたしたちの知っている宇宙には、標準模型で説明できない特性（物理学者と宇宙論学者が「宇宙論パラメータ」と呼ぶ定数）があり、しかもこれらの値がかなり特殊で、生命が存在できるようにするために微調整されているように見えるのである。「恣意的」（という以上にいい言葉がない）にも思える。たとえば重力の強さを見てみよう。その特性値は重力定数（$G=6.67\times10^{-11}m^3kg^{-1}s^{-2}$）で表わされる。誰もが気づくことだろうが、この方程式は、でたらめに作られたのではないかと思えるくらい、エレガントさを欠いている。理論による予測から導かれた方程式ではなさそうだ、と思われただろうか。じつは、そのとおりである。重力の強さを表わす方程式は、直接的な実験から求めるしかなかったのだ。ただし、その無骨な見てくれにもかかわらず、方程式は正確で、それについてはわたしたちは感謝すべきだろう。もしも重力がもっとずっと強かったら、宇宙の膨張は減速していって停止し、収縮に転じたはずだ。宇宙は生まれたとたんに崩壊していただろう。もしもずっと弱かったら、ビッグバンで作られる物質はあまりに急速に拡散し、遠くに散らばってしまうので、粒子がひどく希薄な宇宙になっていただろう。

自然と、次の疑問が浮かんでくる。なぜ素粒子と基本的な力は、現在のような値でなければならないのだろう？　これにブランドン・カーターが一つの解答を示した。もしも膨大な数の宇宙があって、宇宙ごとに物理法則が違っているとしたら、今の値でなくてはならない理由はないし、理由を探すのは無意味だ。単にわたしたちは、自分たちが存在できるような物理法則をもつ宇宙にいるにすぎない——そうでなければ、存在できないだろう。カーターは、もしもこれらの法則を説明するものがあるとしたら、それは統計学者が「選択効果」と呼ぶものであり、諸問題のうちで最大かつもっとも根本的なこの問題において、科学者たちはそれを考慮し損なっている、と言う。

カーターは一九七三年にこの考えを「コペルニクス生誕五〇〇年記念シンポジウム」で発表した。彼にとっては明らかな選択効果だったのだが、それはコペルニクスに由来する平凡原理に相反するものであり、何よりまず、フレッド・ホイル（数年前に感覚をもつ暗黒星雲を考え出したかのフレッド・ホイルだ）が平凡原理を拡大発展させた説に反するものだった。ホイルは「定常宇宙論」の主唱者だった。この説は、膨張する宇宙が今より高密度だったことはなく、ビッグバンはなかったし、物質は空っぽの空間から常時生じていることを前提としている。ホイルは、平凡原理は空間のみならず時間にも適応できると主張していた。つまり、宇宙は空間のどこでも同じと考えるように、いつでも同じと考えるべきだというのだ。すると、わたしたちがいるのは宇宙空間における特別な場所ではないし、また宇宙史における特別な時代でもないということになる。カーターの見解からすると、これは平凡原理を拡張しすぎた考えで、ことに近年の発見に照らし、ごく初期の宇宙は今とはずいぶん違っていたらしいとあらゆる証拠が示唆していることを考えると、行きすぎた予測だった。たぶんわたしたちはともかく何か特別な場所にいるのだ、とカーターは述べた。彼はこの考えを「人間原理」と呼び、それを（彼自身の言葉で）公式に「わたしたちが観測しうるものは、観測者としてのわたしたちが存在するのに必要な条件によって制限されているに違いない」と表現した[4]。

短期間で、人間原理は何百もの論文と数冊の書籍、そしてこの原理の変型をいくつか生み出した。その中でもっとも大胆なのは、一九八六年に理論物理学者のジョン・D・バロウとフランク・ティプラーが提出した「参加」型人間原理で、物理法則と宇宙は、その物理法則と宇宙を観測する者を必ず生み出すように定められている、というものだ。言いかえれば、どういう方法かは不明だが、生命と知性が宇宙を生じさせたということだ。

バロウとティプラーが提出したものにくらべれば、カーターのオリジナルの原理はおとなしいが、それでも物議をかもしたし、今日でもそれは変わらない。理由は二つある。標準模型が不完全で暫定的なものとみなされていることを思い出してもらいたい。多くの理論物理学者は、一般相対性理論と量子力学とを統合した量子重力理論と呼ばれる単一の基本原理から、物理の諸法則が（いつの日にかは）導き出せるはずと信じている。やや大げさだが、その単一の理論は「万物の理論」とも呼ばれている＊——もっとも、たとえば、なぜ愚かにも恋に落ちるのか、なぜわが家の地下室はいつも水浸しなのかについては説明してくれそうにないが。それでも、多くの人たちは生涯をかけて、その理論を発見しようとしている。人間原理による解釈や代替宇宙を語ることは、自分たちの研究が時間の無駄だったことを意味し、降伏の白旗を振ることとみなしてきたのである。それと関連した、もう一つの理由がある。カーターの人間原理は、宇宙の条件をわたしたちが観測するものに限るとするが、その条件を説明はしない。けれども、制限が説明と混同されるおそれがあった。言いかえれば、宇宙論学者が重力の強さなどの自然現象を、単にそれが生命の存在を可能にしていると示せたというだけで、説明したかのように信じてしまうおそれがあったのである。

インフレーション多宇宙

一九九〇年代の半ばに、天文学者と宇宙論学者は「インフレーション多宇宙」というモデルのもととなる一連の仮説に対する証拠を続々と手に入れた。そのモデルによると、ビッグバンのあとまもなく宇宙は急速に膨張したのだが、その際、空間の諸部分が、パンが急激にふくらむみたいに膨張し、（ちょうどパンの内部に気泡ができるように）内部に空間が生じたのだという。内部にできたポケット（あるいは泡）のような空間は、その後、膨張速度が落ちて穏やかに広がる。どんな感じになるかというと、永久に膨張し続ける宇宙は、10^{-34}秒（かそれより短時間）ごとに大きさが倍になって、すさまじい大きさになり、その間ずっと、ポケット空間がどんどん生じてくる。ポケット空間の一つ一つはいわば、それぞれの宇宙である〔訳注　これをポケット宇宙あるいは泡宇宙と呼ぶ〕。そして、その中の一つがわたしたちの宇宙だ。本書の関心からはややはずれるが、数学的な説明によれば、それぞれの宇宙（わたしたちのも含む）は外から見れば有限だが、中から見ると無限である

＊したがって、標準模型は「ほぼ万物の理論」と呼ばれることもある。

という[5]。

多くの人たちは、インフレーション多宇宙こそ、カーターの人間原理が実現する舞台なのかもしれないと考えている。宇宙論学者は、とても若い宇宙が膨張し、冷えてより安定した状態（より正確には「真空の準安定状態」）になると、物質ができあがると信じている。それは、倒したビンを回すゲームにちょっと似ている。回転している限り、ビンは安定していない。回転がやんで初めて安定する（少なくとも前よりは）。しかし、どこで回転がやむかは、多くの要因（床面のでこぼこの程度や空気抵抗など、すべて偶然の産物）によって決まる。同じように、宇宙の初期条件（物質の密度と運動）は偶然の産物で、宇宙の誕生直後に量子ゆらぎによって決まる。ゆらぎは完全にランダムなので、ありうるすべての真空の準安定状態が生じうる。したがって、それぞれのポケット宇宙（泡宇宙）に独自のビッグバンと膨張、温度の低下があり、真空の準安定状態も異なる、とこのモデルは示唆するのだ。素粒子の質量比といった物理定数が異なり、基本的な力の強さが異なり、たぶんこの上なく奇妙なことに、次元も異なるかもしれない。しかも次元には無数の異なり方（次元の総数や、コンパクト化されて見えなくなっている次元の数、それぞれの幾何学とトポロジーなど）がありうる。

正確なところ、いくつの真空の準安定状態（とポケット宇宙）がありうるのだろう。本当には誰にもわからないが、弦理論（万物の理論の有力候補）から見積もりが出せる。弦理論の予言によれば、わたしたちが伝統的な宇宙と名づけたものは、物理学者が「ブレーン」と呼ぶ、一種の基板のような空間にある〔訳注　超弦理論から派生したブレーン宇宙論によると、わたしたちの宇宙は高次元空間に浮かぶブレーン（膜）のようなものだという」。閉じた本の中の一ページが他のページと近いのにズレた場所にあるのといくらか似て、わたしたちのブレーンは他のブレーン（とそこに付随する宇宙）と近くにあるのだが、わずかにズレた場所にある。弦理論の「ランドスケープ」という考え方では、10^{500}もの異なる真空の準安定状態があり、ということは10^{500}のさまざまな定数や素粒子や次元の特性があり、回転するビンが止まったときに指し示す方向が10^{500}あるということだ。

他のポケット宇宙の大半の環境は、生命が存在するには苛酷である可能性が高く、おそらく訪ねてみたいとは思わないだろう。ただし、訪ねたいと思っても、できない。伝統的な宇宙の中にある観測可能な宇宙とは違い、ポケット宇宙は本当に切り離されていて、毎秒ごとにますます離れていくのだから。お互いの間にある拡張し続ける空間の大きさに比例した速度で引き離されていき、互いに非常に離れている二つのポケット宇宙は、光速以上の速度でお互いから離れていく。あなたがあるポケット宇宙を出発して、どんなに速く、どんなに長時間進んだとしても、他のポケット宇宙にたどり着くことは不可能だ。これらを理由に、あなたはそれらについて何かを知ろうという望みは捨てざるを得ないと考えるかもしれないし、それは正しいのかもしれない。ただし、多くの物理学者はそう考えておらず、それには理由がある。

第一に、先例がある。ブラックホールの事象の地平線の向こう側は、わたしたちがけっして見ることも訪れることもできないだろう空間だ。にもかかわらず、理論物理学者はつねにアインシュタインの一般相対性理論を使って、その空間の性質を解説してきた。それも、かなりの自信をもって。第二に、わたしたち自身の宇宙で、物理定数がかつて（わずかとはいえ）変化したという証拠がある。となると、定数は変化「しうる」のであり、大きく異なる定数をもつ宇宙が存在すると考える裏付けになるだろう（興味深いことに、異論はあるものの、そのような変化の証拠がある。二〇〇一年にある物理学者グループが、かなり遠くにあるクエーサーから発せられたスペクトル線を観察し、それが六〇億年前に電磁気力——具体的には電磁相互作用の強さを示す微細構造定数——が今よりわずかに弱かったことを示していると報告したのである）[6]。最後に、実験の可能性がある。いつか将来、弦理論による諸仮説が実験的に検証できたら、ポケット宇宙という予測も信憑性が増すだろう。

しかし、多宇宙の存在を、今、検証できそうな方法がある。科学者が確率分布と呼ぶものを予測するのである。考え方は次のとおりだ。先に書いた予測が本当だとしよう——つまり、わたしたちの宇宙は信じがたいほど多くの宇宙の一つであり、それぞれの宇宙に異なる物理定数や基本的な力の強さや次元があるとしよう。すると、わたしたちの宇宙だけに生命が存在できると考える理由はない。むしろ、生命が存在できる宇宙の集団のうちの一つである可能性の方が高い。もしそうなら、状況はすっかり変わってしまう。ある少女が高校の楽団でたった一人のバイオリニストだったのに、ジュリアード音楽院に入学してみると、部屋いっぱいのバイオリニストの一員にすぎないことに気づき、自分が特別ではないことを知る。それと同じで、生命が存在できる宇宙という集団の中では、わたしたちの宇宙は特別などではないとわかるだろう。じっさい、ジュリアード音楽院のバイオリニスト集団と生命可能な宇宙集団の中では、平凡原理が完全に復活する。もしこの少女がジュリアードに入学するバイオリニストの典型にすぎなければ、第一バイオリンの座に選ばれない可能性が高い。同様に、もしわたしたちの宇宙が、生命が存在できる宇宙の典型にすぎないなら、生命に最適な条件をもつ希少な宇宙の一つではない可能性が高い。むしろ、ぎりぎり何とか条件を満たしている多くの宇宙の一つである可能性が高いのだ。図を描いてみるとわかりやすい。

壁にダーツ盤がかかっていると想像してほしい。周囲の壁はあらゆる方向に向かって、果てしなく広がっている。ダーツ盤の中心が、生命が存在できる宇宙の最適な物理定数や基本的な力の強さや次元を表わしているとしよう。この中心の小さな円の周りには、同心円によっていくつかの同じ幅の輪が描かれている。輪の面積は、外の輪になるほど大きくなる。いちばん内側の輪は、生命が存在できる宇宙の最適値からごくわずかにはずれた値を表わし、その外側の輪はさらにもう少しはずれた値、となっていって、もっとも大きいいちばん外側の輪は、宇宙に生命が存在できるために必要な条件にかろうじて適う値を表わすと思ってほしい。言うまでもないが、ダーツ盤より外側の壁の上はすべて、この条件に適わない値を表わす。

では、壁に向かって矢を投げるとしよう。矢は完全にランダムに当たり、矢の当たったところに宇宙が作られると考えてみよう。すぐに壁もダーツ盤も均等に矢で覆われる。ダーツ盤の中心はもっとも面積が小さく、当たる矢の数もいちばん少ない。そのすぐ外側の輪に当たった本数はそれより少し多く、その外側の輪はさらに多い。いちばん外側の輪がいちばん面積が広いので、矢の当たる確率も高いと思っていい。調べてみると、実際にいちばん外側の輪に他のどの輪より多くの矢が当たっていて、当然ながら、中心部に当たった数より断然、多いはずだ。

もしわたしたちの宇宙が、生命が存在できる条件をもつ宇宙の典型なら、他のどの輪より、いちばん外側の輪にある確率が高い。つまり、わたしたちの宇宙における「生命が存在できる条件」は最適値からほど遠い――物理定数や素粒子の質量や基本的な力の強さ、次元などは、じつは必要条件をかろうじて満たしているにすぎないということだ。そこで次は、こう問いかけよう。わたしたちの宇宙の値は、本当にかろうじて条件を満たすにすぎないものなのだろうか、と。答えは、多くの値については、そのとおり――そして、ある一つについては、まぎれもなくそのとおり、である。

宇宙定数

わたしたちの多くが空っぽと思っている宇宙空間には、実際はある斥力を生み出す仮想粒子が満ちあふれている。その斥力とは、銀河同士を加速度的に引き離すダークエネルギーだ。この力の強さを示す値が「宇宙定数」*と呼ばれるものである。二十世紀前半には、具体的な数値は誰にもわからなかった。その後、一九七〇年代に理論物理学者が、ある一定の体積の空間にどれだけダークエネルギーがあるかを計算し、定数の値を予測した。その予測に、自分たちが驚いた――その値は、銀河がとうてい形成されるはずがないほどの大きなエネルギーを示していたのだ。彼らは、自分たちが間違えたのだと考えた。しかし慎重に見直して、間違いではないとの結論が出た――そして言うまでもなく、銀河は形成された。宇宙物理学者と宇宙論学者は、何かダークエネルギーを相殺するものがあって、それも-1が+1を相殺するように、完璧に打ち消し合っているのではないかと考えた。そのような完全な相殺は物理学では未知のものではない。いや、それどころか、それこそが宇宙の対称性という特徴だった。

一九九〇年代に天文学者はダークエネルギーを直接測定することができた。実際の宇宙定数は予測値と異なり、物理学者が「理論的に不自然」と呼ぶようなものであることがわかった。実際の値は、じつは予測よりはるかに小さく、そのわずか10^{120}分の1だったのだ。しかもその値は、信じられないくらい厳密だった。小数位の位置をほんの一桁か二桁、一方にずらすだけで、宇宙の膨張速度が速くなりすぎて銀河が形成されなくなるし、反対方向にずらせば、宇宙は出現したとたんに崩壊するだろう。もしこの厳密さがダークエネルギーの完璧な相殺を示していたら、さほど注目すべきことではなかったかもしれない。けれどもそれは、完璧にきわめて近いが、完璧な相殺ではないとわかったのだ。宇宙の膨張する力と収縮する力のバランスは、わずかに非対称だったのだ。そして奇妙なことに、このわずかな非対称性が宇宙の存在を可能にすると、あらゆる証拠が示しているのである。

科学の領域外で考えれば、この微小な非対称性はインテリジェント・デザインの証拠であると思えるかもしれない。もっとも、そのデザイナーは、非のうちどころなく優美なテーブルを思いついて実際に作ってみたところ、一本の脚が短くて、その下に紙ナプキンを二回たたんで差し入れないと水平にならないことに気づいた、と考えずにはいられない。これは宇宙の微調整に関するもっと

＊アインシュタインが、拡張も収縮もしない静的な宇宙を可能にするために一般相対性理論の場の方程式に導入した項が宇宙定数である。

もお騒がせな例と言われ、「八百長」とか「大がかりなごまかし」と呼ばれている。[7] 科学の領域内で考えるなら、それは偶然の一致で、あなたにとってもわたしにとっても、きわめて幸運な偶然の一致だろう。あるいは、多宇宙があるという証拠なのかもしれない。

具体的には、この非対称性は、大半の宇宙は生命が存在できない（ダークエネルギーが小さすぎるせいですぐに終わってしまう宇宙か、ダークエネルギーが大きすぎるせいで物質が散り散りになってほとんど空っぽの宇宙になる）という証拠なのかもしれない。また、生命が存在できる宇宙の集団のうち、圧倒的多数（わたしたちの宇宙も含む）の宇宙が、生命の存在を何とか可能にするぎりぎりの条件しか備わっていないという証拠なのかもしれない。言いかえれば、わたしたちはダーツ盤のかなり外縁に近いところにおり、つまり確率から言って、まさしくそうあるべきところにいるという証拠である。* じっさい、スティーヴン・ワインバーグは一九八七年に、人間原理に基づいて宇宙に生命が存在できるような値を選ぶことによって、ごく狭い範囲で宇宙定数の値を予測していた。

多宇宙の生物

人間原理に基づく考え方では、標準模型の諸数値や宇宙論パラメータは、宇宙に生命が存在できるようにする唯一無二のものであるという仮定を前提としていた。時が経つにつれ、この仮定は既成事実化した。多くの論文が書かれ、これらの値やパラメータをほんの少しずらすだけで生命が存在できない宇宙になってしまうことを示した。けれども二〇〇五年、三人の物理学者（ロニ・ハーニック、グレアム・クリブス、ギラード・ペレス）は、反例はないのだろうか――つまり、標準模型や宇宙論パラメータの値が変化しても生命の存在する宇宙が生じることはないのだろうか、と考えた。変えてもよさそうな値やパラメータの候補は「弱い力」だった。

＊定数の数値に対する別の説明もある。それも確率によるのだが、また別の確率だ。一九九五年に当時マサチューセッツ大学にいた宇宙論学者エドワード・ハリソンは、わたしたちの宇宙は人工的なもので、わたしたちより優れた知性をもち、わたしたちの宇宙と似た物理定数をもつ「母宇宙」に住む者によって作られたのではないかという説を提起した。彼の説には次のような前提がある――それなりに進歩した文明は創造的衝動にかられて子宇宙を作りたいと望むだろうし、実行する手段をもってもいるだろう、というのだ。彼は次のように書いている。生命に不適な宇宙からは、子宇宙を大量生産するのに必要な、十分に進歩した文明は生まれないが、生命に適した宇宙ではそのような文明が生み出され、それらの文明が子宇宙を作り出すかもしれない。生命が存在できないような定数をもつ宇宙は小宇宙を生み出さない、つまり複製されないので、かなり数が限られるだろう。しかし、生命にふさわしい定数をもつ宇宙は何度も複製されるので、膨大な数になっていき、多宇宙が歳をとるにつれてその数も大きくなっていくので、生命を宿した宇宙は生命が存在しない宇宙より大幅に数が多くなるだろう。すると大半の宇宙に生命が存在することになるので、わたしたちは特権的な場所にいるのではなく、単なるその他大勢の一つ、つまり典型的宇宙にいることになる。さらに、もしも多宇宙が存在する時間の大半で多数の宇宙があることになれば、わたしたちは特別な時代に生きているのでもない。ハリソンは物理定数が提起する問題を取り上げて、ひっくり返してみせたのだ。そしておそらく意図せずに、宇宙を生きているものとして考えるべき（彼は宇宙を、ランダムな突然変異と自然淘汰の産物であると仮定している）根拠を与えてもくれたのだ。（Harrison, *Cosmology*）

弱い力は放射性崩壊現象を司る。また元素合成も司る。元素合成はわたしたちの宇宙が誕生して最初の三分間に起こり、水素とヘリウムが作られ、のちにそれらから恒星が形成された。弱い力は、その名に反してきわめて強力で、重力の10^{32}倍ほどの強さがある。そして宇宙定数のように、実際に測定された値は、理論によって計算された値よりはるかに強く、「理論的に不自然」なものなのである。実際に測定された値の説明としてもっとも好まれているのは、スイスのジュネーブ郊外にある欧州原子核研究機構（CERN）の大型ハドロン衝突型加速器（LHC）によって発見されるかもしれない理論上の諸粒子が関わっているとする説だが、今のところ、なぜ弱い力がこんなに強いのかはわかっておらず、多くの物理学者は（計算値に立ち戻って）、そもそも弱い力はなぜあるのだろうと首を傾げている。ハーニックとクリプス、ペレスの三人はその疑問を思考実験によって検討してみた。彼らは弱い力が単にもう少し強かったら、ないしは弱かったら、宇宙はどうなっていたかを考えてみただけではなかった。そもそも弱い力が存在しなかったら、どんな宇宙になるかを想像してみたのである(8)。

パラメータの値や力の強さを変えてみたほとんどの物理学者は、一度に一つの変更しかしなかった。先に述べたように、弱い力の強さをほんの少し変更するだけで（強めるのだろうと弱めるのだろうと）、生命が存在しない宇宙になる。ハーニックとクリプスとペレスがすぐに気づいたのは、もしも弱い力のない宇宙に生命が存在できるようにしたいなら、オーディオマニアがひずみのないステレオの音を探るように、一度に複数の変更をしなくてはならないということだった。

恒星の必要性

もしもここで取り上げている物理学が科学の枠を超えるほど推論だらけとしたら、生物学は断固として保守的、ことにこれまでの章で述べたいくつかの考察の基準からすると、じつに保守的だ。生命の存在に炭素が欠かせないとしたのは、生物学だった。

化学を基礎にする生物が根本的に何を必要とするかはわかっているが、宇宙がその生物を生み出すためにどんな段階を経なくてはならないのかはわかっていない。しかしながら大半の科学者は、何はともあれ最低限、宇宙に恒星がなくてはならないという点は認めるだろう。

わたしたちの宇宙にある恒星は水素とヘリウムでできており、そのどちらもビッグバンの数秒後に元素合成によって作り出されたものだ。弱い力によって陽子が中性子に、また中性子が陽子に変わる反応が引き起こされ、元素合成が生じたのだ。弱い力がなければ、わたしたちの宇宙では元素合成ができず、水素もヘリウムも作られず、恒星を作る材料がなくて、ゲームは始まる前に終了していただろう。けれどもハーニック、クリブス、ペレスの三人は、弱い力のない宇宙でも、もしもその宇宙が生まれたばかりの段階における初期条件のいくつかがわたしたちの宇宙の初期条件と異なっていれば、恒星をもてるかもしれないことに気がついたのだった。

そのような条件の一つは、物質と反物質の比率である。わたしたちの宇宙では、ビッグバン直後の熱放射で膨大な量の物質と反物質が作り出されたのだが、物質の方が反物質よりわずかに多かった。宇宙が冷えるにしたがい、大半の反物質と物質はお互いに打ち消し合って、過剰に存在した分の物質が残った。もしも弱い力のない宇宙が誕生したとき、物質と反物質の比率が異なっていたら、やはりビッグバンの直後に元素合成が生じただろう。ただし、わたしたちの宇宙とは異なるタイプの元素合成だ。水素は通常の形（原子核が陽子一つでできている）ではなく、水素2（重水素）と呼ばれる形（原子核が陽子一つと中性子一つでできている）になるだろう。重水素からも恒星は作られるだろうが、わたしたちの知っている恒星とは違うものだ。わたしたちの宇宙にある太陽型恒星は、水素の原子核（陽子）を融合させてヘリウム4の原子核（陽子二つと中性子二つからなる）を作る。弱い力のない宇宙にある恒星は重水素の原子核を陽子一つと融合させて、ヘリウム3（原子核が陽子二つと中性子一つでできている）を作り出すだろう。このような恒星はわたしたちの太陽に似た恒星より小さく、温度が低いだろうが、それでもその周りを公転する惑星や衛星を温めることは可能だろう。しかもそれらは七〇億年間、燃え続けることができる――もし地球上の生命が基準になるなら、それらの惑星上や衛星上に生命が出現するのに十分な時間がある。そしてそれらの内部では、酸素や炭素、窒素といった「ふつうの生物」に必要な元素が作られるだろう。

では、宇宙に生命が誕生するために、あと必要なものは何だろう。恒星内部で作られる元素は、何らかの手段で宇宙空間にまき散らされなくてはならない。そうすれば、複雑な化学反応が可能な惑星やその他の天体に着地できるだろう。わたしたちの宇宙では、恒星内部で作られた元素は、恒星の超新星爆発によってばらまかれる。そして大半の超新星は恒星の重力崩壊の結果生じる。このタイプの超新星爆発は、恒星の中心核からの衝撃波が引き金となるが、この衝撃波を支えているのは、弱い力によって生じるニュートリノである。弱い力がなければ、崩壊する巨大質量の恒星の多くは、ただぐずぐずとつぶれるだけで、合成された元素は内部に閉じこめられたままになるだろう。ところでわたしたちの宇宙には、別のタイプの超新星がある。この超新星爆発は高温による核融合反応によるもので、降着（この場合は伴星から物質が引き寄せられること）が引き金になるのだが、これでも元素を拡散させることができる。このようなタイプの超新星爆発に弱い力は必要ない。これなら弱い力のない宇宙でも起こりうる。

ハーニック、クリブス、ペレスの三人は、弱い力のない宇宙における生命は、わたしたちの宇宙とはかなり違った環境に適応しなくてはいけないだろうと認めている。そのような宇宙では、恒星はより小さく、温度が低くなるので、その周りを回る惑星の従来のハビタブル・ゾーンはもっと恒星に近いところになるだろう。さらに、弱い力のない宇宙の恒星は、鉄より重い元素をごく微量しか合成できないだろうし、ウラン（地球内部の熱源の一つ）のようにとても重い元素は小量すら合成できないので、惑星の内部で熱を発生させプレートテクトニクスを起こすには、放射性崩壊以外のプロセスに頼るしかないだろう。けれどもすでに見たとおり、他の方法で惑星を内部から加熱することは可能だ。ウランに関しては、おそらくなくても生命は困らない。わたしたちの知っているのと似た生化学によって、代謝し複製し進化する単純な生命を生み出すのに必要な化合物はすべて入手可能だろう。

ハーニック、クリブス、ペレスの三人はそうした生命が知的生命に進化することもあると仮定している。そのような知的生命は、自分たちの宇宙に三つの基本的な力が働いていると発見し、多宇宙という仮説を考え出し、自分たちの宇宙は生命が存在可能な宇宙の集団における典型であると理論づけるかもしれない。彼らは自分たちが根本的に奇想天外な存在であるとは考えないだろう（自分を根本的に奇想天外だと考える者など、まずいないと思っていい）。けれども彼らはわたしたちのことは（理論的に不自然な上に、生命の存在に不可欠でもない四つ目の力をもつ宇宙に暮らしている）、じつに奇想天外な生物と考えるだろう。そしてわたしたちの宇宙に存在する弱い力の強さ（と存在そのもの）を説明できない限り、彼らの考えに一理ある。

さらなる調整、さらなる宇宙

ハーニック、クリブス、ペレスの三人が弱い力のない宇宙についての論文を発表した数年後、別の物理学者グループ（ロバート・ジャッフェ、アレハンドロ・ジェンキンス、イタマル・キムチ）が似たような思考実験を行なった。この時点ではすでに、クォークの質量（ということは陽子と中性子の質量）がわずかでも変化すると、宇宙に生命が存在できなくなることは、ほぼ既成事実だった。ジャッフェ、ジェンキンス、キムチの三人は、例外はありうるだろうか――つまり、生命が存在可能な宇宙をもたらすようなクォーク質量の変化はありうるのだろうかと考えたのである。

クォークの質量を変えるのは、たとえそれが理論上でも、理論物理学者にとってすら、簡単な問題ではなかった。ジャッフェ、ジェンキンス、キムチの三人による考察を述べた論文が三三ページに及び、湯川結合とヒッグス場の真空期待値の議論が大量にちりばめられているのも驚くことではない。それでも結論は単純明快で、高校化学の入門部分を習ったことのある者なら理解できる。わたしたちの宇宙では中性子は陽子より〇・一%ほど重い。それを、陽子が中性子よりほんの少し重くなるように変更しても、重水素（水素2）とヘリウム3が得られ、重水素とヘリウム3はどちらも「ふつうの生物」が使っているのと（少なくとも大まかなところでは）類似した有機化学反応を起こせるようなのだ。

クォークには六つの種類があり、その種類のことを物理学者はフレーバーと呼んでいる。わたしたちの宇宙でごくふつうに起こる化学反応にとってとりわけ重要なのは、「アップ」と「ダウン」というフレーバーである。二つのアップクォークと一つのダウンクォークから一つの陽子ができ、二つのダウンクォークと一つのアップクォークから一つの中性子ができる。クォークの他の四つのフレーバーはもっと重くて不安定であり、すぐに崩壊してアップクォークかダウンクォークになる。しかし、ジャッフェらはもしそれらを利用できれば、かなり劇的な変化を起こすことができ、やはり生命が存在できる宇宙が作られることを突き止めたのだった。より重くて不安定なクォークのうち、いちばん軽いのがストレンジクォークである。もしその質量を十分に、アップクォークの質量くらいまで減らし、同時にダウンクォークを大幅に軽くすると、陽子と中性子（つまりわたしたちの宇宙における原子核の成分）ではなく、中性子と「シグママイナス（Σ^-）」と呼ばれる粒子からなる原子核を作ることができる。そのような原子核をもつ原子からなる宇宙は安定した形の水素、炭素、酸素といった有機化学に必要な元素を作り出せる。

このような化学から生じた生命はすべて「ふつうの生物」に酷似するだろう。けれども見かけはあてにならない。決定的に根本から奇想天外な生物になるだろう。では、これが生命の達しうる最高に奇想天外な状態だろうか？　おそらく、そうではない。

さらに奇想天外

一九九七年にマックス・テグマークは、プラトンのイデア論的な観点から、数学的構造は実在していると論じた。彼の理屈はこうだ。わたしたちはみな日常的に、簡単な方法を使って物事の実在性を検証している。わたしたちはあるものが「他の人にも見える」という理由で実在していると知るのだ。その検証法を、幾何学定理といった数学的構造に適用すれば、合格する――つまり、実在するという結果になる。数学的構造は「誰が調べても同じになるという、客観的経験としての判定基準を満たしている」とテグマークは言う[9]。次に彼はその主張をもっとはるかに大きなスケールにまで適用して、「多くの理論物理学者は、数学によって宇宙がこうもうまく記述できるのは、宇宙が本質的に数学的だからではないかと考えている」と述べた。とすれば必然的に、万物の理論を表わす方程式は単に実在しているものを記述するだけでなく、もっとも根本的なレベルでそれ自体が実在しているのだという。

そのような万物の理論を表わす方程式は（少なくとも、まだ）得られていないが、いつか将来、理論物理学者が発見すると考えてみよう。にわかに別の疑問がわいてくるだろう――なぜこの方程式であって、他ではないのだろう？[10]　テグマークは人間原理から新たなレベルへと進んで、それに対する答えを示した。それを彼は「究極集合」理論と呼んでいる。多宇宙論によると、わたしたちの宇宙における基本的な力の強さや物理定数や次元は偶然に定まったもので、それ以上の説明は必要ない。それと同じように、この理論では、多宇宙を記述する（まだ発見されていない）方程式――テグマークなら「多宇宙そのもの」と言うだろう方程式――も同じように偶然に定まったもので、それ以上の説明は必要ない。こうしてテグマークは別の万物の理論をもつ別の多宇宙を思い描けるのだ。彼は量子効果のない多宇宙や時間が連続しない多宇宙もありうるだろうと言う。

ほんの少しの想像力で、このリストに追加ができる。時間が一定でなく飛び飛びに流れる多宇宙や、時間が逆向きに流れる多宇宙、相対論的効果のない多宇宙などなど。すると、テグマークはそれほどはっきり言っていないが、そのいくつかには生命が存在するだろう。多世界解釈による多宇宙やインフレーション多宇宙における生命が存在できる宇宙のように、それらはきっと全体の中の小さな部分集合になるだろうが、興味深い宇宙だろう。その生命は弱い力のない宇宙における仮説上の生命や、わたしたちの宇宙とはクォークの質量が違う宇宙における仮説上の生命などより、もっと根本的にさらに奇想天外になるだろう。

今わたしたちは推論の域にあまりに踏みこみすぎて、多くの理論物理学者があえて足を踏み入れるべき理由がないとする場所にいる。「なぜこの方程式か?」という問いに対するテグマークの答えは安易に過ぎると言う人もいるだろう。ブライアン・グリーンが言うように、量子力学やインフレーション宇宙論に結びついた仮説上の多宇宙は、単に人間原理による考察から生まれてきたものなどではない。そんな考察とは無関係に、量子力学とインフレーション宇宙論の予期せぬ結果からもたらされたのであり、もっと確固たる根拠があるのだ。グリーンには足を踏み入れないでおく理由がもう一つある。理論物理学者には多宇宙の起源についての仮説がある。多世界解釈による多宇宙ならシュレーディンガー方程式から導き出される波だし、インフレーション多宇宙ならインフレーションを引き起こす場のゆらぎである。けれどもテグマークの究極集合がどのように誕生しうるのか、今までのところ誰も示していないのだ。

それでも推論の域の奥まで踏みこんでしまったからには、楽しむことにしよう。じつはすでに人間原理による考察をさらに進めて、ここにやってきた人もいる。究極集合すら包含する多宇宙という考え方があるのだが、それらは「なぜ宇宙（あるいは多宇宙）も根本的に数学的でなくてはならないのか」という疑問に端を発している。なぜ宇宙の部分集合が、たとえば善し悪しや美醜で定義づけられないのだろう？[11] テグマークなら、そのような記述は客観的現実をもちえず、科学的に意味がないと言うだろう。それでも哲学者ロバート・ノージックや哲学者デイヴィッド・ルイス、物理学者ジョン・バロウがさまざまな理由から提唱した多宇宙の中には、それらの宇宙も居場所があるだろう[12]。この三人全員が、わたしたちの宇宙は可能な限りのあらゆる宇宙を包含する多宇宙の一部かもしれないと論じている。*

思い出していただきたい――伝統的なモデルによる宇宙では、粒子の配置の数は有限だが、粒子の数と空間は無限なので、これまでに述べてきた奇想天外生物は、それがどんなに不可能に近くても、何らかの自然法則に逆らわない限り、すべて含まれるに違いなかった。けれども、自然法則は宇宙によってさまざまだ。そしてありうるすべての法則を伴うありうるすべての宇宙を包含する多宇宙は、論理的に言って、ありうるすべての生命も包含しているはずだ。そのような多宇宙には、伝統的モデルによる宇宙や多世界解釈による多宇宙、インフレーション多宇宙、究極集合のそれぞれで仮定されたすべての生命が包含されている、と予測していいだろう。それどころでなく、もっとたくさんの生命が包含されているに違いない――SFに登場するあらゆる奇想天外生物や、ロビンソンの『空想動物事典』や神話、空想文学に登場するあらゆる動物に加え、いまだかつて想像されたことのない、けれどもありうる生命がさらに大量に含まれているだろう。

異次元の生命

ありうるすべての宇宙とありうるすべての自然法則をもつ多宇宙で、存在不可能な種類の生命はあるのだろうか。英国の数学者ジェラルド・ウィットロウは、存在できない種類の生命とは、異なる次元空間の生命である、との説を出した。[**] 一九五五年にウィットロウは一連の思考実験を行ない、生命にとって適しているのは三次元だけだということを示した。一部の人たちが気づいたように、それは人間原理に基づく議論だった。わたしたちの宇宙における宇宙定数の値はある特定の範囲に

＊同じアイディアは、ホルヘ・ルイス・ボルヘスの一九四一年の短編『八岐の園』で使われている。登場人物は「時の無限の連なりを信じていた。時間が枝分かれし収束し並行して編み出される時間網が、目のくらむような速さで成長し、どこまでも広がっていくことを信じていた。この時間網は――それを作り出している糸は、互いに近づいたかと思うと二股に分かれ、交わるかと思えば無関係なままでいるということを何世紀にもわたって続けており――あらゆる可能性を包みこんでいた」（『伝奇集』）

限られるというスティーヴン・ワインバーグの予測のように、ウィットロウの人間原理に基づく考察ではわたしたちの宇宙は三次元以外にないとされていた。ウィットロウは、もし空間にもう一つ次元が増えて重力が変わらなかった場合、逆二乗の法則は逆三乗の法則となり、惑星は螺旋を描いて太陽に落下してしまうだろうと述べた。次元の数を減らすことは実現不可能に思われた。二次元の宇宙では波は正しく伝播したり屈折したりせず、一次元の宇宙は（言うまでもないが）はなはだしく動きが制限されるだろう。数年後、ウィットロウは二次元の宇宙では神経回路網と知性の進化は不可能であると述べた。「三以上の次元でなら、（神経）細胞はいくつでも、接合部で交差することなく対になって（互いに）結合できるが、二次元ではこれが可能な細胞の数は最大で四までだ」と彼は書いている。[13]

二次元宇宙の物理学と生物学を描いたA・K・デュードニーの『プラニバース』（一九八四年）は、ウィットロウにかなりのところまで挑戦し、もしも神経細胞が「交差点」経由で神経インパルスを送れるなら、三次元におけるものと同じくらい複雑さを備えた平面の神経回路網を形成できると主張した。二次元の精神は三次元のそれより働きがずっとゆっくりだろう。というのは、二次元の神経回路網ではパルスがより頻繁に遮断されるからだが、それでも機能はする。デュードニーは二次元生物の腸管は生物の体を二つに裂いてしまうだろうという、よく持ち出される反論にも答えている。彼は、外骨格をもち、体内を動き回る消化器官で栄養分を得る二次元の魚を考え出した。細胞が一つきりで分離しているときは、食物を細胞内に取りこむために、膜は一度に一つの開口部しか作れない。けれども細胞が複数の細胞と接しているなら、周囲の細胞に保持されてばらばらにならずに済むので、一度に二つ以上の開口部をもちうるなのだ。

　これらのアイディアに読者はどれもこれもどうでもいい、という反応を示されるかもしれない。何しろわたしたちもわたしたちの子孫も、そのような生物を目撃しそうには思えないのだから。わたしたちがけっして見ることも触ることもできず、存在自体、証明できないようなものが重要かどうかは、哲学的にも理論的にもわたしたちのここでの関心をはるかに超える問題だ。それはさておき、そのような生物でわたしたち（あるいはわたしたちの子孫）が見たり触ったり計測したりできる部類のものがいる。ありうるすべての宇宙のうちのある特別な集合、「シミュレーションされた宇宙」に住む生物である。

＊＊おそらくこのような生命でもっともよく知られているのは英国のエドウィン・A・アボットという名の学校教師が考え出した生命だろう。彼の『フラットランド――多次元の冒険』（一八八四年）は、A・スクウェア（正方形）氏という二次元宇宙に住む二次元生物の自伝である。彼は三次元生物である読者のために、便宜上、自分の世界をフラットランド（平面国）と呼んでいる。スクウェア氏がさまざまな次元の世界について学ぶ際は、自分の次元以下の世界であるポイントランド（点国）とラインランド（線国）とのアナロジーの助けを借りる。そしてアボットの三次元世界の読者は、それと相当する自分たちの次元を超える世界へのアナロジーを考えるよう誘われる。『フラットランド』とそのアイディアを発展させた想像力あふれる作品のほとんどは数学的空想であり、幾何学の楽しい訓練にはなるが、ありうる生物なり世界なりを描こうと意図されたものではない。

シミュレーション生物

ジョン・コンウェイが「ライフゲーム」を発表してから数十年のうちに、ソフトの開発者たちは生物を個々に、あるいは集団でシミュレーションするような多くのコンピュータプログラムを作り出した。それらはどんどん本物らしくなっていった。純然たるゲームもあるし、教材や、生態学者が生物集団のモデルに使うような科学的研究用のツールもある。シミュレーション生物は生きているのだろうか？　もしも全米研究評議会（ＮＲＣ）報告書『惑星系における有機生命の限界』の生物の暫定的定義「ダーウィニズム進化が可能な化学的システム」を受け入れるなら、答えは「ノー」だが、理由は化学的システムでないからにすぎない。定義の前半部に適合するかどうかは、いくつかのかなり微妙な性質に関わる。シミュレーション生物は生きていると主張する人たちは、十分にダーウィニズム進化が可能であると言うだろう。多くは文字どおり、そうなるようプログラムされているのだ。さらにシミュレーション生物は、現実の生物のするあらゆることをやってのけるとも言うだろう――成長し、食物を摂取し、代謝し、複製し、死ぬ、と。反対に、シミュレーション生物は生きていないと主張する人たちは、それらがこれらの行動を真似ているにすぎず、成長、食物摂取、進化のすべてが――スクリーン上でそれらを目撃するのがどんなに印象的であろうと――バーチャルであって、現実のものではないと言う。しかし、バーチャルと現実の違いはどんどん不明瞭になりつつあると言う人たちもいる。またしても、生物の定義はわたしたちの手をすり抜ける。それも新たな仕方ですり抜けるのだ。

　しかし、将来のいつか、シミュレーション生物が生き、かつ知覚ももつ、と考えてみよう。彼らはコンピュータシミュレーションを自分たちの宇宙とみなし、それがわたしたち自身の伝統的なモデルの宇宙のようなもので、その中では諸法則がどこでも同じであると理解するだろう。テグマークの数学的構造は実在であるという概念が、ここではかなり明白に当てはまる。コンピュータシミュレーションは基本的に、そのコンピュータの状態を表わす一連の数学的操作である。そしてこれらのシミュレーションが宇宙である限り、そのプログラムが、その宇宙の万物の理論である。

ある未解決の問題

　自分の存在が他人の夢か想像にすぎないかもしれないという考えは、文学のいたるところに見られる。それらは哲学、ことに認識論でよく取り上げられる問題だ。認識論というのは、何よりもまず「人はどのようにして自分の知っていることを確信できるのか」を問う学問である。コンピュータシミュレーションと、さらに詳細で現実味を増していくシミュレーションの可能性は、その問いに新たな概念の枠組みを与えた。

　コンピュータの処理能力はどんどん高速になっている。今後も高速になり続けるだろう。もしも量子コンピュータが実現されたら、処理速度は指数関数的に上がるだろう。シミュレーション世界を作るというのは魅力的だし、ことにその世界がかつてないくらいに巨大で、細部が詳細になれば、魅力的であり続けると思われる。

ではしばらくの間、わたしたちの想像力を思う存分はばたかせよう。わたしたちよりも何千年も進んだ技術をもつ文明の担い手は、シミュレーション宇宙を作ることが可能だろうし、技術的障壁がないとするなら、知覚と自意識を備えた住民を作ることも可能だろう。コンピュータの作り出す代替現実という筋書きはSF世界ではおなじみで、ある問いを誘う。もっとも身近な映像文化の表現を借りれば、「自分たちが『マトリックス』の中で生きているのではないと、どうやって知るのだ?」である。つまり、自分たちがはるかに進んだ技術をもつ知的存在（人か、地球外生命か、生物か、人工物かはさておき）によって作られたシミュレーション世界に存在するシミュレーション生物でないと、どうすればわかるのか、ということだ。答えは当然、「わからない」である。「わかりようがない」と言ってもいい。少なくとも、すんなりとは。もちろん、シミュレーションをする者たちがわざと姿を見せることもあるだろうし、うっかり者もいるだろう（「やあ、昨日、なぜ空がまったく動かないんだろうと不思議に思っている人がいるみたいだね。まいったな……」）。あるいは、こういうこともある。シミュレーションをする者は自分たちの痕跡を残さないように気をつけているのだが、ときどき、それに失敗するのだ。

シミュレーションする者たちが、シミュレーション宇宙の住人たちに、その宇宙が作り物だと確信されないようにしたがっているとしてみよう。シミュレーション宇宙を無限にする必要はない。住人のもつ機器で調べられる範囲よりも大きければいい。言いかえれば、観察可能な宇宙のサイズさえあればいいのである。十分に進歩した文明の一員であるのはどんな感じだろうと思う人は、誕生日に欲しいものは何かを言うような調子で、「観察可能な宇宙の大きささえあればいい」と二、三回言ってみるといい。もっと真面目に考えてみるなら、わたしたちは自分たちの推定を軽く扱いすぎているかもしれない。わたしたちが想定している文明にとっても、観測可能な宇宙の規模のシミュレーションをするのはかなり大がかりな仕事かもしれない。けれども、それほど大がかりにしない方法もある。

シミュレーションする者たちが経費を節約する（つまり、誕生日プレゼントをけちる）ことを望むなら、何も宇宙全体をシミュレーションする必要はなく、そこの住人がたまたま目を向けた場所とか、あるいは経験している部分だけをシミュレーションすればいいのだ、と気づくだろう。すると、分子サイズの微小なものについては、住人が電子顕微鏡で見ている部分以外は未解決のまま放っておけるし、深宇宙の恒星や銀河についても、住人が（光学でも赤外線でも電波でも）望遠鏡をたまたま向けている場所以外は、未解決のまま放っておけるということだ。もちろん本物の分子やら遠方の恒星や銀河は、住人の近辺の環境に対してさまざまな影響を及ぼし、分子論や重力に関する知識をいくらか備えた住人たちは、それらの影響を検知し測定する方法を知っているかもしれない。それでもシミュレーションをする者たちは近似値で間に合わせることができるし、住人には何もわからないだろう。

けれども、近似値には落とし穴がある。時とともに少しずつ矛盾がたまっていって、プログラムを破壊するほどになりかねないのだ。破壊を避けるために、シミュレーションをする者は、ときおり補修をしなくてはならないだろう。それでも、完璧なものにはならない。補修をしても、住人がじっくりと調べれば、宇宙の風景に矛盾や小さなほころびがあることに気づくかもしれない。ではそうしたほころびとは、正確なところどんなふうに見えるのだろう。ジョン・バロウによると、六〇億年前に起きたかもしれない、電磁気力の強さにおける小さな変化のようなものに見えるだろうという(14)――あるいはたとえば、あなたのシミュレーションかもしれないうなじに髪の毛が生える、とかかもしれない。

自分たちがシミュレーションであるという考えは、ほとんどの人にはかなり嫌悪すべきものだが、だからといってそうでない根拠にはならない。じつはオックスフォード大学の哲学者ニック・ボストロムが説得力のある主張をしている。ボストロムの推論によると、十分に進歩した技術を備え、シミュレーション宇宙を作ることのできる社会の者たちは、膨大な数の宇宙を作り出すだろうという。早晩、シミュレーション宇宙の住人は、実際の宇宙の住人より数が多くなり、時とともに人口は増え続けるばかりだろう。今一度、平凡原理を取り上げよう。この話がどこに向かおうとしているのか、おそらく読者はおわかりだろう。自分の宇宙が本物なのかシミュレーションなのかわからないが、シミュレーション宇宙は本物よりはるかに数が多い(たとえば、本物一つに対し、一〇〇〇のシミュレーション宇宙があるとしよう)と信じる根拠があるとしたら、わたしたちはシミュレーション宇宙に生きている(まあ何というか、「生きて」いる)可能性が高いと結論づける他にない。

十分に進歩した技術をもつ社会が作りたがる宇宙ないしは住人がどんなものかはわからないが、彼らは学んだり楽しんだりしたがると考えていいだろう。そして論理的に考えれば、シミュレーションを始められたのなら、それを終わらせることもできる。やめる理由はたくさんある。興味を失うこともその一つだろう。なので、六〇億年前に電磁気力が変化したかもしれないことが気になった人は、その気がかりを動機として、シミュレーションする者たちの興味を惹き続けようと考えるかもしれない。シミュレーションする者たちは、はっきり言って何をおもしろがるのだろう？　当然わたしたちにはわからないが、もし彼らがわたしたちの世界のコンピュータゲームのプレーヤーたちに多少でも似ているなら、あきっぽく、善行に報いることはめったになく、消極性に見返りを与えることはまずない。わたしたちの宇宙を存続させたいと思うなら、みんなでもっと危険を冒した方がいいのかもしれない。

まだバンジージャンプの予約をとったり、スキーの難関滑降コースに出かけるために本書を閉じていない読者は、シミュレーションをする者たちはさまざまな「危険」をプログラムしているが、その大半はわたしたちの幸福の脅威にならないと知って、ほっとすることだろう。こうした危険の一つがわたしたちを奇想天外生物に引き戻す。推測の道筋を少し後戻りして、わたしたちが本物の宇宙に住んでいると推定してみよう。ただし、技術の進歩の副産物として、多かれ少なかれ必然的に、コンピュータシミュレーションはかつてなくリアルなものになり続けるとも仮定しよう。シミュレーションは本当には何一つ危険にさらされない。ほかならないそれが理由で、シミュレーションに危険が呼びこまれる。シミュレーションをする者はみな、ぎりぎりの極限を試したり探ったりして限界を超えようとしたがる。これは、曲がりくねったアウトバーンを運転するゲームで、スピードの世界記録を破ろうとするプレーヤーに言えることだ。また、バーチャルシミュレーションで渡りをするチョウ、オオカバマダラの集団を研究する昆虫学者にも言えることだ。

危険を求める同じ傾向が、生物そのものに対しても発揮されるだろうか？　たぶん、される。生物に興味をもってシミュレーションする者たちが奇想天外生物を生み出すサブルーチンを好むだろうという予想は、行きすぎに思えない。現時点でも生物学者は、生物やその体の各部分のシミュレーションを行なっている。たとえば、タンパク質のフォールディング（折りたたみ）や結合が、コンピュータの並列処理や分散処理によって日常的にシミュレーションされている。[15] コンピュータゲームという科学研究からは遠く離れた分野では、シミュレーションで生物を作り出すのはごくふつうのことで、ざっと見たところ、奇想天外生物（つまりドラゴンの類い）が「ふつうの生物」より圧倒的に多そうだ。*

しかし、シミュレーションを単に観察しながらときどき調整するだけだと、やがて退屈するだろう。遅かれ早かれ、シミュレーションする者たちはシミュレーションをじかに操作したくなるだろう。この望みは（おそらくいつの日にか、原始的と思われるようになる方法で）、今の時点でも叶えられている。ウィル・ライトは「シムシティ」や「シムピープル」「スポア」といったシミュレーションゲームのデザイナーで、現在は「ハイブ・マインド」と名づけた新作ゲームを設計している。これはクロスプラットフォーム対応のオンラインゲームで、電話やタブレット、ソーシャルネットワークやコンピュータの個人情報を利用することによって、ゲームプレーヤーの日常生活をインタラクティブな（相互方向的な）体験に変えるというものになるという。ライトはそのゲームによって、バーチャルな世界と現実世界の融合を体験できると主張している。[16]

これを皮切りに今後こうした融合が繰り返されることになるのか、出だしで失敗してしまうのかはわからないが、現実とバーチャルの境界線はますます曖昧になっていくように思われる。技術上の障壁がないと仮定すれば、将来のいつか、現実の環境とシミュレーションされた環境の間で双方向のやりとりができるようになるだろう。これまでの議論から、興味深い結論が引き出せるかもしれない。もしも奇想天外生物をシミュレーションしたいという衝動が大きければ、そしてコンピュータの処理能力がどんどん上がっていって、本物の人間がシミュレーションを、シミュレーションが本物を訪ねることが可能になったとしたら、わたしたちあるいはわたしたちの子孫は、奇想天外生物に直接遭遇することになるだろう――と聞くと、つい、わたしたちのかかとにかみ傷を残すグリフィンだとか、家までついてくるユニコーンといった想像をしてしまいたくなる話だが。

将来の展望を少し

わたしたちはＤＮＡにヒ素をもつバクテリアや砂漠ワニスは生物ではないかという推察から、はるばるここまでやってきた。そろそろ一息入れて、わたしたちをここまで引っ張ってきた思考の道筋を整理してみよう。注意深い読者は、奇想天外生物の中でももっとも奇想天外な類いを考え出しているのが生物学者ではなく、さらに宇宙生物学者ですらないことに気づかれただろう。それらは他

＊もしここで、わたしたちがシミュレーションかもしれないというボストロムの議論に立ち戻り、シミュレーションをする者たちがわたしたちと同じように奇想天外なものに目がないとしたら、わたしたちは奇想天外生物だということになる――シミュレーションしている者たちにとって奇想天外ということだが。

の分野の学者や実学の研究者から出てきたものだ。別の宇宙の生物という仮説は、理論物理学者（ハーニックとクリブス、ペレスや、ジャッフェとジェンキンス、キムチ）によってまとめられた。ブラックホールの周辺や白色矮星の大気に住む生物という説は宇宙物理学者（アダムズとラフリン）によるものだった。永遠に生き続ける生物という仮説は、数学者であり理論物理学者でもある人物（ダイソン）が発展させたもので、彼はまた、今のところもっとも広範な生物の定義となりそうなものを提示してくれた。ＳＦに数多く登場する奇想天外生物のうち、二つは明らかに科学的根拠にしっかりと基づいており、航空宇宙工学の技術者になった物理学者（フォワード）とプロの天文学者（ホイル）によるものだった。水素を呼吸する飛行生物という比較的保守的な仮説ですら、物理学者（サルピーター）と宇宙生物学者になった惑星科学者（セーガン）が提起したものだった。

別の形態の生物を考えた多くの生物学者は、ノーマン・ペイスに賛同する傾向がある。覚えておられるだろうか、もしも宇宙のどこかに生物が存在するなら、その生化学的性質は既知の生物のそれとかなり似ているだろうと考えている人物である。一部の宇宙生物学者（たとえばシュルツェ－マクッフとマッケイ）は、別の生化学を使う生物が存在しうるという仮説を提唱している。けれどもそれですら、中性子星の地殻やブラックホールの周辺に住む生物という仮説にくらべれば、かなりおとなしく思える。ここでは明らかに、二つのきわめて異なるレベルの推測がなされている。なぜ両者がこうも大きく乖離しているのかについては、説明が必要だろう。

乖離のもとは、研究分野（一方は物理学と天文学、他方は生物学）の性質や、それぞれの分野のものの見方、またそもそも各分野に惹かれる知性のタイプの違いによると考えていいだろう。[*] 一般化するならば、一方の理論物理学者は、ある現象の詳細よりも、それらが示す根本原理の方に興味をもつ傾向がある。天文学者は、太陽の候補である何十億もの恒星と、それらを周回していると推定される何十億もの惑星と、宇宙がこれまで存続し、これからも存続し続けるだろう長大なスケールの時間のことを、必然的によく知っている。奇想天外生物の存在に悲観的な生物学者に対し、理論物理学者なら「生化学や化学に関する詳細は、生物が必要とするもっとも基本的なもの（エネルギーと物質）にくらべれば重要ではない」と言うかもしれない。そして天文学者は、わたしたちの宇宙（加えて、もしあるなら他の宇宙）には、その必要とするものを与えてくれる場所がたくさんあり、じっさい何十億年も必要に応じ続けてきたと主張するだろう。

他方、さらに一般化するなら、生物学者は理論物理学者より、生物細胞内で驚くほど複雑な化学反応が生じていることや、アミノ酸がその細胞になるまでにはありえないほどの段階を延々と進ま

＊地球外知的生命が存在するかどうかについても、同じように専門分野の違いによって意見の相違が見られる。カール・セーガンとエルンスト・マイヤーがたたかわせた議論に、もっともよくそれを見ることができる。セーガンは地球外知的生命はありふれた存在であるとの見解をとり、マイヤーはめったに存在せず、おそらくわたしたちの種だけだろうとの見解だった。マイヤーによれば、地球外文明を多数あると見積もったセーガンたちは、その専門知識のせいでお粗末な推理をしたのだという。「そんな主張をする人の専門を見れば、ほぼ例外なく天文学者か物理学者か工学者だとわかる。どのようなＳＥＴＩ計画だろうと、成功するかどうかは物理法則や技術力の問題ではなく、本質的に生物学的要因と社会学的要因の問題なのだという事実に気づいていないのだ。これらの要因が、ＳＥＴＩ計画の成功率の見込みを見積もる上で、完全に無視されてきたことは明らかだ」というのである。（http://www.astro.umass.edu/~mhanner/Lecture_Notes/Sagan-Mayr.pdf）

なくてはならず、その多くはまだ十分に理解されていないことを心得ていると考えられる。奇想天外生物が存在するかもしれない、あるいは必ず存在すると言う楽観的な物理学者や天文学者に対し、生物学者なら「あなたはそれを作り上げるのに必要な化学および生化学がどれほど複雑かがちっともわかっていない」と反論するかもしれない。

こうした乖離は、科学者が奇想天外生物という概念を真剣に取り上げだしたのがごく最近にすぎないことを思い出させてくれる。もしそれが新たな研究分野だと言えるなら、かつて宇宙生物学がそう呼ばれたように、研究対象がいない研究分野である。あるいは、研究対象が「まだ」見つかっていない、というべきか。

エピローグ

今のところ奇想天外生物は、一例も発見されていない。この先も発見されないかもしれない。そのため本書では、エピローグによくあるような簡潔な結論を書くわけにはいかない。ただ、せめて今後の調査の見通しくらいは書いておけるかと思う。

デイヴィスたちが地球上の奇想天外生物を精力的かつ計画的に探査する計画の立案を呼びかけたが、現在、そのような計画は進行していない。本書で述べたように、個々の研究により地球上の奇想天外生物は慎重に探されてはいるのだが、今のところ、発見はまだない。けれども科学者が他のものを探すうちに、いわば偶然に地球上の奇想天外生物を発見する可能性もある。他の世界つまり地球外で奇想天外生物を探す「現地調査」は、ひいき目に見てもまだ先の話だ。何らかの惑星や衛星の表面での現地調査で現在進行中の唯一の計画は、NASAの火星探査機「マーズ・サイエン

驚き　NASAの無人火星探査車マーズ・エクスプロレーション・ローバーの一つが、興味深い発見物に接近しつつある（幻想的な）想像図。（提供　IAAA特別会員ダン・ダーダ）

ス・ラボラトリー（愛称キュリオシティ）」である。ただしこれは生物そのものではなく、生物が存在しうる環境を検出するように設計されている。おまけに計画にたずさわる科学者は、生物が存在しうる環境を既知の生物に適しているものとして定義しているので、奇想天外生物が存在する証拠があっても気づき損ねる可能性がある。欧州宇宙機関（ＥＳＡ）には木星とその衛星を探査する計画があるが、生物探査についてはとくに計画に組みこまれていない。宇宙生物学者が有望と考える候補地のリストの上位二ヶ所――つまり土星の衛星エンケラドゥスとタイタン――の表面を探査する計画は、今のところ進行していない。

ノーマン・ペイスの見解によると、地球外生命の存在に関する最初の証拠がもたらされるのは、わたしたちの太陽系内、あるいは太陽系外（こちらの方が可能性が高そうだ）の惑星や衛星の大気が化学的に非平衡状態であることが分光分析で突き止められるときだろうという[1]。この可能性は、探査計画と研究対象の数が増えれば、どんどん高まるだろう。ケプラー宇宙望遠鏡による系外惑星の探査計画は、最初は二〇一二年十一月に終了予定だったが、二年間延長され、さらにもう二年ということになりそうだ。フランス国立宇宙研究センターが主導し、ESAと共同開発した系外惑星探査衛星コロー（COROT）による探査計画は、ケプラー計画と同様、惑星が主星を横切るトランジット現象を捉えることで惑星の存在を検出するもので、現在継続中である〔訳注　その後、故障により運用終了〕。地球上にある望遠鏡を使った太陽系外惑星の探査計画は、ざっと八〇ほどが現在進行中か準備中で[2]、その多くは惑星の大気の分光分析ができる。奇想天外生物の探索を推奨する中で全米研究評議会（NRC）報告書『惑星系における有機生命の限界』は、惑星大気中に見られる奇想天外生物の「生命の痕跡（バイオシグナチャー）」は、地球上に生息する生物のバイオシグナチャーとは違っているだろうが、それでも同じようにたやすく検知されるだろうと述べた[3]。もちろん、すでに書いたように、現地調査なり標本を持ち帰るなりをせずに、それらが本物のバイオシグナチャーなのか、単にきわめて珍しい化学反応の産物にすぎないのかを確実に知ることはできないだろう。

しばらくの間は、すでに見てきたように、科学者たちは推測し、仮説を立て、奇想天外生物の生化学的モデルを作り続けることになる。このように考察することは、三〇〇年ほど前にクリスティアン・ホイヘンスが述べたように、行なうことだけで価値がある。

もし誰かが大胆にもわたしに、あなたはけっして確信を得られないものを求めてむなしく甲斐のない探求をすることで人生を無為に過ごしたと言うとしたら、わたしはこう答えよう――その分だとあなたは、自然哲学が物事の本質を探求するものである限り、自然哲学をこき下ろすのでしょう、と。このように高貴で崇高な研究においては、あるかもしれないという可能性に到達することが栄誉であり、研究すること自体ですでに苦労は報われているのです。[4]

しかし、奇想天外生物について真剣に考えるのは他にもいいことがある。そのおかげで科学者たちは、クーンの言うパラダイムから逃れてそれを覆し、思いもよらないことを予期し、これまでの訓練や経験では認識できるように学んでこなかったものを認識する備えができるのだ。

ＳＥＴＩが待望の信号を検出する可能性はある。そうでなければ、高度な遠隔操作で現地調査を行なう探査機やサンプルリターンミッションによって、最初の地球外生命と人類が遭遇するなり、その生存が証明される可能性がある。単純な単細胞生物は複雑な生物よりも簡単に出現できるので、遭遇する地球外生命は微生物である確率が高い。では、それが奇想天外であるとしよう。そのニュースを聞き、他とあまり見分けがつかないような微生物の映像を見たとき、何を大騒ぎする必要があるのだろう、と不思議に思う人が必ずいるだろう。発見の重大さを十分に評価するには、多くの人たちには生物学のやり直しが必要だろう――おそらくそれは、いいことに違いない。

すでに、奇想天外生物についての仮説を立てること自体が、間接的にではあるが、実在するのがわかっている自然界の一部を評価し理解することに役立ってきた。奇想天外生物に関する仮説を立てた多くの科学者は、それらに「ふつうの生物」との類似点を認めることで、存在する可能性を主張してきた。砂漠ワニス（奇想天外生物の候補）の層構造は、ストロマトライトの層構造に似ている。セーガンとサルピーターが仮定した木星に住む水素を呼吸する飛行生物の生態は、太陽の光を浴びた地球上の水域に見られる既知の微生動物相の生態から拝借してきたものだ。そしてダイソンとホイルの、塵粒子と複雑な分子が電磁気力によって組織化されてできた「生きている星雲」というアイディアは、動物の脳内にある神経伝達物質をモデルにしている。これらの相似生物が存在する可能性があると主張するには、「ふつうの生物」に立ち戻り、再検討する必要があったのだ。

既知生物のもつ特徴は、つねに生物学者たちを驚かせ続けている。そして多種多様な「ふつうの生物」は、今でも想像力を刺激し、まだ発見されず研究されていないものがどれほどたくさん残されているかを思い出させてくれるのだ。多くの人たちが、どんどん自然界と引き離されていく時代にあって、その世界を新たな視点から評価し直すことは、ちっとも些末なことではない。もし奇想天外生物の探索から得られるものがそれだけだとしても、それで十分かもしれない。

訳者あとがき

あまり科学的でない個人的なエピソードから、あとがきを始めさせてください。

五年前、わたしは父の臨終に間に合いませんでした。明け方、宿直の若い医師からの電話でたたき起こされ、母とタクシーで駆けつけた時は、すでに息を引き取ったあとでした。病室に飛びこんだわたしは、気持ち良さそうな父の寝顔に、もちなおしたのだと、ほっとして、静かに枕元に向かおうとしました。背後で聞こえた「間に合いませんでしたね」という医師の言葉が信じられず、勘違いでしょう、ほら、と言うつもりで、父の鼻の下に手をやりました。その瞬間、わたしは父の死をさとりました。息をしていなかったから、ではありません。母が父の手を握り、「まだ温かいのに」とつぶやいたので、冷たくなっていたわけでもありません。よくわかりませんが、父の皮膚に触れた途端、わたしは何か直感めいたもので、命のないことを感じ取った気がするのです。その時の衝撃を、うまく言い表す言葉が見つかりませんが、忘れられない感覚です。生と死の境目が、こうも曖昧に思えるのに、命の「ある」と「ない」との隔たりは、戸惑うほど大きく感じられたのでした。

誕生や臨終に立ち会うと、誰もが命の不思議さに心揺さぶられずにはいられないでしょう。これが回数を重ねても変わりないのが、また不思議なところです。毎晩、眠ってしまうとそのまま死んでしまいそうで、眠るまいと無駄な抵抗をしていた子どもの頃から、何十年もたった今も、生きているとは何なのか、命とは何なのか、わからなさ加減がちっとも変わりません。

命としか呼びようのないものは、確かにあるように思います。けれどそれがどういうもので、どこからやってきて、わたしたちを生かし、どこへ消えてしまうのか、数々の宗教が答えを出しているのかもしれませんが、万人を納得させる答えを聞いたことがありません。そして、「生命とは何かを延々と論じた本」と要約してもいい本書を読むと、どうやら科学者にも、まだ生命とは何かがわかっていないようなのです。じつは生物を定義すること自体、むずかしそうです。今も人によって生物にされたり無生物にされたりするウイルスのような存在があります。生物なのに定義によっては無生物にされかねない不妊の雑種とか、下手な定義では鉱物の結晶も生物に入りかねないなどという議論を訳していて、面白いと思ったのは、科学的に模索される定義を判定する基準が、どうやら人びとの直感らしいという点です。ならばその直感を科学的な基準にできないものかと思うのですが、そういう話にはならないようでした。わたしが父の死を受け入れたような直感が、いったいどこからくるのか、どうやらまだ科学的に解明されるには至っていないということなのかもしれません。

生命とは何かを論じた本を読むたびに、結論がなくてがっかりした、という読者で、まず本はあとがきから読むという方がいらしたら、ここで、これも結論なしか、と本書を放棄しないでいただきたいと思います。結論はなくても、研究の進展はまぎれもなく、あったのですから。ここ数十年で地球上の生命の起源に迫る発見がいくつもありました。生命観を変えてしまうほどの知見ももたらされました。遠く宇宙の先での発見もあれば、地球上の深海での発見もあります。深海の熱水噴出孔とその周辺に生息する極限環境生物の話は、ずいぶん注目を集めたので、ご存じの方も多いでしょう。最新の研究成果だけでなく、発見の経緯など、程よく盛りこんで楽しい読物に仕上がっているあたりを、ぜひお読みいただきたいと思います。また、地球の生命は宇宙から来たというパンスペルミア説は、大学生のころに聞いたときは、肝腎の生命の起源という問題を棚上げにした詐欺みたいな説に思ったものですが、本書を読むと、地球上の生命は宇宙で生まれたという可能性がかなり高まっているらしく、驚かされました。本書のいくつかの部分では、生命論から離れて、先走り過ぎの印象をもたれる読者もあるかもしれませんが、これまた何年かすると、パンスペルミア説みたいに、生命論から外せないものになるのかもしれません。本書でくわしく論じられる地球外生命も、いないと思われた時代があった、などと書かれる日も来ないとは言い切れません。

著者のデイヴィッド・トゥーミーはアメリカ合衆国のマサチューセッツ州立大学アマースト校の英文学科の准教授として、プロフェッショナル・ライティング&テクニカル・コミュニケーション課程のディレクターを務めています。著者は、生命とは何かを論じる上で、生物はどこまで極端になりうるか、さらにはわたしたち「ふつうの生物」とはどれだけ異質な生物がありうるかを、じつにさまざまな分野を逍遥し面白そうなものを見つけては、筆に任せてと言いたいくらいの勢いで書いています。この幅広い目配りは、著者が科学分野の専門家でないからこそ可能だったことかもしれません。少なくともSF界の奇想天外生物にまるまる一章をあてて、スター・トレックやスタニスワフ・レムの名前まで出してしまうという、うれしい書きっぷりはこの著者ならではでしょう。

ただ、やや筆の勢いが過ぎたというか、正確さがおろそかになってしまった部分が散見されました。インスリンの生合成や細胞分裂におけるDNA複製については、著者の許可を得て、なるべく原文に沿った形で、現在の生物学の知見と矛盾しない内容に修正させていただきました。その他の分野、ことに物理については編集部に頼り、物理分野などに強い方に確認をお願いしました。筧貴行さんはじめ、白揚社編集部の心強いチェックに支えられて訳出が可能になったことを、感謝をこめてここに記させていただきます。なおも見落としがないとは言えませんが、著者は几帳面に出典をあげていますので、疑問に思われた方はぜひ出典をあたってみてください。

変更や訳注をつけることを快諾してくれた著者のトゥーミー氏に心から感謝いたします。また、ていねいに資料にあたり、訳語などの確認をした上に、わたしの(謙遜でなく)拙い訳文に辛抱強くつきあってくれた担当編集者の阿部明子さんに、最大の感謝を捧げます。

最後に、トゥーミー氏からのメッセージをお伝えしましょう。

「本書を日本語で読んでいただけるのは光栄です。わたしがこの本の執筆を心から楽しんだように、日本の読者のみなさんに楽しんで読んでもらえるとうれしく思います」

姓の読みを「you me」と韻を踏む、とわかりやすくチャーミングに教えてくれた著者らしい、お茶目な文が、本書のところどころにちりばめられています。生命とは何かという思索をめぐらしつつ、時おり、ふっと笑みをもらしながら、本書を楽しんでいただけますように。

第9章　多宇宙の奇想天外生物

1. Bruno, *L'infinito universo e mondi.*
2. Greene, *Hidden Reality,* 311.
3. Folger, "Physics' Best Kept Secret," 7.
4. Rothman, " 'What You See Is," 91. 諸定数の厳密さのせいで、数人の科学者は知的危機に陥った。フレッド・ホイルも（じゅうぶん皮肉なことだが）その一人だった。ホイルは、炭素の共鳴状態のレベルがたった4%でも実際より低かったら、炭素原子が形成されなかったことを発見したことで、自分の無神論が「ゆらいだ」と述べた。1981年にカリフォルニア工科大学で行った講演で、こうも述べた。「事実を常識的に解釈すると、ある超知性が化学と生物ばかりか物理ももてあそんだのであり、こと自然に関して言えば、語るべき『盲目の（インテリジェントデザインによらない）力』などないのだ、と思いたくなる」（Hoyle, "Universe," 12）
5. Bucher and Spergel, "Inflation in a Low-Density Universe."
6. Murphy et al., "Possible Evidence."
7. Davies, *Goldilocks Enigma*, 139, 149.
8. Jenkins and Perez, "Looking for Life."
9. Tegmark, "Parallel Universes," 49.
10. Tegmark, "Multiverse Hierarchy," 10.
11. Davies, *Goldilocks Enigma*, 212.
12. Nozick, *Philosophical Explanations; Lewis, On the Plurality of Worlds*; Barrow, *Pi in the Sky*.
13. Whitrow, *Structure and Evolution*, 200.
14. Barrow, *Constants of Nature*, 251–74.
15. Scheraga, Khalili, and Liwo, "Protein-Folding Dynamics."
16. Gaudiosi, " 'Sims' Designer."

エピローグ

1. Pace, "Universal Nature," 805.
2. "Extrasolar Planets Global Searches（Ongoing Programmes and Future Projects）," *The Extrasolar Planets Encyclopedia*, last updated March 13, 2012, http://www.exoplanet.eu/searches.php.
3. 地球外の生物は、地球上の生物が与える影響とは異なる形で惑星環境の全般的性質に変化をもたらすだろう。そして、これらの違い（たとえば大気中に生息する種が比較的多いなど）は最終的に、現在設計中の天文学的設備によって、星間を隔てる距離を超えて観測可能だろう。（National Research Council, *Limits of Organic Life*, x）
4. Huygens, *Celestial Worlds Discovered*, 10.

13. West, *H. G. Wells*, 233.
14. SETI League, “Declaration of Principles.”
15. Tegmark, “Multiverse Hierarchy,” 8.
16. Freudenthal, *Lincos*.
17. ネーゲルはこう説明している。「火星人やコウモリの体験を人間の言葉で詳細に描写することは、およそ期待できることではない。だからといって、コウモリや火星人に、わたしたちとくらべてひけをとらない、豊かな細部を備えた体験があるという主張を、無意味であると退けることにはならない。誰かが彼らの体験について考えることを可能にするような概念や理論を発展させるとしたら、結構なことだ。けれどもそのような理解は、わたしたちの本性からくる限界により、永遠に無理かもしれない」（”What Is It Like to Be a Bat?” 440）
18. Hempel and Shepard, *Unleashed*.
19. Wilson, *Anthill*.
20. Drake and Sobel, *Is Anyone Out There?*, 47.
21. Dudzinski and Frohoff, *Dolphin Mysteries*, 119.
22. Gopnik, “Plant TV.”
23. 同上。
24. Dick, *Biological Universe*, 266.

第8章　SFにおける奇想天外生物

1. Wayne Douglas Barlowe, Ian Summers, and Beth Meacham, *Barlowe's Guide to Extraterrestrials: Great Aliens from Science Fiction Literature*, 2nd ed.（New York: Workman, 1987）.
2. Adams, *Hitchhiker's Guide*, 40.
3. 初期の一例は、イギリスの作家オラフ・ステープルドンによる1930年の作品（『最後にして最初の人類』）に見ることができる。作品中、主人公はこう解説する。「より若い恒星のいくつかには、生物がいる。知的生物すらいる。恒星における生物の全体像であれ、一個体の生物であれ、恒星に住む多くの炎のような生物の生活であれ、まばゆく輝く環境でどうやって存続しているのか、わたしたちにはわからない」（Dick, *Biological Universe*, 247に引用）
4. Forward, “When You Live upon a Star.”
5. Dyson, “Time without End.”
6. Hoyle, *Black Cloud*, 170.
7. 同上、149.
8. Dick, *Biological Universe*, 241.
9. Vernier, “SF of J. H. Rosny.”
10. Darwin, *Origin of Species*, 248.

16. Carter, "Anthropic Principle."
17. Bains, "Many Chemistries," 161.
18. Amato et al., "Microorganisms Isolated."
19. Imshenetsky, Lysenko, and Kazakov, "Upper Boundary of the Biosphere."
20. National Research Council, *Limits of Organic Life*, 73.
21. Schulze-Makuch and Irwin, "Reassessing the Possibility."
22. Morowitz and Sagan, "Life in the Clouds of Venus?"
23. Sagan and Salpeter, "Particles, Environments, and Possible Ecologies."
24. Sagan, *Cosmos*, 30.

第6章　彗星からの生物、恒星の生物、そして、はるか未来の生物

1. 本人との対話から（2010年7月21日）。
2. 同上。
3. Allamandola and Hudgins, "Interstellar Polycyclic Aromatic Hydrocarbons," 44.
4. 2007年の夏、ある国際的な研究者チームにより、宇宙空間の塵粒子がらせん構造を形成し、それが実際に複製・進化しうるかもしれないことが突き止められた。（Tsytovich, "Plasma Crystals"）
5. Dyson, "Time without End," 453.
6. 同上、449.
7. 同上。
8. Quoted in Dick, *Biological Universe*, 21.
9. Maude, "Life in the Sun"; Feinburg and Shapiro, *Life beyond Earth*.

第7章　知的な奇想天外生物

1. Cocconi and Morrison, "Searching for Interstellar Communications."
2. Dick, *Biological Universe*, 454.
3. "Life in the Universe," 63–64.
4. Lunine, "Saturn's Titan," 16.
5. Dick, *Biological Universe*, 434.
6. Hart, "Absence of Extraterrestrials"; Viewing, "Directly Interacting."
7. Dick, *Life on Other Worlds*, 218.
8. 「地球外生命問題」は、1979年にメリーランド大学カレッジパーク校で開催された会議の目玉だった。会議録は次にまとめられている。Hart and Zimmerman, *Extraterrestrials— Where Are They?*
9. Morrison, "Twenty-Five Years of the Search," 18.
10. Shostak, *Confessions*.
11. Vinge, "Coming Technological Singularity."
12. Clarke, *2001: A Space Odyssey*, 185–86.

33. 同上、158.

第4章　ゼロから始める

1. National Research Council, *Limits of Organic Life*, 34.
2. Fox, “Life—but Not,” 35.
3. Nuland, *How We Live*, 157.
4. De Duve, *Guided Tour*, 293.
5. 生物物理学者ハロルド・モロヴィッツは、次のように書いている。「環境から区別される一つの実在する生物であるためには、拡散してしまわないための防壁が必要だ。熱力学的に分離しているシステムが、生命にとって最低限必要な条件である」（*Beginnings of Cellular Life*, 8）
6. Pace, “Universal Nature of Chemistry.”
7. Wells, *Early Writings*, 146.
8. Cooper, *Search for Life on Mars*, 84.
9. Angier, *Canon*, 124.
10. Fox, “Life—but Not,” 37.
11. Bains, “Many Chemistries,” 154.
12. See, for instance, Muller, Zilche, and Auner, “Recent Advances.”
13. Bains, “Many Chemistries,” 154–55.
14. 同上、154.

第5章　奇想天外生物の世界

1. Clark, “ESA Chooses Jupiter.”
2. Spohn and Schubert, “Oceans in the Icy Galilean Satellites.”
3. Bains, “Many Chemistries,” 149.
4. Mullen, “Swimming in a Salty Sea.”
5. Reyes-Ruiz et al., “Dynamics of Escaping Earth Ejecta.”
6. Gugliotta, “Fountains of Optimism,” 2.
7. National Research Council, *Limits of Organic Life*, 74.
8. Benner, Ricardo, and Carrigan, “Common Chemical Model.”
9. McKay and Smith, “Possibilities for Methanogenic Life”; Schulze-Makuch and Grinspoon, “Biologically Enhanced Energy.”
10. McKay and Smith, “Possibilities for Methanogenic Life.”
11. Strobel, “Molecular Hydrogen in Titan’ s Atmosphere.”
12. Shiga, “Hints of Life,” 1.
13. Coustenis et al., “Joint NASA-ESA.”
14. Shiga, “NASA Floats Titan Boat Concept.”
15. Lunine, “Titan as an Analog.”

7. Pirie, "Meaninglessness," 11–22.
8. Keosian, *Origin of Life*, 16.
9. Horowitz, "Biological Significance," 3.
10. ウイルスを無生物とする見解についての概要は、以下を参照。Moreira and López-García, "Ten Reasons to Exclude Viruses." ウイルスを無生物とする定義がいかに教条主義的かという議論は、以下を参照。Bandea, "Origin and Evolution of Viruses."
11. Dawkins, *Selfish Gene*, 191.
12. 興味深いことに、ドーキンスは人類以外の動物による文化でもミームはつくられるとしている。鳥のさえずりは完璧とはいえない形で模倣され、その不完全さは他の鳥に伝わる。
13. Gardner, "Fantastic Combinations."
14. Davies, *Eerie Silence*, 81.
15.『ダイソン　生命の起源』で、ダイソンはまさにそうしている。
16. National Research Council, *Limits of Organic Life*, 7.
17. 同上、6.
18. 1995年に生物学者リン・マーギュリスとサイエンスライターのドリオン・セーガンはシュレーディンガーの『生命とは何か』を再使用して、最近の知見をもとにこの疑問を見直した。
19. Cleland, "Life without Definitions."
20. Pittendrigh, Vishniac, and Pearman, *Biology and the Exploration of Mars*, 5.
21. Gribbin and Gribbin, *James Lovelock*, 139–40.
22. 1965年、地球から火星の大気を分光分析により解析した結果、大半が二酸化炭素であり、つまり熱力学的に平衡状態にあることがわかった。後年、この結果を覆す発見があった（2004年、火星探査機マーズ・エクスプレスにより大気中にごく小量のメタンが発見された。地質化学的な由来のものかもしれないし、そうでないかもしれない）にもかかわらず、ラヴロックはこの時点では、分光測定の結果は火星には生命が不在であるという説得力のある証拠であり、バイキングによる生物実験は不要であるとみなした。
23. Dick, *Biological Universe*, 147.
24. Cooper, *Search for Life on Mars*, 149.
25. 同上、126–27.
26. 同上、37–38.
27. 同上、73–74.
28. 同上、121.
29. 同上、120–21.
30. Dick, *Biological Universe,* 153.
31. Cooper, *Search for Life on Mars*, 108.
32. Dick, *Biological Universe*, 155.

17. Zimmer, "This Paper Should Not."
18. 同上。
19. Reaves, "Absence of Arsenate."
20. Pikuta et al., "Bacterial Utilization."
21. "Size Limits of Very Small Microorganisms."
22. Folk, "SEM Imaging."
23. Uwins, Webb, and Taylor, "Novel Nano-organisms."
24. Kajander and Ciftcioglu, "Nanobacteria."
25. Schieber and Arnott, "Nannobacteria as a By-Product."
26. Young and Martel, "Truth about Nanobacteria."
27. Asaravala, "Are Nanobacteria Making Us Ill?"
28. 同上。
29. Smith, "Nanobes."
30. Darwin, *Voyage of the Beagle*, 13.

第3章　生物を定義する

1. おもしろいことに、もしかすると地球の軌道はハビタブル・ゾーン内の最良の位置よりやや外側にあり、一般に生命はもっとあたたかい惑星を好むのかもしれない。生物多様性は、より高温で湿潤な気候なほど増し、地球上でもっとも高温多湿な場所である赤道付近の熱帯雨林で最大である。もし、さらに蒸し暑い場所があれば、さらに生物多様性は増すだろう――そうでないとする明らかな理由はない。（Impey, "New Habitable Zones," 24）
2. Schenk et al., "Ages and Interiors."
3. Impey, "New Habitable Zones," 25.
4. Hussmann, Sohl, and Spohn, "Subsurface Oceans," 258–73.
5. Impey, *Living Cosmos*, 205.
6. Huxley, "On the Physical Basis of Life," 130–65. ダーウィンは『種の起源』の壮大な結論で生命力というものを認め、こう書いた。「この生命観には荘厳なものがある。生命は最初に、いくつかの力とともに2、3種ないしは1種の形あるものに吹きこまれた」（*Origin of Species*, 384）。『種の起源』第2版では「生命は最初に……吹きこまれ」という文に「創造主により」という語が加わった。ダーウィンは最初の表現をただ比喩的に書いたつもりだったらしく、後の訂正は不誠実なものだったと後悔した。「大衆の意見におもねって、旧約聖書〔訳注　創世記を含む〕にある『創造』の語を使ってしまったことを、長く悔やみ続けています。じつのところわたしは、まったく未知なプロセスによって『出現した』と言うつもりだったのです。現時点で生命の起源を云々するのは馬鹿げています。こんなふうになら、物質の起源も云々できます」（J・D・フッカーにあてた1863年3月29日の手紙。Darwin, *Life and Letters*, 498）

31. Belozerskaya et al., “Extremophilic Fungi from Chernobyl.”
32. Hart, “Hydrothermal Vents.”
33. Rothschild and Mancinelli, “Life in Extreme Environments.”
34. これには（どうしても専門用語になるが）クエン酸回路、解糖系、アミノ酸や糖の合成経路が含まれる。
35. 驚くことではないだろうが、ダーウィンがほぼ同様の仮説をもち、次のように書いている。「類推するに、地球上にかつて生息したあらゆる生物は、おそらく、ある1種類の、生命が最初に吹きこまれた原始的な生物に由来すると推測すべきだろう」（Darwin, *Origin of Species*, 380）
36. じつはこれは、よく使われる用語である「共通祖先」にふさわしい修正を加えた語である。ある一つの種に属するすべての個体には、一つの「共通祖先」がいる。それはその種の最初の個体でもある。

第2章　影の生物圏

1. Darwin, *Life and Letters*, 498.
2. Paul C. W. Davies, Steven A. Benner, Carol E. Cleland, Charles H. Lineweaver, Christopher P. McKay, and Felisa Wolfe-Simon, “Signatures of a Shadow Biosphere,” *Astrobiology* 9, no. 2（2009）: 241–49.
3. Maher and Stevenson, “Impact Frustration.”
4. Slater, “Biological Problems.”
5. Erwin, “Tropical Forests,” 74.
6. Wilson, *Future of Life*, 14. 2011年の研究では、著者らは分類体系に見られるパターンから、地球上に見られる種の総数を870万±130万種と見積もった。（Mora et al., “How Many Species”）
7. Wilson, *Diversity of Life*, 142より引用。
8. Pace, “Molecular View of Microbial Diversity.”
9. National Research Council, *Limits of Organic Life*, 29.
10. Wilson, *Future of Life*, 20.
11. “Life in the Universe,” 3.
12. Navarro-González et al., “Mars-Like Soils.”
13. Stevens and McKinley, “Lithoautotrophic Microbial Ecosystems”; Chapelle et al., “Hydrogen-Based Subsurface Community”; and Lin et al., “Planktonic Microbial Communities.”
14. Sogin, “In Search of Diversity.”
15. Kaufman, “Second Genesis on Earth.”
16. 「（わたしたちの解析によれば）細胞内のヒ酸塩（AsO_4^{3-}）が重要な生体分子、ことにDNAに組み込まれうることがわかった」（Wolfe-Simon et al., “Bacterium That Can Grow,” 3）

11. Kuhn, *Structure of Scientific Revolutions*, 63–64.
12. 同上、64.
13. MacElroy, "Some Comments."
14. Stetter, "Hyperthermophilic Procaryotes."
15. もし極限環境生物を生命にとって苛酷な環境に適応した生物と定義し、長期的視野で考えてみると、あなたもわたしもその一員と言えるかもしれない。地球上に最初に誕生した生物は嫌気性生物で、酸素は有害だったはずだ。酸素は、より効率のいい代謝を可能にするが、その効率のよさには犠牲が伴うだろう。酸素による細胞の損傷が、老化や癌を誘発すると考えられている。
16.「めったにないことだが、液体の水があっても、生物が生息できない環境もある。たとえば海底にある熱水噴出孔の400℃を超える高温の水、マイナス30℃の地にある海水氷が含有するブライン（高濃度の塩水）中などだ」。しかし、このような極限環境ですら、微生物が生存していることがわかっている。（National Research Council, *Limits of Organic Life*, 31）
17. Kidd, *Adaptation of External Nature.*
18. Chung, "How Bug Extends."
19. National Research Council, *Limits of Organic Life*, 35.
20. 少なくとも一つは興味深い例外がある。（Wharton and Ferns, "Survival of Intracellular Freezing"）
21. National Research Council, *Limits of Organic Life*, 35.
22. 海洋水に含まれる塩類は大半が塩化ナトリウムであることに注意したい。死海の水の化学的性質はもっと複雑で、塩類にはかなりの割合で塩化マグネシウム、塩化カルシウム、塩化カリウムが含まれている。
23. 退職後、ヴォルカーニは死海の生物相に関する研究を再開した。1990年代の末に彼が半世紀前に採取した標本を集積培養していたビンを開封してみたところ、生きた微生物が見つかった。少なくとも中の一種は未同定のものだった。（Ventosa, Arahal, and Volcani, "Microbiota of the Dead Sea"）
24. 本人との対話から（2010年3月19日）。
25. Marine Biological Laboratory, "Life at the Extremes." フェニキア人はリオティント川を「火の川」と呼んだと言われている。NASAはそれを、やや素っ気なく「火星アナログ」と呼び、川底の下数百メートルの地下にある岩石や鉱石中に、火星の地下に生息しているかもしれない生物に似た微生物を求めて、調査（火星アナログ研究と技術実験）を行なっている。
26. Fountain, "Date Palm Seed."
27. Cano and Borucki, "Revival and Identification of Spores."
28. Vreeland, Rosenzweig, and Powers, "Halotolerant Bacterium."
29. Kelvin, "On the Origin of Life," 202.
30. Pedersen, "Deep Intraterrestrial Microbial Life."

註

プロローグ

1. Margaret W. Robinson, *Fictitious Beasts: A Bibliography* (London: Library Association, 1961).
2. Wilson, *Future of Life*, 14.
3. Bryson, *Short History*, 322.
4. Lee, *Vegetable Lamb of Tartary*.
5. Hooke, *Micrographia*, 210.
6. Sattler, Puxbaum, and Psenner, "Bacterial Growth."
7. Funch and Kristensen, "Cycliophora Is a New Phylum."
8. National Research Council. Committee on the Limits of Organic Life in Planetary Systems, *The Limits of Organic Life in Planetary Systems* (Washington, DC: National Academies Press, 2007).

第1章　極限環境生物

1. 本人との対話から（2010年3月19日）。
2. ここではからかい気味に書いたが、真面目な話、興奮してしかるべき発見が、ことに近年、大いにあったのである。ニューファンドランド島沖の海底堆積物の標本により、海底の地下1600メートルでバクテリアとアーキアが生息しているらしいことがわかり、生物圏（生物が生息できる領域）は一般に考えられていたよりも地下深くまで広がっているらしいことになったのだ。しかもこうした堆積物中に、地球上の生物重量の3分の2もが生息しているかもしれないという。Roussel et al., "Extending the Sub-Sea-Floor Biosphere" 参照のこと。
3. 本人との対話から（2010年3月19日）。
4. Edmond and Von Damm, "Hot Springs," 86.
5. Bryson, *Short History*, 274.
6. Piccard and Dietz, *Seven Miles Down*, 173.
7. Gross, *Life on the Edge*, 23.
8. 注意しておきたい。酸素は植物プランクトンによって作られる。ということは、ここで述べたプロセスの一部は、間接的にせよ、まぎれもなく光合成に依存している。
9. Brock, "Road to Yellowstone."
10. Stanier, Dondoroff, and Adelberg, *Microbial World*.

Sandstones." *American Mineralogist* 83 (1998): 1541–50.

Ventosa, A., D. R. Arahal, and B. E. Volcani. "Studies on the Microbiota of the Dead Sea — 50 Years Later." In *Microbiology and Biogeochemistry of Hypersaline Environments*, edited by A. Oren, 139–47. Boca Raton, FL: CRC Press, 1999.

Vernier, J. P. "The SF of J. H. Rosny the Elder." *Science Fiction Studies* 2, part 2 (no. 6), July 1975. http://www.depauw.edu/sfs/backissues/6/vernier6art.htm.

Viewing, David. "Directly Interacting Extra-terrestrial Technological Communities." *Journal of the British Interplanetary Society* 28 (1975): 735–44.

Vinge, Vernor. "The Coming Technological Singularity: How to Survive in the Post-Human Era." Reprint of address delivered at the VISION-21 Symposium sponsored by NASA Lewis Research Center and the Ohio Aerospace Institute, March 30–31, 1993. http://www-rohan.sdsu.edu/faculty/vinge/misc/singularity.html.

Vreeland, R. H., W. D. Rosenzweig, and D. W. Powers. "Isolation of a 250-Million Year Old Halotolerant Bacterium from a Primary Salt Crystal." *Nature* 407 (2000): 897–900.

Wallace, A. R. *Man's Place in the Universe: A Study of the Results of Scientific Research in Relation to the Unity or Plurality of Worlds*. 4th ed. London: George Bell, 1904.

Wells, H. G. *H. G. Wells: Early Writings in Science and Science Fiction*. Edited by Robert M. Philmus and David Y. Hughes. Berkeley: University of California Press, 1975.

West, Anthony. *H. G. Wells: Aspects of a Life*. New York: Random House, 1984.

Wharton, D. A., and D. J. Ferns. "Survival of Intracelluar Freezing by the Antarctic Nematode *Panagrolaimus davidi*." *Journal of Experimental Biology* 198 (1995): 1381–87.

Whitrow, Gerald. *The Structure and Evolution of the Universe: An Introduction to Cosmology*. New York: Harper, 1959.

———. "Why Space Has Three Dimensions." *British Journal for the Philosophy of Science* 6, no. 21 (1955): 23–24.

Wilson, Edward O. *Anthill: A Novel*. New York: W. W. Norton, 2010.

———. *The Diversity of Life*. New York: W. W. Norton, 1999.(ウィルソン『生命の多様性』大貫昌子ほか訳、岩波書店)

———. *The Future of Life*. New York: Knopf, 2002.(ウィルソン『生命の未来』山下篤子訳、角川書店)

Wolfe-Simon, Felisa, Jodi Switzer Blum, Thomas R. Kulp, Gwyneth W. Gordon, Shelley E. Hoeft, Jennifer Pett-Ridge, John F. Stolz, et al. "A Bacterium That Can Grow by Using Arsenic Instead of Phosphorus." *Science Express*, December 1, 2010.

Young, John D., and Jan Martel. "The Truth about Nanobacteria [Preview]." *Scientific American*, January 2010. doi:10.1038/scientificamerican0110-52.

Zimmer, Carl. "This Paper Should Not Have Been Published." *Slate*, December 7, 2010. http://www.slate.com/articles/health_and_science/science/2010/12/this_paper_should_not_have_been_published.html.

Extraterrestrial Intelligence," last updated January 4, 2003, http://www.setileague.org/general/protocol.htm.

Seuss, Dr. *If I Ran the Zoo*. New York: Random House, 1950.

Shiga, David. "Hints of Life Found on Saturn's Moon." *New Scientist*, June 4, 2010.

———. "NASA Floats Titan Boat Concept." *New Scientist*, May 9, 2011. http://www.newscientist.com/article/dn20459-nasa-floatstitan-boat-concept.html.

Shklovskii, I. S., and Carl Sagan. *Intelligent Life in the Universe*. Boca Raton, FL: Emerson-Adams, 1998.

Shostak, Seth. *Confessions of an Alien Hunter: A Scientist's Search for Extraterrestrial Intelligence*. Foreword by Frank Drake. Washington, DC: National Geographic Society, 2009."Size Limits of Very Small Microorganisms: Proceedings of a Workshop." Washington, DC: National Academy Press, 1999.

Slater, A. E. "Biological Problems of Space Fight: A Report of Professor Haldane's Lecture to the Society on April 7, 1951." *Journal of the British Interplanetary Society* 10 (1951): 154–58.

Smith, Maurice. "Nanobes." *Micscape Magazine*, March 1999.

Sogin, Mitch. "In Search of Diversity." *Astrobiology Magazine*, June 20, 2005. http://www.astrobio.net/topic/solar-system/earth/biosphere/in-search-of-diversity/.

Spohn, Tilman, and Gerald Schubert. "Oceans in the Icy Galilean Satellites of Jupiter?" *Icarus* 161 (2003): 456–67.

Stanier, R. Y., M. Dondoroff, and E. A. Adelberg. *The Microbial World*. Englewood Cliffs, NJ: Prentice-Hall, 1957.

Stetter, Karl O. "Hyperthermophilic Procaryotes." *FEMS Microbiology Reviews* 18 (1996): 149–58.

Stevens, T. O., and J. P. McKinley. "Lithoautotrophic Microbial Ecosystems in Deep Basalt Aquifers." *Science* 270 (1995): 450–54.

Strobel, D. F. "Molecular Hydrogen in Titan's Atmosphere: Implications of the Measured Tropospheric and Thermospheric Mole Fractions." *Icarus* 208 (2010): 878–86. doi:10.1016/j.icarus .2010 .03.003.

Tegmark, Max. "The Multiverse Hierarchy." Submitted on May 8, 2009. arXiv:0905.1283v1.

———. "Parallel Universes." *Scientific American*, May 2003.（テグマーク「並行宇宙は実在する」日経サイエンス 2003 年 8 月号）

Tenenbaum, David. "Making Sense of Mars Methane." *Astrobiology Magazine*, June 9, 2008. http://astrobiology.nasa.gov/articles/2008/6/9/making-sense-of-mars-methane/

Tsytovich, V. N., G. E. Morfill, V. E. Fortov, N. G. Gusein-Zade, B. A. Klumov, and S. V. Vladimirov. "From Plasma Crystals and Helical Structures towards Inorganic Living Matter." *New Journal of Physics* 9 (2007): 263.

Uwins, P. J. R., R. I. Webb, and A. P. Taylor. "Novel Nano-organisms from Australian

Reaves, M. L., S. Sinha, J. D. Rabinowitz, L. Kruglyak, and R. J. Redfield."Absence of Arsenate in DNA from Arsenate-Grown GFAJ-1 Cells." Submitted to *Science* on January 31, 2012. arXiv:1201.6643v1.

Reyes-Ruiz, M., C. E. Chavez, M. S. Hernandez, R. Vazquez, H. Aceves, and P. G. Nuñez. "Dynamics of Escaping Earth Ejecta and Their Collision Probability with Different Solar System Bodies." Submitted to *Icarus* on August 17, 2011. arXiv:1108.3375v1.

Robinson, Margaret W. *Fictitious Beasts: A Bibliography*. London: Library Association, 1961.

Rothman, Tony. "A 'What You See Is What You Beget' Theory." *Discover*, May 1987.

Rothschild, Lynn J., and Rocco L. Mancinelli. "Life in Extreme Environments." *Nature* 409 (2001), 1097.

Roussel, Erwan G., Marie-Anne Cambon Bonavita, Joël Querellou, Barry A. Cragg, Gordon Webster, Daniel Prieur, and R. John Parkes. "Extending the Sub-Sea-Floor Biosphere." *Science* 320 (2008): 1046.

Sagan, Carl. *Cosmos*. New York: Random House, 1980.(セーガン『コスモス』木村繁訳、朝日新聞社)

Sagan, Carl, and E. E. Salpeter. "Particles, Environments, and Possible Ecologies in the Jovian Atmosphere." *Astrophysical Journal Supplement Series* 32 (1976): 737–55.

Sattler, B., H. Puxbaum, and R. Psenner. "Bacterial Growth in Supercooled Cloud Droplets." *Geophysical Research Letters* 28 (2001): 239–42.

Schenk, Paul M., Clark R. Chapman, Kevin Zahnle, and Jeffrey M. Moore. "Ages and Interiors: The Cratering Record of the Galilean Satellite." In *Jupiter: The Planet, Satellites and Magnetosphere*, edited by Fran Bagenal, Timothy E. Dowling, and William B. McKinnon, 427–56. Cambridge: Cambridge University Press, 2004.

Scheraga, H. A., M. Khalili, and A. Liwo. "Protein-Folding Dynamics: Overview of Molecular Simulation Techniques." *Annual Review of Physical Chemistry* 58 (2007): 57–83.

Schieber, Jürgen, and Howard J. Arnott. "Nannobacteria as a By-Product of Enzyme-Driven Tissue Decay." *Geology* 31 (August 2003): 717–20.

Schrödinger, Erwin. *What Is Life? The Physical Aspect of the Living Cell*. Cambridge: [Cambridge] University Press, 1944.(シュレーディンガー『生命とは何か』岡小天ほか訳、岩波書店)

Schulze-Makuch, D., and D. H. Grinspoon. "Biologically Enhanced Energy and Carbon Cycling on Titan?" *Astrobiology* 5 (2005): 560–64.

Schulze-Makuch, Dirk, David H. Grinspoon, Ousama Abbas, Louis N. Irwin, and Mark A. Bullock. "A Sulfur-Based Survival Strategy for Putative Phototrophic Life in the Venusian Atmosphere." *Astrobiology* 4 (2004): 11–18.

Schulze-Makuch, D., and L. N. Irwin. "Reassessing the Possibility of Life on Venus: Proposal for an Astrobiology Mission." *Astrobiology* 2 (2002): 197–202.

SETI League, "Declaration of Principles Concerning Activities Following the Detection of

http://www.astrobio.net/exclusive/2528/swimming-a-salty-sea.
Muller, T., W. Zilche, and N. Auner. "Recent Advances in the Chemistry of Si-Heteroatom Multiple Bonds." In *The Chemistry of Organic Silicon Compounds*, Vol. 2, part 1, edited by Z. Rappoport and Y. Apeloig, 857–1062. Chichester, UK: Wiley, 1998.
Murphy, M. T., J. K. Webb, V. V. Flambaum, V. A. Dzuba, C. W. Churchill, J. X. Prochaska, J. D. Barrow, and A. M. Wolfe. "Possible Evidence for a Variable Fine-Structure Constant from QSO Absorption Lines: Motivations, Analysis and Results." *Monthly Notices of the Royal Astronomical Society* 327 (2001): 1208.
Nagel, Thomas. "What Is It Like to Be a Bat?" *Philosophical Review* 83 (1974): 435–50.
National Research Council. Committee on the Limits of Organic Life in Planetary Systems. *The Limits of Organic Life in Planetary Systems*. Washington, DC: National Academies Press, 2007.
Navarro-González, R., F. A. Rainey, P. Molina, D. R. Bagaley, B. J. Hollen, J. de la Rosa, A. M. Small, et al. "Mars-Like Soils in the Atacama Desert, Chile, and the Dry Limit of Microbial Life." *Science* 302 (2003): 1018–21.
Nevalla, Amy E. "On the Seafloor, a Parade of Roses." *Oceanus Magazine*, June 25, 2005.
Nozick, Robert. *Philosophical Explanations*. Cambridge, MA: Harvard University Press, 1981.（ノージック『考えることを考える』坂本百大ほか訳、青土社）
Nuland, Sherwin. *How We Live: The Wisdom of the Body*. London: Vintage, 1998.（ヌーランド『身体の知恵』鈴木主税訳、河出書房新社）
Pace, Norman R. "A Molecular View of Microbial Diversity and the Biosphere." *Science* 276 (1997): 734–40.
———. "The Universal Nature of Biochemistry." *Proceedings of the National Academy of Sciences* 98 (2001): 805–8.
Pedersen, K. "Exploration of Deep Intraterrestrial Microbial Life: Current Perspectives." *FEMS Microbiology Letters* 185 (2000): 9–16.
Piccard, Jacques, and Robert Sinclair Dietz. *Seven Miles Down: The Story of the Bathyscaph Trieste*. New York: Putnam, 1961.（ピカール／ディーツ『一万一千メートルの深海を行く』佐々木忠義訳、角川書店）
Pikuta, E. V., R. B. Hoover, B. Klyce, P. C. W. Davies, and P. Davies. "Bacterial Utilization of *L*-Sugars and D-Amino Acids," *Proceedings of SPIE* 6309 (2006). http://dx.doi.org/10.1117/12.690434.
Pirie, N. W. "The Meaninglessness of the Terms 'Life' and 'Living,'" in *Perspectives in Biochemistry*, edited by J. Needham and D. R. Green, 11–22. Cambridge: [Cambridge] University Press, 1937.
Pittendrigh, C. S., Wolf Vishniac, and J. P. T. Pearman. *Biology and the Exploration of Mars: Report of a Study*. Washington, DC: National Academy of Sciences–National Research Council, 1966.

Groundwater in a Deep Gold Mine of South Africa." *Geomicrobiology Journal* 23 (2006): 475–97.

Lunine, Jonathan I. "Saturn's Titan: A Strict Test for Life's Cosmic Ubiquity." *Proceedings of the American Philosophical Society* 153 (2009): 404–19.

———. "Titan as an Analog of Earth's Past and Future." *European Physical Journal*. Conferences 1 (2009): 267–74.

MacElroy, R. D. "Some Comments on the Evolution of Extremophiles." *Biosystems* 6 (1974): 74–75.

Maher, K. A., and D. J. Stevenson. "Impact Frustration of the Origin of Life." *Nature* 331 (1988): 612–14.

Margulis, Lynn, and Dorion Sagan. *What Is Life?* Foreword by Niles Eldredge. Berkeley: University of California Press, 1995.（マーギュリス／セーガン『生命とは何か』池田信夫訳、せりか書房）

Marine Biological Laboratory. "Life at the Extremes" (press release), September 24, 2001. http://hermes.mbl.edu/news/press_releases/2001/2001_pr_9_24_01.html

Maude, A. D. "Life in the Sun." In *The Scientist Speculates*, edited by I. J. Good, 240–46. New York: Basic Books, 1963.

McConnell, Brian S. *Beyond Contact: A Guide to SETI and Communicating with Alien Civilizations*. Sebastopol, CA: O'Reilly Media, 2001.

McKay, C. P., and H. D. Smith. "Possibilities for Methanogenic Life in Liquid Methane on the Surface of Titan." *Icarus* 178 (2005): 274–76.

Minsky, Marvin. "Will Robots Inherit the Earth?" *Scientific American*, October 1994.（ミンスキー「ロボットは地球を受け継ぐか」日経サイエンス 1994 年 12 月号）

Mora, Camilo, Derek P. Tittensor, Sina Adl, Alastair G. B. Simpson, and Boris Worm. "How Many Species Are There on Earth and in the Ocean?" *PLoS Biology* 9, no. 8 (2011): e1001127. doi:10.1371/journal.pbio.1001127.

Moreira, D., and P. López-García. "Ten Reasons to Exclude Viruses from the Tree of Life." *Nature Reviews Microbiology* 7 (2009): 306–11.

Morowitz, Harold J. *Beginnings of Cellular Life: Metabolism Recapitulates Biogenesis*. New Haven, CT: Yale University Press, 1992.

Morowitz, Harold, and Carl Sagan. "Life in the Clouds of Venus?" *Nature* 215 (1967): 1259–60.

Morrison, Philip. "Twenty-Five Years of the Search for Extraterrestrial Communications." In *The Search for Extraterrestrial Life — Recent Developments: Proceedings of the 112th Symposium of the International Astronomical Union Held at Boston University, Boston, Mass., USA, June 18–21, 1984*, edited by Michael D. Papagiannis, 13–19. Dordrecht, Netherlands: Kluwer Academic, 1985.

Mullen, Leslie. "Swimming in a Salty Sea." *Astrobiology Magazine*, November 19, 2007.

Impey, Chris. *The Living Cosmos: Our Search for Life in the Universe*. New York: Random House, 2007.
———. "The New Habitable Zones." *Sky & Telescope*, October 2009.
Imshenetsky, A. A., S. V. Lysenko, and G. A. Kazakov. "Upper Boundary of the Biosphere." *Applied and Environmental Microbiology* 35 (1978): 1–5.
Islam, Jamal N. "Possible Ultimate Fate of the Universe." *Quarterly Journal of the Royal Astronomical Society* 18 (1977): 3–8.
Jaffe, Robert L., Alejandro Jenkins, and Itamar Kimchi. "Quark Masses: An Environmental Impact Statement." *Physical Review D* 79, no. 6 (2009): 065014-1–065014-33.
Jenkins, Alejandro, and Gilad Perez. "Looking for Life in the Multiverse." *Scientific American*, January 2010.（ジェンキンス／ペレス「別の宇宙にも生命は存在する !?」日経サイエンス 2010 年 4 月号）
Kajander, E. O., and N. Ciftcioglu. "Nanobacteria: An Alternative Mechanism for Pathogenic Intra- and Extracellular Calcification and Stone Formation." *Proceedings of the National Academy of Sciences* 95 (1998): 8274.
Kanellos, Michael. "Moore's Law to Roll On for Another Decade." *CNET News*, February 10, 2003. http://news.cnet.com/2100-1001-984051.html.
Kaufman, Marc. "Second Genesis on Earth." *Washington Post*, December 2, 2010.
Kelvin, William Thomson. "On the Origin of Life" (excerpt from the Presidential Address to the British Association for the Advancement of Science; held at Edinburgh in August, 1871). Reprinted in Kelvin's *Popular Lectures and Addresses*, Vol. 2: *Geology and General Physics*. London: Macmillan, 1894.
Keosian, John. *The Origin of Life*. 2nd ed. New York: Reinhold, 1968.（『生命の起源』原田馨ほか訳、共立出版）
Kidd, John. *On the Adaptation of External Nature to the Physical Condition of Man: Principally with Reference to the Supply of His Wants and the Exercise of His Intellectual Faculties*. London: William Pickering, 1834.
Kuhn, Thomas. *The Structure of Scientific Revolutions*. 3rd ed. Chicago: University of Chicago Press, 1996.（クーン『科学革命の構造』中山茂訳、みすず書房）
Lee, Henry. *The Vegetable Lamb of Tartary*. London: Sampson Low, Marston, Searle, & Rivington, 1887.
Lewis, David. *On the Plurality of Worlds*. Oxford: Blackwell, 1986.
"Life in the Universe." In *Project Cyclops: A Design Study of a System for Detecting Extraterrestrial Intelligent Life*, 3–28. NASACR-114445. Prepared under Stamford/NASA/Ames Research Center 1971 Summer Faculty Fellowship Program in Engineering Systems Design. [1971]. http://seti.berkeley.edu/sites/default/files/19730010095_1973010095.pdf.
Lin, L.-H., J. Hall, T. Onstott, T. Gihring, B. Lollar, E. Boice, L. Pratt, J. Lippmann-Pipke, and R. Bellamy. "Planktonic Microbial Communities Associated with Fracture-Derived

University Press, 2009.

Gross, Michael. *Life on the Edge: Amazing Creatures Thriving in Extreme Environments*. New York: Basic Books, 2001.

Gugliotta, Guy. "Fountains of Optimism for Life Way Out There." *New York Times*, May 9, 2011.

Harnik, Roni, Graham D. Kribs, and Gilad Perez. "A Universe without Weak Interactions." *Physical Review* D 74, no. 3（2006）: 035006-1–035006-15.

Harrison, Edward. *Cosmology: The Science of the Universe*. 2nd ed. Cambridge: Cambridge University Press, 2000.

———. "The Natural Selection of Universes Containing Intelligent Life." *Quarterly Journal of the Royal Astronomical Society* 36, no. 193（1995）: 193–203.

Hart, Michael H. "An Explanation for the Absence of Extraterrestrials on Earth." *Quarterly Journal of the Royal Astronomical Society* 16（1975）: 128–35.

———. "Habitable Zones about Main Sequence Stars." *Icarus* 37（1979）: 351–57.

Hart, Michael H., and Ben Zimmerman, eds. *Extraterrestrials — Where Are They?* 2nd ed. Cambridge: Cambridge University Press, 1995.

Hart, Stephen. "Hydrothermal Vents — Life's First Home?" SpaceRef, Ames Research Center, November 8, 2001. http://www.spaceref.com/news/viewpr.html?pid=6530.

Hempel, Amy, and Jim Shepard. *Unleashed: Poems by Writers' Dogs*. New York: Three Rivers Press, 1999.

Hooke, Robert. *Micrographia: or, Some Physiological Descriptions of Minute Bodies Made by Magnifying Glasses with Observations and Inquiries Thereupon*. London: Printed for James Allestry, 1667.

Horowitz, N. H. "The Biological Significance of the Search for Extraterrestrial Life." In *Advances in the Astronautical Sciences*, Vol. 22: *The Search for Extraterrestrial Life*, ed. J. S. Hanrahan, 3–13. Sun Valley, CA: Scholarly Publ., 1967.

Hoyle, Fred. *The Black Cloud*. New York: New American Library, 1959.（ホイル『暗黒星雲』鈴木敬信訳、法政大学出版局）

———. "The Universe: Past and Present Reflections." *Engineering and Science*, November 1981, 8–12.

Hussmann, Hauke, Frank Sohl, and Tilman Spohn. "Subsurface Oceans and Deep Interiors of Medium-Sized Outer Planet Satellites and Large Trans-Neptunian Objects." *Icarus* 185（2006）: 258–73.

Huxley, T. H. "On the Physical Basis of Life." In *Collected Essays*, Vol. 1: *Method and Results*, 130–65. New York: Greenwood Press, 1968.

Huygens, Christiaan. *The Celestial Worlds Discovered, or Conjectures concerning the Inhabitants, Plants and Productions of the World in the Planets*. 2nd ed. London: Printed for James Knapton, 1722.

Intelligence. New York: Delacorte, 1992.
Dudzinski, Kathleen, and Toni Frohoff. *Dolphin Mysteries: Unlocking the Secrets of Communication*. New Haven, CT: Yale University Press, 2008.
Dyson, Freeman J. *Origins of Life*. Cambridge: Cambridge University Press, 1985.（ダイソン『ダイソン 生命の起源』大島泰郎ほか訳、共立出版）
———. "Time without End: Physics and Biology in an Open Universe." *Reviews of Modern Physics* 51, no. 3（1979）: 447–60.
Edmond, John M., and Karen Von Damm. "Hot Springs on the Ocean Floor." *Scientific American*（April 1983）. doi:10.1038/scientificamerican0483-78.
Erwin, Terry L. "Tropical Forests: Their Richness in Coleoptera and Other Arthropod Species." *Coleopterists Bulletin* 36, no. 1（1982）: 74–75. doi:10.2307/4007977.
Everett, Hugh. " 'Relative State' Formulation of Quantum Mechanics." *Reviews of Modern Physics* 29（1957）: 454–62.
Feinberg, G., and R. Shapiro. *Life beyond Earth: The Intelligent Earthling's Guide to Life in the Universe*. New York: William Morrow, 1980.（フェインバーグ＆シャピロ『宇宙の中の宇宙』竹内均訳、三笠書房）
Folger, Tim. "Physics' Best Kept Secret." *Discover*, September 2001. http:// discovermagazine.com/2001/sep/cover.
Folk, R. L. "SEM Imaging of Bacteria and Nanobacteria in Carbonate Sediments and Rocks." *Journal of Sedimentary Petrology* 63（1993）: 990.
Forward, Robert. "When You Live upon a Star." *New Scientist* 36（December 24/31, 1987）: 36–38.
Fountain, Henry. "Date Palm Seed from Masada Sprouts." *New York Times*, June 17, 2008.
Fox, Douglas. "Life — but Not as We Know It." *New Scientist* 194（June 9, 2007）: 34–39.
Freudenthal, Hans. *Lincos: Design of a Language for Cosmic Intercourse*. Amsterdam: North-Holland, 1960.
Funch, Peter, and Reinhardt Møbjerg Kristensen. "Cycliophora Is a New Phylum with Affinities to Entoprocta and Ectoprocta." *Nature* 378（1995）: 711–14. doi:10.1038/378711a0.
Gardner, Martin. "The Fantastic Combinations of John Conway's New Solitaire Game 'Life.' " *Scientific American*, October 1970.
Gaudiosi, John. "The 'Sims' Designer Creating New Game for Real Life." *Reuters Canada*, January 2, 2012. http://ca.reuters.com/article/entertainmentNews/idCATRE8010L020120102?sp=true.
Gopnik, Adam. "Plant TV." *New Yorker*, March 15, 2010.
Greene, Brian. *The Hidden Reality: Parallel Universes and the Deep Laws of the Cosmos*. New York: Knopf, 2011.（グリーン『隠れていた宇宙』太田直子訳、竹内薫監修、早川書房）
Gribbin, John, and Mary Gribbin. *James Lovelock: In Search of Gaia*. Princeton, NJ: Princeton

（1959）: 844.

Cody, G. “Transition Metal Sulfides and the Origin of Metabolism.” *Annual Review of Earth and Planetary Sciences* 32（2004）: 569–99.

Cooper, Henry S. F. *The Search for Life on Mars*. New York: Holt, Rinehart and Winston, 1980.

Coustenis, A., J. Lunine, D. Matson, C. Hansen, K. Reh, P. Beauchamp, J.-P. Lebreton, and C. Erd. “The Joint NASA-ESA Titan Saturn System Mission（TSSM）Study.” Paper presented at the 40th Lunar and Planetary Science Conference, The Woodlands, TX, March 23–27, 2009. http://www.lpi.usra.edu/meetings/lpsc2009/pdf/1060.pdf.

Darwin, Charles. *The Life and Letters of Charles Darwin*, Vol. 2. London: Echo Library, 2007.

———. *The Origin of Species*. Introduction by George Levine. New York: Barnes & Noble, 2003.（ダーウィン『種の起源』渡辺政隆訳、光文社ほか）

———. *The Voyage of the Beagle: Journal of Researches into the Natural History and Geology of the Countries Visited during the Voyage of H.M.S. Beagle Round the World*. Introduction by Steve Jones. New York: Modern Library, 2001.（ダーウィン『ビーグル号航海記』荒俣宏訳、平凡社ほか）

Davies, Paul. *The Eerie Silence: Renewing Our Search for Alien Intelligence*. New York: Houghton Mifflin Harcourt, 2010.

———. *The Goldilocks Enigma: Why Is the Universe Just Right for Life?* New York: Houghton Mifflin, 2006.（デイヴィス『幸運な宇宙』吉田三知世訳、日経BP社）

Davies, Paul C. W., Steven A. Benner, Carol E. Cleland, Charles H. Lineweaver, Christopher P. McKay, and Felisa Wolfe-Simon. “Signatures of a Shadow Biosphere.” *Astrobiology 9*, no. 2（2009）: 241–49.

Dawkins, Richard. *The Selfish Gene*. New York: Oxford University Press, 1976.（ドーキンス『利己的な遺伝子』日高敏隆ほか訳、紀伊國屋書店）

de Duve, Christian. *A Guided Tour of the Living Cell*. 2 vols. New York: Scientific American/Rockefeller University Press, 1992.（ド・デューブ『細胞の世界を旅する』八杉貞雄ほか訳、東京化学同人）

Dick, Steven J. *The Biological Universe: The Twentieth-Century Extraterrestrial Life Debate and the Limits of Science*. New York: Cambridge University Press, 1996.

———. *Life on Other Worlds: The 20th-Century Extraterrestrial Life Debate*. Cambridge: Cambridge University Press, 2001.

Dickens, Charles. *Bleak House*. London: Bradbury and Evans, 1853.（ディケンズ『荒涼館』青木雄造ほか訳、筑摩書房ほか）

Dobson, C. M., G. B. Ellison, A. F. Tuck, and V. Vaida. “Atmospheric Aerosols Are Prebiotic Chemical Reactors.” *Proceedings of the National Academy of Sciences* 97（2000）: 11864–68.

Drake, Frank, and Dava Sobel. *Is Anyone Out There? The Scientific Search for Extraterrestrial*

Clarendon, 1986.
Belozerskaya, T ., K. Aslanidi, A . Ivanova, N. Gessler, A. Egorova, Y. Karpenko, and S. Olishevskaya. "Characteristics of Extremophylic Fungi from Chernobyl Nuclear Power Plant." In *Current Research, Technology and Education Topics in Applied Microbiology and Microbial Biotechnology*, edited by A. Mendez-Vilaz, 88–94. Badajoz, Spain: Formatex Research Center, 2010.
Benner, S. A., A. Ricardo, and M. A. Carrigan. "Is There a Common Chemical Model for Life in the Universe?" *Current Opinion in Chemical Biology* 8 (2004): 672–89.
Borges, Jorge Luis. *Ficciones*. Edited by Anthony Kerrigan. New York: Grove, 1962. (J・L・ボルヘス『伝奇集』鼓直訳、岩波書店ほか)
Bradbury, Ray, Arthur C. Clarke, Bruce Murray, Carl Sagan, and Walter Sullivan. *Mars and the Mind of Man*. New York: Harper & Row, 1973.
Brock, Thomas Dale. "The Road to Yellowstone — and Beyond." *Annual Review of Microbiology* 49 (1995): 1–28.
Bruno, Giordano. *De l'infinito universo e mondi*. Translated by Dorothea Singer in *Giordano Bruno: His Life and Thought, with an Annotated Translation of His Work on the Infinite Universe and Worlds*. New York: Henry Schuman, 1950. Originally published in 1584. (ブルーノ『無限、宇宙および諸世界について』清水純一訳、岩波書店ほか)
Bryson, Bill. *A Short History of Nearly Everything*. New York: Broadway Books, 2003. (ビル・ブライソン『人類が知っていることすべての短い歴史』楡井浩一訳、新潮社)
Bucher, M. A., and D. N. Spergel. "Inflation in a Low-Density Universe." *Scientific American*, January 1999.
Cano, R. J., and M. Borucki. "Revival and Identification of Spores in 25 to 40 Million Year Old Amber." *Science* 268 (1995): 1060–64.
Carter, Brandon. "The Anthropic Principle and Its Implications for Biological Evolution." *Philosophical Transactions of the Royal Society of London. A: Mathematical, Physical & Engineering Sciences* 310 (1983): 347.
Chapelle, F. H., K. O'Neill, P. M. Bradley, B. A. Methé, S. A. Ciufo, L. L. Knobel, and D. R. Lovley. "A Hydrogen-Based Subsurface Community Dominated by Methanogens." *Nature* 415 (2002): 312–16.
Chung, Daphne. "How Bug Extends Temperature Limit for Life." *New Scientist*, August 14, 2003.
Clark, Stephen. "ESA Chooses Jupiter as Destination for Science Probe." *Spaceflight Now*, May 2, 2012. http://www.spaceflightnow.com/news/n1205/02juice.
Clarke, A. C. *2001: A Space Odyssey*. New York: New American Library, 1968. (アーサー・C・クラーク『2001年宇宙の旅』伊藤典夫訳、早川書房)
Cleland, Carol E. "Life without Definitions." *Synthese* 185 (2012): 125–44.
Cocconi, G., and P. Morrison. "Searching for Interstellar Communications." *Nature* 184

参考文献

Adams, Douglas. *The Hitchhiker's Guide to the Galaxy*. New York: Harmony Books, 1979.（ダグラス・アダムス『銀河ヒッチハイク・ガイド』安原和見訳、河出書房新社ほか）

Adams, Fred, and Greg Laughlin. *The Five Ages of the Universe: Inside the Physics of Eternity*. New York: Free Press, 1999.（フレッド・アダムズ、グレッグ・ラフリン『宇宙のエンドゲーム』竹内薫訳、筑摩書房）

Allamandola, L. J., and D. M. Hudgins. "From Interstellar Polycyclic Aromatic Hydrocarbons and Ice to Astrobiology." In *Solid State Astrochemistry*, edited by V. Pirronello, J. Krelowski, and Giulio Manicò, 251–316. NATO Science Series II: Mathematics, Physics and Chemistry. Dordrecht, Netherlands: Kluwer Academic, 2003.

Amato, P., M. Parazols, M. Sancelme, P. Laj, G. Mailhot, and A.-M. Delort. "Microorganisms Isolated from the Water Phase of Tropospheric Clouds at the Puy de Dôme: Major Groups and Growth Abilities at Low Temperatures." *FEMS Microbiology Ecology* 59 (2006): 242–54.

Angier, Natalie. *The Canon: A Whirligig Tour of the Beautiful Basics of Science*. New York: Houghton Mifflin, 2007.（ナタリー・アンジェ『ナタリー・アンジェが魅せるビューティフル・サイエンス・ワールド』西田美緒子訳、近代科学社）

Asaravala, Amit. "Are Nanobacteria Making Us Ill?" *Wired*, March 14, 2005, http://www.wired.com/science/discoveries.

Bains, William. "Many Chemistries Could Be Used to Build Living Systems." *Astrobiology* 4, no. 2 (2004): 137–67.

Bandea, Claudiu I. "The Origin and Evolution of Viruses as Molecular Organisms." *Nature Precedings*, October 23, 2009. http://precedings.nature.com/documents/3886/version/1.

Barlowe, Wayne Douglas, Ian Summers, and Beth Meacham. *Barlowe's Guide to Extraterrestrials: Great Aliens from Science Fiction Literature*. 2nd ed. New York: Workman, 1987.

Barrow, John D. *The Constants of Nature: From Alpha to Omega — The Numbers That Encode the Deepest Secrets of the Universe*. New York: Pantheon, 2002.（ジョン・D・バロウ『宇宙の定数』松浦俊輔訳、青土社）

———. *Pi in the Sky: Counting, Thinking, and Being*. Oxford: Clarendon, 1992.（ジョン・D・バロー『天空のパイ』林大訳、みすず書房）

Barrow, John D., and Frank J. Tipler. *The Anthropic Cosmological Principle*. Oxford:

索引

デイヴィッド・トゥーミー（David Toomey）
マサチューセッツ州立大学アマースト校准教授。プロフェッショナル・ライティング＆テクニカル・コミュニケーション課程のディレクターを務める。著書に『ニュー・タイムトラベラー　物理学最前線への旅』（未訳）がある。

越智典子（おち　のりこ）
作家、翻訳家。東京大学理学部生物学科卒業。著書に『ラビントットと空の魚』シリーズ、『ここにも、こけが…』『ピリカ、おかあさんへの旅』（以上、福音館書店）ほか、訳書に『ちいさなちいさな』（ゴブリン書房）、『脳に組み込まれたセックス』『もしかしたら、遺伝子のせい！？』（以上、白揚社）ほか多数。

ISBN 978-4-8269-0185-7

ありえない生《い》きもの

二〇一五年十二月三十日　第一版第一刷発行

著　者　デイヴィッド・トゥーミー
訳　者　越《お》智《ち》典《のり》子《こ》
発行者　中村幸慈
発行所　株式会社　白揚社　©2015 in Japan by Hakuyosha
〒101-0062　東京都千代田区神田駿河台1-7
電話03-5281-9772　振替00130-1-25400
装　幀　岩崎寿文
印刷・製本　中央精版印刷株式会社